环境管理下的企业可持续发展研究

STUDY ON THE SUSTAINABLE DEVELOPMENT
OF ENTERPRISES UNDER
THE ENVIRONMENT MANAGEMENT

李创　王丽萍 / 著

社会科学文献出版社
SOCIAL SCIENCES ACADEMIC PRESS (CHINA)

本书为国家社科基金青年项目“环境管制对企业竞争力的影响机制与政策设计研究”（编号：13CJY045）的最终研究成果

前　言

党的十八大报告明确提出，保护生态环境必须依靠制度。近年来，我国各级政府相继出台了一系列环境管制政策，这些政策的实施对于降低污染物排放、改善环境质量起到了重要作用，但同时对我国工业企业的竞争力也产生了一定影响。在此背景下，本书针对环境管制政策与环境战略对企业竞争力的影响机制、影响效果等问题展开研究，并借鉴发达国家环保政策，对我国环保政策的绩效进行模拟和量化分析。从微观上来看，这有助于企业树立环境友好型可持续发展的理念和提升企业可持续竞争力；从宏观上来看，有助于剖析我国环境保护与经济发展之间冲突的根源，帮助政府相关部门制定更有效的环境管制政策，促进社会经济的可持续发展。

本书的具体研究内容包括以下几个部分。

1. 导论

重点介绍了本书的研究背景和选题意义，以及本书的研究思路和研究方法，为全面了解本书的研究成果提供了总体指导。

2. 环境管理下的企业竞争力理论

（1）从环境问题的产生入手，阐述了环境管制政策的理论依据，并对国内外环境管制的相关研究成果进行了系统的梳理，在此基础上提出了本书的研究视角。

（2）详细分析了不同学者对企业竞争力的概念和构成要素等内容，提出了本书的企业竞争力分析模型。

（3）针对环境管制与企业竞争力的关系争论，本书从三个方面剖析了现有观点的分歧，并运用波特的竞争力理论，把环境作为影响企业竞争力的一个新的要素，同资源、市场等要素并列，构建基于环境要素的企业竞争力一般分析框架。

3. 环境管制政策的外部压力对企业竞争力的影响机制研究

（1）从多角度分析了命令控制型、市场激励型和自愿型三类环境管制政策的优缺点，并结合我国使用的环境政策工具进行了详细阐述，为全面了解我国环境政策的实施现状提供了帮助。

（2）由于环境管制对企业竞争力影响的核心环节在于环境成本内部化。因此，本书首先提出了我国环境管制政策内部化对企业带来的成本影响，并对此进行了经济学解释，接下来从不同企业间、不同行业间的环境成本内部化的差异等角度分析了环境管制政策对不同企业、不同行业的影响机制。最后，选取典型的污染密集型行业进行了案例分析。

（3）运用经济学理论分析了环境管制政策对企业竞争力影响的三种作用机制，即价格传导、数量控制和市场准入三种途径，在此基础上构建了环境管制政策对企业竞争力影响的三维机制模型。具体来说，将环境管制政策分为类型维度、区域维度、强度维度，将被管制企业分为行业维度、发展阶段维度、企业性质维度，考察在上述不同维度的变化中环境管制政策对企业竞争力的影响机制。此外，分析了环境管制政策对企业竞争力的短期影响（成本增加）向长期影响（技术促进）的过渡期路径与调整促进机制，深刻揭示了环境管制政策对企业竞争力影响的动态性和持续性。

（4）在广泛调查和专家访谈的基础上，选取五种典型的污染密集型行业进行实证研究发现，在短时期内，环境管制强度的提升对我国污染密集型工业企业的核心竞争力产生负面影响，不利于企业的发展，这反映出当前上述工业企业对环境管制成本的消化和吸收能力还比较弱。

（5）运用博弈论理论探讨了环境监管过程中的信息不对称对环境管制政策实施效果的影响，具体讨论了现实社会中的五种典型情形，从中揭示出我国环境管制政策在执行中存在的诸多问题。

4. 企业环境战略的内部反应对其竞争力的影响机制研究

（1）从可持续发展角度全面提出了环境管制背景下企业战略决策的ETSP分析模型，并对企业环境战略的实施方案进行了详细阐述，即制订详细的书面环境行动计划、建立环境管理组织机构、向企业员工部署环境计划、建立环境信息披露制度，定期向利益相关者或股东传递该环境计划、积极实施环境管理体系。

（2）将企业环境战略分为抵制战略、遵从战略和积极战略三种，并详细分析了不同环境战略的实践表现及其对企业竞争力的影响。

（3）首先，针对我国企业在实施环境管理体系过程中的动因与障碍性因素分别开展了研究，尤其是障碍性因素的分析有助于解释为何中小企业迟迟不愿推进环境管制体系的深层次原因，即动力不足是企业实施环境管理体系的最大障碍。其次是市场机制不完善、环境管理意识不强、资金缺乏和人才不足，上述因素都从不同角度限制了企业自愿环境管理的开展。

（4）选取国家重污染行业代表——电解铝行业进行了案例研究。首先从电解铝行业发展与环境制约的关系出发，阐明了电解铝行业实施环境管理体系的重要意义；其次，从环境管理实践中的组织管理体制、污染治理和环保措施，以及实施效果等多方面总结焦作万方铝业有限公司开展自愿环境管理的成功经验，为其他企业实施环境管理体系提供了学习借鉴的榜样。

5. 国内外环境管制政策研究

（1）通过对美国、欧盟和日本等发达国家环境管制政策的回顾与总结，探寻发达国家环境管制政策的演化规律和动力机制，特别是针对各国环境管制政策的发展历程、法律法规、组织体系和演化特点的分析研究，为我国环境管制政策的改革提供了国际视野和经验启示。

（2）全面总结了新中国成立以来，尤其是改革开放以来我国环境管制政策的发展及趋势，指出了当前我国环境管制政策存在的主要问题和不足，并从中外环境政策的制定、内容、手段、执行、监督、组织管理和宣传七个方面进行了对比研究，为下一步我国环境管制政策的深化改革提供了方向和思路。

6. 环境政策模拟

（1）全面回顾了环境 CGE 模型的发展历程和类型，重点对环境 CGE 模型在碳排放、污染调控、节能政策和水资源问题等领域的研究成果进行了系统梳理。

（2）对环境 CGE 模型的基本结构、质量设定、参数设定、模块设定、环境 CGE 的账户编制、宏观闭合规则和环境 CGE 模型开发流程等进行了详细分析。

（3）基于可计算一般均衡模型构建了符合我国实际情况的环境 CGE 模型，模拟分析了不同的碳税税率和燃油税政策对我国宏观经济发展、各部门的产出与价格、化石能源消耗以及二氧化碳排放的影响，从而可以客观地评判环境管制政策的实施效果，为顶层政策设计提供了科学决策依据。

本书由河南理工大学李创、王丽萍撰写，其中，第一章、第二章、第四章以及第六章由李创负责撰写，第三章以及第五章由王丽萍负责撰写。

本书在撰写过程中，河南理工大学研究生刘倩斐、侯超亮、孙超志等在前期资料收集及数据整理方面做了大量工作，在此一并表示感谢。

本书在撰写过程中参考了大量的中外文资料，在此向所有参考文献的作者表示感谢。

本书在出版过程中还得到了河南省高等学校青年骨干教师资助计划（2015GGJS-072）、河南省高等学校人文社会科学重点研究基地（能源经济研究中心）以及河南省一级重点学科（工商管理）的资助，在此一并表示感谢。

由于时间仓促和作者水平所限，本书一定存在不少缺点和错误，恳请读者批评指正。

李 创 王丽萍

目 录
CONTENTS

第一章
导　论

第一节　选题背景与研究意义

第三次工业革命以后，世界经济发展进一步驶入了快车道，人类对资源、环境的需求急剧膨胀。与此同时，环境污染、生态破坏、气候变暖和极端天气频发等一系列环境问题也摆在了人们面前，严重影响着人类的生产生活，甚至威胁到人类的生存与发展。面对世界性的环境问题，人类开始反省，究竟应该怎样与环境和谐相处？近年来，越来越多的国家、国际组织、政府机构及环保组织开始采取积极的行动来保护环境。1972 年 6 月 5 日，在瑞典首都斯德哥尔摩召开了由 130 多个国家和地区参加的第一次世界环境大会。会议通过了《联合国人类环境会议宣言》（简称《人类环境宣言》或《斯德哥尔摩宣言》）和《行动计划》，达成了“只有一个地球”的共识。这次会议的召开，标志着人类对一味肆意掠夺地球资源的传统环境观点的动摇，也是人类面对环境问题做出的正确反省，是人类环境保护史上的第一座里程碑。此后，环境问题逐渐成为世界各国及国际组织讨论的头等议题之一。

1. 国际组织在环保方面的行动

第一次世界环境大会后，国际组织积极行动，在共同应对世界环境问题方面取得了一系列成果。1979 年 2 月 12 ~ 23 日，在瑞士日内瓦召开了第一次世界气候变化大会，这是人类首次将气候变化作为国际社会关注的问题，大会通过了《世界气候大会宣言》，最终推动并建立了政府间气候变化专门委员会，制订了世界气候计划和世界气候研究计划等，促进了人们对气候变化和环境保护意识的提高。1992 年 6 月 3 ~ 14 日，在巴西里约热内卢大会上讨论并通过了《里约环境与发展宣言》（又称《地球宪章》)、《21 世纪议程》和《关于森林问题的原则声明》，提出了人类“可持续发展”的新战略和新观念，明确了发达国家和发展中国家在应对气候变化问题上承担“共同但有区别的责任”，被称为“里约热内卢公约”，这标志着在气候变化方面的公约时代来临。自 1995 年起缔约方大会每年召开一次，1995 年会议制定了《联合国气候变化框架公约》(United Nations Framework Convention on Climate Change，简写为 UNFCCC，简称《气候公约》)，旨在控制二氧化碳等温室气体的排放，降低气候变化给全球经济带来的负面影响，这是国际社会应对全球气候变化的一个基本国际合作框架。作为气候公约的补充条款，《联合国气候变化框架公约的京都议定书》(Kyoto Protocol，简称《京都议定书》)于 1997 年在日本京都签署，其目标是“将大气中的温室气体含量维持在一个合理水平，防止气候改变对人类生存造成损害”。《京都议定书》于 2005 年 2 月 16 日正式生效，这是有史以来人类第一次通过法规来控制温室气体的排放。目前，除美国没有签署，加拿大于 2011 年退出该公约外，已有约 190 多个国家通过了该条约。2007 年 12 月 3 ~ 15 日，在印度尼西亚巴厘岛召开缔约方第 13 次会议，制定了《巴厘路线图》(Bali Roadmap)，设定了后期关键性问题的具体谈判时间表，确定了各国今后加强落实《气候框架公约》的具体领域。2009 年 12 月 7 ~ 18 日，在丹麦首都哥本哈根召开了缔约方第 15 次会议，与会成员国最后达成《哥本哈根协议》，这是继《京都议定书》后又一具有重要里程碑意义的全球气候协议书，并成为 2012 年《京都议定书》第一阶段结束后的补充方案。这一系列成果表明了人类共同应对和解决全球环境问题的努力和决心。

2. 世界各国在环保方面的行动

在国际组织的倡导和国际公约的约束下，世界各国相继出台并不断修订完善本国的环境保护法律法规。美国是世界公认的环境立法较早、法规较多、管制较严的国家之一。美国最早的环境保护政策是有关森林资源的保护，于 1876 年通过了《美国森林保留地法》，此后，《联邦危险物质法》《空气污染防治法》《固体废物处理法》《联邦水质法》《空气质量法》《国家环境政策法》《清洁空气法》《国家能源法案》等一系列法律法规相继实施。同时，美国还签署或参加了许多国际公约，如《生物多样性公约》《海洋法公约》等。此外，美国社会还成立了各种各样的环保组织，如 1969 年成立的“地球之友”，这是第一批跨国环保组织，该组织倡导“人们想生存，就必须学会做地球的朋友”；1973 年成立的“美国绿党”，旨在主张绿化城市、改善环境。面对世界环境问题，发展中国家也积极参与并做出了重要贡献。其中，中国是发展中国家中最早实施《联合国气候变化框架公约》的国家，并据此制定和修改了一系列法律法规，如《中华人民共和国节约能源法》《中华人民共和国环境保护法》《循环经济法》《公共机构节能条例》《高效照明产品推广财政补贴资金管理暂行办法》等。

3. 社会公众的环保行动

在国际社会就环境问题争论不休和反环保运动此起彼伏的背景下，社会公众在环境保护问题上的看法也未统一。一方面，随着人们生活水平的不断提高和环保知识的加快普及，绿色消费、可持续发展等环保理念得到更多民众的理解和支持；另一方面，一些民意调查则显示，社会公众对现行的环保法规和管制政策并不是十分赞同和接受。例如，1989 年《纽约时报》的民意调查显示，80% 的被调查者认为“环境保护应考虑成本开支”，1992 年的另一项民意调查显示，51% 的被调查者认为“环保主义离现实较远”。

4. 反环保运动

在国际社会环境保护主义日趋高涨的背景下，世界范围内反对环境保护的主张也从未停息。反环保运动经历了一个从个别的、分散的、自发的组织到全国性的、有组织的发展过程。其中，以美国的反环保运动最具代表性。早在 19 世纪末，克利夫兰总统设立国有森林保护区时，西部各州就指责他只注重森林保护而忽视了美国人的利益。1963 年，美国政府颁布了《清洁空气法》，这一法案对当时美国的钢铁、电力、汽车等传统二氧化硫排放量大的行业造成了严重负面影响，导致这些行业开始加入反环保行列，最终迫使政府于 1967 年在《清洁空气法》修订案中规定，法案修订必须在一个有受影响行业代表参加的顾问委员会的指导下进行。1972 年，美国政府通过了《联邦环境杀虫剂控制法》，这使得美国的化学工业成为联邦政府环境管制的主要目标，进而导致化学工业联合起来成立了三个组织以抵制美国政府的管制措施，它们分别是：美国工业健康委员会、化学工业毒物学研究所、美国科学和健康协会。随着环保立法的增多和管制标准的提高，一些工商利益集团不断受到环境管制的实质性威胁，且企业因环境管制而增加了成本、减少了利润，甚至一些新兴的工业部门，如电子工业、地产开发商等也成为反环保力量。它们通过发动民众示威、成立社会组织、参加政府政策听证会、向政府提供环境信息咨询等措施，影响美国乃至其他国家的环境立法。

作为一个发展中国家，我国面临的环保问题尤为突出和严峻。2005 年 1 月 27 日，在瑞士达沃斯发布了世界各国（地区）环境质量的“环境可持续指数”，在全球 144 个国家和地区中，中国排名第 133 位，评估结果表明，我国的环境质量亟待提高。另外，2014 年 5 月世界卫生组织发布的全球 91 个国家的 1600 多座城市的雾霾报告显示，全球雾霾最严重的 100 座城市中，中国有 13 座城市（见附录表 1）。据专家估计，中国每年因环境污染造成的损失和破坏高达 2000 多亿元，并且还呈现出增长趋势。环境方面的专家通过分析目前的自然环境中的污染物来源得出，80% 的污染来自企业污染物这一重要结论。因此，工业企业的环境保护对整个社会的环境保护起着非常重要的作用，如何解决经济发展和环境保护这个矛盾成为社会各界共同关心的问题。我国环境治理面临重重的困难，主要表现在以下几个方面。

第一，我国环境污染问题比较突出。改革开放三十多年来，我国经济持续高速增长，但这种增长的代价是粗放式的资源掠夺和严重的环境污染，因此，我们不仅需要花费大量的财力解决当前的环境污染，还需要花费更多的精力去处理历史遗留的环境问题，我国的环境污染治理任务十分艰巨。

第二，我国生态环境保护的任务刻不容缓。我国是一个人口大国，人均森林面积、人均草原面积等不仅落后于发达国家，而且也大大低于世界平均水平，加之我国的土壤退化严重，高原、丘陵地形较多，因此，我国特有的地形地貌特征使得我国生态环境的自然承载力明显降低，在生态环境不断遭到破坏的情况下，个别地区的生态承载力已经变得十分脆弱。

第三，我国经济结构与环境治理之间的矛盾冲突比较严重。当前我国的产业结构不合理、不均衡现象比较突出，制造业所占比重较大，服务业发展相对落后；就制造业内部而言，资本与技术密集型等高新技术产业起步较晚，资源或劳动密集型产业一直是我国的传统优势产业，这种不合理的产业结构与可持续发展的目标严重不符，经济结构转型升级面临的困难重重。

第四，我国民众的环保意识相对比较淡薄，相关的法律法规还不够健全。由于经济、科技、历史和文化等方面的诸多限制，我国居民的环保意识比较淡薄，民间的环保运动和环保组织发展滞后，社会公众对环境违法或环境执法行为的监管都比较薄弱，相关的环保法律法规也存在不健全、不协调等诸多问题，这进一步加大了我国环境治理与环境保护的难度。

尽管困难重重，但党和政府对环境问题的认识已经非常清楚和明确，治理环境的决心也非常坚定。特别是，党的十八大报告明确提出，保护生态环境必须依靠制度，要把资源消耗、环境损害、生态效益纳入经济社会发展评价体系，建立体现生态文明要求的目标体系、考核办法、奖惩机制（胡锦涛，2012）。近年来，我国各级政府相继出台了一系列环境管制政策，这些政策的实施对于降低污染物排放、改善环境质量起到了重要作用，但同时对我国工业企业的竞争力也产生了一定影响。基于以上背景，本研究以“环境管制对企业竞争力的影响机制与政策设计”为题开展相关研究具有重要的理论价值和现实意义。

第二节 研究思路与研究方法

在国内外环境保护的呼声日益高涨的背景下研究我国企业的环境管制体制机制与政策措施问题需要明确以下几个问题。第一，探明环境管制与企业竞争力之间的关联关系，即研究企业的竞争力提升与环境保护在怎样的条件下可以实现双赢。第二，从企业实施环境保护的外部环境出发，研究不同的环保政策对企业竞争力的影响机制，进而为创新我国企业环境管理体系提供改革思路。第三，从企业实施环境保护的内部条件出发，研究为何不同的企业会采取不同的环境保护措施，或者说，不同企业的环保效果存在差异的内部因素是什么，从而为企业更好地落实环保任务提供整改方向。第四，运用经济学的成本—收益原理，详细阐述我国一些企业积极采取环境保护措施的动力机制以及内部障碍性因素，以期不断提高我国企业的环境管理积极性。第五，通过对发达国家环保政策的回顾与总结，详细阐述环境保护政策的选择依据和相应的实施环境，构建符合中国实际情况的环境管制政策 CGE 模型用以模拟和量化分析其政策绩效，并据此提出相关政策建议。

本书的基本研究思路是：从环境管制的政策工具和企业环境战略两个角度分析环境管制对企业竞争力的影响，结合基于环境要素的企业竞争力理论，从企业内部能力和外部环境全方位考察企业竞争优势形成的必要条件，并通过政策模拟探讨什么样的制度环境有利于政府的环境管制与企业竞争力达成双赢的局面。最后，结合中国的实情给出一些政策性的建议，以提升中国企业在国际竞争中的优势地位。

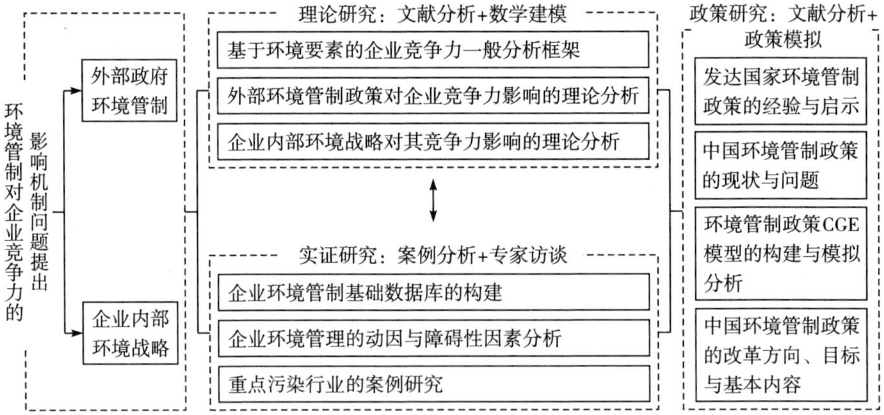

图 1-1 本书的技术路线

本书采用的研究方法主要有以下五种。

（1）文献分析：全面梳理国内外环境管制的理论与实践研究成果，结合环境经济学、演化经济学、企业竞争力理论、产业组织理论等相关理论与方法，系统构建基于环境要素的企业竞争力一般分析框架。

（2）专家访谈：充分利用国内外合作院校的专家资源，融合系统科学、环境科学、生态科学、经济学、管理学等不同领域的专家学者对本书的独到见解，不断完善、深化本书的研究思路。

（3）案例研究：重点调研分析电解铝、钢铁、煤炭、化工、印染等高污染行业对政府环境管制的基本态度及其自愿实施环境管理体系的动因与障碍性因素，同时结合已建立的理论模型在这些调研企业进行实证检验。

（4）数学建模：运用计量经济学、博弈论等多种方法构建环境管制对企业竞争力影响的实证分析模型和环境监管模型，定量分析环境管制政策对企业竞争力的影响机制。

（5）政策模拟：通过横向国际比较和纵向历史分析相结合的方法，深入剖析发达国家工业化进程中环境管制政策的演变及其发展趋势，运用可计算一般均衡模型对我国现有的环境管制政策的实际执行绩效进行政策模拟，以期提出更加富有针对性和可操作性的政策建议。

第二章
环境管理下的企业竞争力理论

第一节　环境管理的必要性

一　环境问题的产生

环境问题是随着人类对环境认识的不断深入而出现的，并伴随着人类科技的不断进步而逐渐提高。概括地说，环境问题泛指人类活动过程中产生的对周围环境的不利影响，这种影响反过来又反作用于人类的生产生活，这就是说，人类与环境之间是作用与反作用的相互影响过程，人类对环境的改造和利用程度越大，环境对人类的影响也会随之增加。而且，这种相互影响的深度和方向与人类利用环境的方式紧密相关。如果人类能与环境协调共处，环境就能为人类提供源源不断的财富；如果人类滥用或破坏环境超出了环境自身的容量所限，就会导致环境资源的不可持续和不可逆，人类也将会为此付出沉重的代价。纵观环境问题的产生与发展过程，大致将环境问题产生的三个阶段归结如下。

第一阶段，工业革命以前的环境问题。

工业革命以前，人类的生产力水平比较低下，人类对环境的利用比较局限，无论是人类所涉及的环境范围，还是人类利用环境的手段都比较简单和原始，人类主要通过种植、放牧、渔业等方式生存，对大自然的依赖性较强。这一时期，由于局部地区人口数量的增长和人类生存发展的需要，对周围环境产生了一定的破坏和过度使用问题，譬如，过度开垦耕地、大量砍伐森林导致水土流失严重等。总体而言，由于人类活动范围比较有限，环境问题往往仅限于个别地区，生态环境破坏也只是个别现象，并没有成为当时影响人类生产生活的重要方面。此外，科学技术的相对落后，也使得这一时期人类对环境问题的认识还非常肤浅，大多停留在对环境的依赖和从环境中索取必需的生活资料，还未意识到保护和珍惜环境资源对人类生存和发展的重要性，因此，这一时期的环境问题也没有引起人类的足够重视。

第二阶段，工业革命至20世纪80年代的环境问题。

工业革命使人类的生产力水平得到了极大的提高，世界各国，尤其是发达国家，以前所未有的速度加速向大自然索取物质财富，同时又以超大规模的能力向大自然排放各类污染物，导致大气、水域、土壤、生物多样性、世界气候等自然环境均遭到了巨大破坏。在经济、科技快速发展的同时，地球的人口数量也迅速增长，大量人口的生存与发展反过来进一步加剧了人类对大自然的索取速度。这一时期环境问题的典型特征是已从原始的农业环境问题转变为工业环境问题，因此，环境问题变得更加复杂，污染治理的难度也更大。譬如，这一时期发生的震惊世界的八大环境公害事件，以及在世界各地反复出现的雾霾、酸雨等，向人类大肆掠夺自然资源的行为敲响了警钟。此外，环境问题趋于全球化也是这一时期的主要特征之一，世界各国越来越意识到，世界气候变化、物种濒危灭绝等全球性的环境问题需要世界各国的共同应对。遗憾的是，世界各国就解决环境问题的国际协调处理始终未能如愿，一些国家，尤其是发展中国家在经济发展和环境保护的两难选择面前，依然坚持经济发展优先的原则，从而使环境问题越发严峻。

第三阶段，20世纪80年代以来的环境问题。

自20世纪80年代科学家在南极上空发现了臭氧空洞以来，环境风险越来越大，温室效应、酸雨和臭氧层破坏等大气环境问题正威胁着世界各国，与此同时，水资源短缺，尤其是淡水资源供应不足，以及自然资源枯竭特别是一次性能源趋于耗竭等环境问题也在世界多地上演，如何解决这些环境危机，成为当前各国不得不认真面对的重要议题之一。因此，这一时期环境问题的典型特征就是环境问题的全球化，环境危机意识进一步加剧。此外，环境问题已经涉及整个生物圈，即维持人类生存与发展的整个生物圈正面临被破坏的风险，人类的生存空间受到挑战。但是，发达国家和发展中国家之间贫富差距的进一步扩大，也使得环境问题的治理难度加大。

二 环境问题的公共物品属性

经济学家根据物品的竞争性和排他性对物品进行分类，分为私人物品和公共物品。私人物品的典型特征是产权清晰，因此，私人物品的消费具有排他性特征。所谓竞争性就是指增加一个人的消费就会减少另一个人的消费，换言之，供某个人消费或使用的物品不能同时被另一个人消费或使用。排他性是指一个人为某物品付费之后其他人就被排除在使用该物品的权益之外，除非他人支付足额的费用。

研究环境问题应该首先从环境的一些特殊性质进行分析。严重的环境恶化，很大程度上在于环境资源的公共物品特性，即环境资源的使用表现出非排他性和非竞争性。譬如增加一个人的环境消费不会减少他人的环境消费，一个人在消费环境时无法做到排除他人同时使用，正是由于环境物品的非排他性和非竞争性，结果导致环境资源的产权界定不清，如灿烂的阳光、清新的空气，这些资源的产权非常难以确定甚至根本无法界定。产权清晰是市场机制正常运行的基本条件，环境资源的产权却无法界定，因此人人都能不付费就使用，从而出现环境资源被过量使用或肆意浪费，甚至趋于耗竭，即所谓的“公地悲剧”（王璟珉，2013）。

		乙 1艘	乙 2艘
甲	1艘	（30，30）	（10，40）
甲	2艘	（40，10）	（15，15）

图 2-1 公海捕鱼的囚徒困境

我们可以用囚徒困境模型来解释上述情况（参见图 2-1）。以公海捕捞为例，假设甲和乙在公海中捕鱼，他们都面临着这样的选择：如果两人每天都派 1 艘渔船，他们互不影响，每人每天可获得净利润 30 单位。如果一个人派 2 艘船，另一个人派 1 艘船，由于船多了二人之间就产生了竞争，派 2 艘船的人利润上升到 40 单位，派 1 艘船的人利润只有 10 单位。如果每人都派2艘船，由于过度捕捞，资源减少，他们每人只能得到15单位的净利润。于是两个人面临选择：派1艘船还是2艘船。显然，如果两个人都派1艘船的结果最好，但是这个帕累托最优办不到，因为它不符合人类的理性需求。作为个人而言，出于利益最大化的追求，派2艘船可能是最优选择。恰恰是这种个人的最优选择导致了最后集体达不到最优的捕捞方案，环境资源遭到过度使用。

由于环境资源不是一般的商品，环境资源的公共物品属性使得它的供给和需要都不同于一般的私人物品。在供给方面，由于产权界定不清、使用过程又不具有排他性和竞争性，因此，在市场经济条件下，环境资源的供给往往出现不足或“搭便车”现象。譬如大气污染治理，如果某人出资治理了污染的大气，但由于他无法排除其他人“搭便车”使用治理后的大气，因此，个人供给的积极性就会大打折扣，甚至出现零供给现象。在消费方面，同样是由于环境资源的非竞争性和非排他性，导致环境资源被过度使用，譬如前面的公海捕鱼例子。由此可见，环境资源的供给和需求都不能按照一般商品的供需理论进行分析，环境问题依靠市场手段来解决往往起不到明显的效果，市场失灵的程度很严重，市场失灵给政府干预环境问题提供了契机。

第二节　环境管制的研究动态

一　环境管制的理论基础

环境管制（Environment Regulation），又称环境规制，属于社会性规制的一个分支（史璐，2012），通常是指国家政府为了保护环境、防治污染，利用所出台的环境保护法律、法规，对国内企业生产运营过程中危害环境的行为采取的监督、管理和制裁等管制性措施。环境资源的稀缺性、价值性、多用途性使其更加珍贵，同时它所具有的非竞争性、非排他性等公共商品的属性也使得个人和企业等经济活动主体，出于最大可能地保障个人利益的考虑，在生产经营或消费活动过程中对环境资源肆意掠夺，过量的废水、废气、废物、有害物质等被有意或无意地排放到自然生态中，造成了严重的环境污染。环境管制的本质就是针对环境资源自身的公共物品特性及其在市场配置下所产生的严重外部性而采取的约束性手段，即环境管制的根本目的就是为了保护环境。

环境问题属于典型的负外部性问题，外部性理论和福利经济学的发展为政府干预提供了充足的理由。解决外部不经济问题的根本办法是内部化外部性问题，而内部化外部性问题是通过市场机制无法解决的，因此，必须由政府干预。概括地说，政府在污染治理、环境改善等方面具有以下重要作用：政府通过行政手段实现环境资源产权的清晰界定，纠正失灵的市场，帮助那只“看不见的手”对环境资源进行有效配置；政府通过适当的补贴或奖励政策，激发市场对环境资源的供给能力；政府具有市场所不具备的宏观调控能力，可以对环境资源进行统筹与协调；政府作为公众利益的代表者和执行者，可以在环境保护的基础设施、技术研发和机构建设等方面发挥独特作用；政府还可以充当环境保护的监督者和守护神，对环境破坏行为和活动进行有力的监管等。20 世纪 60 年代末 70 年代初，世界上许多国家通过立法明确了环境保护是国家的一项基本职能，在这一时期，环境管制政策的典型特征可以概括为政府是环境资源的主要供给者。

市场失灵只是为政府干预提供了一个必要理由，但政府也有失灵的时候。政府失灵主要是因为：政府官员也是有限理性的经济人，政府对市场信息的了解既不充分也不完备；政府干预也是有成本的。因此，政府干预是否一定比市场调节的效果好，这主要取决于政府干预的收益是否一定大大高于干预的成本。20 世纪 70 年代以后，人们逐渐开始关注政府干预的科学性和有效性，认为政府同市场一样，也不是万能的，同样会出现干预效果不好、干预成本过高等问题。尤其是，政府管制对企业成本、经济发展和国家竞争力的影响促使政府不得不重新思考环境管制政策，因此，新一轮环境管制改革的第一个目标就是简化行政管制，提高政府管制效率并减少由此产生的管制成本；第二个目标就是重新设计管制对象，从早期的末端治理向上游的源头治理转变，从单一的污染源控制向综合的区域内（或流域内）污染源控制转变，从命令控制型方式向基于市场的激励型控制方式转变。20 世纪 80 年代中期，环境管制政策的制定和实施必须进行管制政策的成本—收益分析，因此，环境经济手段的介入是第二代环境管制的典型特征。

随着现代公共经济学和公共管理学的发展，人们越来越意识到公共产品供给不能只依赖政府，应该朝多元化方向发展。因此，环境管制的主体也由原来的单一主体——政府部门，转变为由政府和其他第三方机构或企业共同提供。环境保护这种公共物品可以分为两类，其一是纯公共物品，这类物品的竞争性和排他性程度都非常低，如环境法律法规的制定、大江大河的保护等，这类公共物品应该主要由政府提供；其二是准公共物品，这类物品由于地域限制等原因，在使用过程中具有一定程度上的排他性和竞争性，如污染物的处理、城市绿化等，这类物品经过特殊的机制设置，完全可以由非政府组织提供。正是由于政府在环境问题处理中的缺陷和不足，使得各国不断调整政府在环境保护中的功能和定位，从早期的大包大揽到后期的政企合作，从早期的无所不知、无所不能到后期的放权、协作，从单一主体责任制到多主体的共同分担制，环境管制机制不断深化改革。

伴随着世界经济的不断发展，环境污染也愈加严重，同时，国际贸易往来的持续深入，使得环境资源配置与自由贸易之间的矛盾日益激化，环境问题已经发展为国际化的重大问题。尤其是一些西方发达国家为了维护其在国际贸易中的地位与利益，减少和防止环境污染在贸易流通中的外部不经济性，通过颁布一系列的环保法规、条例，确定严格的环保技术标准，建立烦琐的审批认证流程，设立环境保护税等手段严格限制非环保商品的进口贸易，而这些环境管制措施表面上虽然达到了保护环境的客观要求，但对进口商品起到了“绿色壁垒”的实质作用，这对于国际贸易中的出口企业的环境竞争力也是一个隐形挑战。

二　环境管制的分类

由于环境问题和环境保护涉及社会、经济和科学技术的各个领域，所以环境管制的种类、表现形式和内容很多。结合当前环境管制政策的发展以及企业环境管理的实践，本书将现有环境管制做如下归类（李云雁，2010）（参见表2-1）。

从表2-1看出，可以从多角度对环境管制进行分类，但限于本书的研究目的，以下所谈的环境管制更多的是从非技术的角度进行研究。

表 2-1　环境管制的分类

分类标准	具体分类	备　注
防治对象和保护对象	防治环境污染	防治水污染、大气污染、土壤污染、固体废物、噪声及振动污染的政策及防治放射性污染和核污染、电磁辐射污染等。
	防治生态破坏	防治水土流失、土地退化、地面沉降、水源枯竭、物种灭绝、滥开发利用自然资源等。
	防治自然灾害破坏环境	防治地震、旱涝灾害、台风、冰雪霜冻灾害、病虫害、其他地质灾害等。
	保护环境要素和自然资源	保护海洋、水、土地、森林、草原、矿产资源、野生动植物等。
	保护和改善生活环境和自然环境的政策	城市和农村环境政策；居住环境政策；工作环境政策；自然保护区政策；人文遗迹、生态功能区等。
调整机制、手段和方法	环境技术政策	防治环境污染、生态破坏的技术政策；防治自然灾害破坏环境的技术政策等。
	环境经济政策	环境税费政策；环境保险、投资政策；排污权交易、绿色 GDP、绿色会计与绿色审计、环境保护经济优惠、生态补偿政策等。
	环境社会政策	环境民族、宗教、人口、社会团体、宣传教育、科学技术活动、纠纷处理、法制建设等政策。
	环境行政政策	环境行政管理政策；对企业的环境管理政策；环境行政管理制度、环境行政执法和行政监督等政策。
	环境政治政策	有关政治、决策制度、国防、军事等方面的环境政策。
政策作用	环境管制总政策	如中国的《环境保护法》、美国的《环境政策法》等。
	环境管制单项政策	如有关防治空气污染、水污染、气候变化等方面的政策。
政策级别	中央级（联邦级）	如日本的《环境基本法》、中国的《环境保护法》。
	地方级	主要是地方政府出台的一些环境管制措施等。
政策区域	国　际	国际上通用的关于环境管制的条约，如《气候变化公约》。
	国　内	各国根据本国国情制定的环境管制政策等。
政策工具	第一代环境管制政策	命令控制型环境政策，政府介入，强制性手段占主导。
	第二代环境管制政策	市场化工具，引入市场机制，注重成本效率。
	第三代环境管制政策	政策工具多样化，提倡全民参与，政企合作。

三　国内外关于环境管制的研究成果及研究动态

伴随着世界各国日趋增多且日趋严格的环境管制政策，围绕环境管制的相关研究也迅速增多。国外学者对这方面的研究开始较早，研究也比较深刻。概括起来，国外学者主要围绕以下三个方面开展研究（李创，2011）。

第一，环境管制对企业生产经营以及企业竞争力影响的研究。主要形成两个截然相反的观点。观点一：环境管制影响企业的生产经营成本，进而抑制企业竞争力的提升。这一观点的代表人物有 Palmer（1997）以及 Simpson & Bradford（1996），他们从静态的角度分析认为，如果要实施环境保护，那么企业就必须调整现有的生产模式，从而必然会增加企业的生产成本和管理费用。List & Catherine（2003）、Cole & Elliott（2006）进行的相关实证研究支持了这一观点。观点二：环境管制能激发企业的创新活动，进而带来创新补偿和先动优势，从而提升企业的竞争力。这一观点的代表人物有 Porter & Linde（1995），他们从动态的角度分析认为，环境管制和经济增长最终将和谐发展。West & Senez（1992）、Siegel & Johnson（1993）、Domazlicky & Weber（2004）、Gray & Shadbegian（2005）、Spatareanu（2007）等是这一观点的支持者，他们经过实证研究得出，提升环境标准不仅不会阻碍经济增长的数量和质量，反而还能促进企业竞争力的提升。

第二，环境管制在国际贸易领域的争论。随着经济全球化和贸易自由化的开展，环境管制问题迅速在国际贸易领域延伸。发达国家与发展中国家就世界各国环境管制标准的协调问题展开了激烈的争论，主要围绕以下三个问题展开：①自由贸易是否会导致“污染天堂”，例如，Tobey（1990）、Valluru & Peterson（1997）、Busse（2004）、Cole & Elliott（2006）与 Levinson & Taylor（2008）的对比研究；②各国环境管制是否会出现“竞相降低标准”，例如，Daly（1993）、Dua & Esty（1997）、Esty & Geradin（1997）与马丁·沃尔夫（2008）的对比研究；③发达国家的环境管制是否构成国际绿色贸易壁垒，发达国家与发展中国家对此看法不一。

第三，环境管制对企业环境战略的影响。基于竞争优势的考虑，面对越来越严厉复杂的环境管制，企业会做出不同的环境战略反应。

Hart（1995）认为近年来环境管制使工业化国家的许多企业在减少污染的同时提高了收益，这归功于企业将环保作为自己战略的组成部分，努力将产品和生产过程变得更清洁，企业的利润才能提高。Berry & Rondinelli（1998）总结了企业对环境管制反应经历的三种模式，即危机模式、成本模式和永续企业模式。此外，Carroll（1979）、Freeman（1984）、King & Lenox（2001）、Delmas（2002）从企业社会责任、企业利益相关者、制度理论等角度分析了环境管制背景下企业环境战略的转变动因。

国内学术界对环境管制问题的研究主要集中在其对竞争力的影响上。很多学者对此进行了大量理论与实证研究。例如，曲如晓（2001）、赵细康（2003）、张嫚（2005）、王虹（2008）、马中东（2010）、侯伟丽（2012）等，但由于不同学者所采用的理论模型及研究角度不同，因此，对于环境管制究竟是促进还是抑制企业竞争力并没有得出统一的结论。此外，赵红（2005）、王克稳（2006）、石淑华（2007）、金蓓（2009）等人比较关注国内外环境管制的政策研究，并提出了相关政策建议。从最新的研究成果来看，国内学者围绕环境管制与生产效率、环境管制与污染避难所以及环境库兹涅茨曲线的中外对比与实证检验等方面的研究开始出现，如王兵（2010）、傅京燕（2010，2011）、马相东（2012）、林季红（2013）等人的研究。

四　国内外研究述评

综上所述可知，环境管制对企业竞争力的正面或负面影响至今没有定论，这主要是因为两者之间不存在简单的一对一关系，不同学者所采用的理论模型、假设条件及研究角度不同，因此得到的结论也就不同。事实上，在解释环境管制与企业竞争力关系及其相关领域问题时，应该挖掘出隐含在其中的内在机制，一方面从外部的政府环境管制政策制定和选择，另一方面从内部的企业环境战略反应来分析这个问题，这在当前研究中是比较欠缺的，国外研究中也仅仅从单方面涉及，并没有系统地进行研究。基于此背景，本书将开展相关研究。

第三节 企业竞争力的研究动态

一 企业竞争力的基本概念

企业竞争力是一个比较复杂的研究对象，它与经济学结合尤为紧密，从经济学的角度入手，我们可以把企业竞争力理解为不同企业之间经济效益、生产效率、产品战略等所存在的差异。就目前来看，在经济学领域对于企业竞争力的研究也主要集中在不同企业间的差异化现象上。虽然国内外学者对于竞争力的研究已经较为丰富，但是由于研究视角的差别，不同研究者对于企业竞争力的理论描述也有所不同，不过从企业竞争力内涵来看，其基本含义还是大致相同的。

美国哈佛大学商学院的迈克尔·波特教授是世界著名的战略管理大师，被誉为“竞争战略之父”。波特认为一个企业的竞争力就是其与竞争对手相比所具有的竞争优势，迈克尔·波特（2012）将企业的竞争力归结为三个方面，即在开放的竞争市场环境下企业与竞争对手相比所具备的生产经营能力、市场吸引能力以及获取最大收益的能力。生产经营能力主要是指企业进行设计、生产、销售产品的能力，是企业能够为消费者提供的价值；市场吸引能力是指企业所提供的产品所具有的价格、质量、性能优势，或者说是对消费者的吸引力；获取最大收益的能力重点突出了企业的盈利能力，这也是企业运行的重点所在。

麻省理工学院的管理学教授伯格·沃纳菲尔特（Birger Wernerfelt）是“企业资源基础论”（The Resource-Based Theory of the Firm）的代表人物。他（1984）认为，一个企业的成长过程，就是对其所拥有的资源进行积累的过程，企业竞争力是企业所独有的一种特殊资源，企业的竞争优势就是相互竞争的企业之间所存在的资源优势差异，而这种优势差异主要体现在企业的有形资源（资金、设施等）、无形资源（商标、专利等）、知识资源（工艺控制、产品设计等）三个方面，这些资源的差异最终导致了企业间竞争优势的差异，也最终决定了竞争企业之间收益的差别。

普拉哈拉德和加里·哈默尔（C. K. Drahalad & G. Hamle）是“核心竞争力学说”的创始人，他们（1990）从技术创新的角度提出了“企业核心竞争力”的概念。他们认为，企业的核心竞争力是企业所独有的能够在特定的竞争市场环境下支撑企业持久获取竞争优势的能力，如果从产品和服务的角度来看，企业的核心竞争力就是企业在长期的市场竞争中推动企业持续进步的隐含在企业的产品和服务里面的知识和技术的结合体。

国内著名经济学家金碚（2003）指出，企业竞争力是企业生存和发展的长期决定因素，它应该包含五个基本含义：①企业处于开放和竞争条件之下；②是一个相对于其他竞争对手的动态的比较结果；③集中表现为能够为利益相关者创造的价值；④影响着企业未来的发展态势；⑤是企业综合实力的体现。

北京大学马浩教授（2010）认为企业竞争力就是使企业在竞争中保持领先的竞争优势，主要分为三个方面：以占有为基础的竞争优势（即因拥有某种特质、形象或地位而言有的竞争优势）、以获取为基础的竞争优势（即因优先或优惠获取资源或客户而形成的竞争优势）、以能力为基础的竞争优势（即因知识或技巧的有效运用而形成的竞争优势），它需要企业考虑内部运作和外部环境两方面因素的影响。对内，企业要积极主动地不断创新以提升企业自身实力；对外，企业要抢占先机以遏制竞争对手的行动和发展。

综上所述，企业竞争力是一个综合的概念，是一个动态比较而得到的概念，是在特定的市场环境下形成的概念，故本书将企业竞争力定义为：在开放竞争的市场环境下，一个企业相比于其他企业能够长期持续地为消费者提供优势产品和服务，并能够促进自身发展的综合能力。

二　企业竞争力的构成要素

在前文中对企业竞争力进行定义的时候，我们已经发现，企业竞争力是在多种因素共同作用下的一个综合的概念，它是在特定要求的市场环境下经过相互比较而形成的差别性概念，它会随着市场、社会、国际环境的变化而不断发展更新。总结起来，企业竞争力的基本特点是综合性、动态性、比较差异性。

从现代管理学的角度来看，组成企业竞争力的因素有很多，而这些因素也处于不断的发展变化之中。从逻辑关系上看，它们之间也并没有绝对的划分界限，这些影响因素密切联系，整体作用决定了企业的竞争力。迈克尔·波特（1997）在他的著作《竞争战略》中指出，企业的竞争力取决于四项关键因素：①生产要素，主要是指企业经营活动中使用的包括人力、资本等在内的各类生产资料以及基础设施等；②需求条件，既包括国内需求也包括国外市场需求；③相关产业和支撑产业，即那些为企业发展提供支撑或服务功能的产业；④企业的战略、结构和竞争对手。这四个关键要素彼此之间紧密联系、相互依赖，形成了著名的“钻石体系”。随后波特又在这四个关键因素的基础上，加入了“政府”和“机会”这两个变化因素，最终构成了一个完整的企业竞争力分析框架。波特在其著作中一再强调，四个因素相互影响，其中任何一个因素的变化都会影响或改变其他因素的作用大小。

波特的企业竞争理论，在全世界范围内产生了巨大影响，“钻石体系”也打开了有关企业竞争力分析研究的新思路。但“钻石体系”本身也有一定的局限性。“钻石体系”主要是在对十几个发达工业化国家的发展历程进行研究的基础上提出的，虽然也在一些发展中国家的一些项目中得到了应用，但由于发达国家与发展中国家经济阶段的巨大差异，体系中的竞争力要素也有一定的差别。另外，波特的企业竞争力分析框架重点是从市场结构和资源分配的角度进行了研究，相对而言，对企业自身内在的能力缺少深度的挖掘。当然，波特的竞争理论也并不是研究的终点，它也在不断地修改完善。后续有一部分学者对波特的竞争力因素模型做了一定的修改和补充（李创，2007）。韩国大学乔东逊教授（D. S. Cho，1994）以韩国经济为实例进行研究提出了“九因素模型”；鲁格曼和克鲁兹（A. M. Rugman & R. D'Cruz，1993）根据加拿大经济在竞争中对美国经济的依赖关系，将跨国经营作为变量因素构建了加拿大经济竞争力的“双钻石模型”；随后的研究中，穆恩和鲁格曼等人（H. C. Moon，A. M. Rugman，and A. Verbeke，1998）又把基于加拿大经济竞争力的“双钻石模型”发展成为了竞争力的“一般双钻石模型”。这些研究是对波特竞争力理论的发展和补充，但从根本上来看，它们都没有摆脱波特“钻石体系”分析框架的束缚。

也有一部分学者，基于普拉哈拉德和哈默儿（C. K. Prahalad & G. Hamle，1990）的核心竞争力理论，在综合考虑多种因素的基础上，建立了企业竞争力的层次因素模型。例如：李永发（2004）根据我国改革开放以来的经济发展历程，通过分析社会主义市场经济发展之间的内在联系，从多维度、多层次的角度构建了中国国家竞争力模型，在这个模型中，他把竞争力按照层次联系分为内聚力、外张力、保健力、学习力。赵宏斌（2004）所构建的竞争力三角模型将竞争力分为差别化竞争力、相对竞争力和绝对竞争力，并提出了发展竞争力的三条理论路线。胡美琴和李元旭（2006）构建了一个与企业生命周期和企业家管理周期相匹配的动态企业竞争力模型。

我国经济学家金碚综合了国内外学者的观点，从广义层面把企业竞争力的组成因素分为“关系”“资源”“能力”“知识”四类。他在研究中特别强调，企业竞争力的四类组成要素之间是相互影响、相互交叉的，它们在特定条件下甚至可以相互转化。从逻辑关系的角度来看，在这四类要素当中，“关系”是形成企业竞争力的重要条件；“资源”是形成竞争优势的基本前提；“能力”决定了企业对市场的适应程度，也可以说是一种最主要的资源；“知识”则决定了企业的创造性和决定性，是能力实现的内在因素。金碚的理论中，着重强调了“能力”和“知识”对企业竞争力的影响。

上述企业竞争力的组成因素模型都从一定的角度对竞争力的来源和组成做出了解释，这对本书的研究有很大启发作用。我们虽然可以从多个角度去探讨企业的竞争力，也可以将企业竞争力的决定因素进行不同的分类，但这些研究的最终目标还是要构建一个逻辑简明的理论分析框架，并通过这个理论框架客观地解释决定企业竞争力的各个影响因素之间的内在联系和相互作用，从而将复杂的、抽象的竞争力具体化。

基于以上分析，综合国内外学者的研究基础，本书从企业竞争力内外部转化机制出发，认为企业竞争力由企业的竞争潜力和竞争实力两部分组成（参见图 2-2），竞争实力是企业竞争优势的外在表现，竞争潜力是企业竞争优势的内在积累，两者在市场竞争中相互影响、相互转化。结合企业竞争力的基本特点和表现形式，我们将企业竞争力影响要素宏观地分为直接因素和间接因素。直接因素是在市场竞争中能够直接影响企业竞争力的外在表现因素，是企业竞争实力的体现，而间接因素则通过对直接因素的影响来对企业竞争力产生作用，间接因素决定了企业的竞争潜力。企业在市场竞争中的竞争潜力和竞争实力共同组成了企业的竞争优势。这里，影响企业竞争力的直接因素主要指企业的“资源”要素和“市场”要素，间接因素主要指“政府”要素和“管理”要素。下面将对这四个关键要素进行解析。

“资源”要素既包括企业在市场竞争中所拥有的各种有形的生产资源，

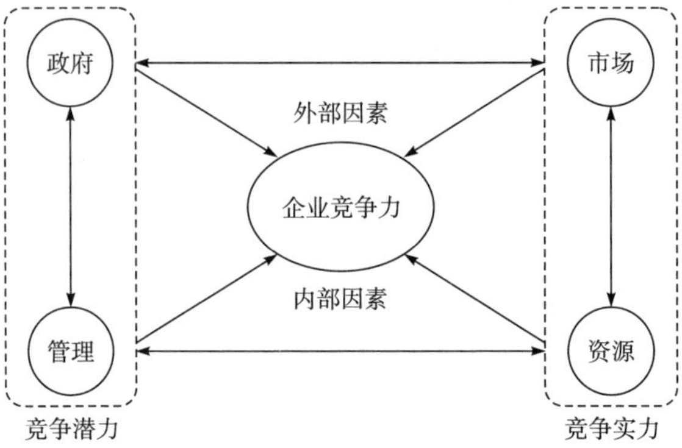

图 2-2 企业竞争力模型

例如人力资源、天然资源、资本资源、基础设施、技术专利等，也包括企业所拥有的各种无形的关系资源，例如企业所处的市场竞争地位、与相关企业的关系等。有形的资源因素是一个企业硬实力的体现，组成了企业发展的基础力量，是企业竞争力的外在表现形式；无形的资源是企业实力的内在延伸，是企业发展的辅助力量。另外，企业的“资源”因素也并不是一成不变的，它们随着企业的发展而变化，同时又影响着企业的发展。尤其是，随着战略联盟理论的不断深入发展，资源不再局限于某个特定范围内，企业可以通过合作的方式，实现资源共享，甚至全球资源共享。此外，资源的利用效率和开发程度也较之前有很大程度的提升，企业在发展过程中，不断使用新的工艺，开发和利用新的生产原料，以及替代原料的层出不穷，使得资源对企业竞争力的影响一定程度上正在逐渐减弱。

“市场”要素也可以说是市场运营要素，企业和消费者是市场经济的直接参与者，消费者是企业市场竞争的动力源泉，消费者通过自己的选择偏好去影响市场竞争，企业通过提供差异化的商品或优质服务去吸引消费者，从某种意义上说，企业竞争的目的就是在争夺消费者，去抢占市场需求，而企业市场运营能力的强弱也就直接决定了企业的竞争实力。同时，市场因素是一个变化性因素，市场环境、经济政策、国际形势、竞争对手等各种因素的变化都会对企业的市场运营产生影响。从市场源动力的角度看，消费者的主观需求观念变化很快并且容易受到周围群体的影响，不同消费种群选择差别很大。在市场竞争的环境下，市场占有率就是企业竞争优势的一个直观体现，企业要努力琢磨消费者的消费心理，迎合消费者的不同层次需求，多样化市场营销策略，提升企业产品和服务的市场占有率。

"管理"要素指企业内部在组织管理的过程中应对外部竞争环境变化的各种能力，包括企业的运营管理能力、创新能力、组织文化、企业凝聚力等，这些能力是企业竞争的核心灵魂，是企业所独有的，其他企业所不能模仿的，企业的组织管理能力是企业的内在竞争优势，决定了企业的发展深度和广度。外部的市场竞争环境与企业内部组织管理是相互作用的关系，在激烈的市场竞争中，企业要不断加强内在竞争优势的提升，不仅能够适应外部竞争环境的变化，也能反作用于外部竞争环境，甚至能够改变竞争环境。管理会涉及企业的各个部门，包括财务、人力资源、物料采购、生产运营、营销策划、战略管理等，企业的管理理念会影响到企业的经营和决策。一个企业管理水平的高低可能对企业经营状况起到决定性的作用，企业科学有效地对企业内部的人力、物力、财力资源进行合理的安排，能有效提高企业的竞争能力。管理者的管理理念也会直接影响企业核心文化观念的建立，影响公司发展方向和道路的选择，进一步会影响公司的运营模式和发展计划的制订。一般来讲，战略管理文化主要分为发散型和内敛型两种。发散型主要强调的是机会，速度和规模是其发展的辅助工具，迈克尔·波特教授认为，在市场经济供不应求的情况下，或者是处于不激烈的竞争状态中时，发散型战略管理模式更容易存在。而内敛型则主要强调资源和能力，企业的各种核心资源组合起来便构成了企业发展的竞争力。这种类型与发散型战略管理模式所形成的粗放型和外延型的经营方式正好相反，在市场经济供大于求或者企业的竞争十分激烈的状态下，市场上存在和潜在的发展可能性较小。企业在这种局面下，其发展面临外部的选择机会更小，只有通过整合自身内部的核心资源才能带动自身的发展，这时的发展模式便趋向集约型方向。

"政府"虽然不是市场经济的直接参与者，但在市场竞争尤其是国际市场竞争中发挥着不可忽视的作用，在这四个关键要素中，政府的力量最为直接。一方面，政府是本国市场的主要客户之一，政府的财政补贴、投资能够为企业的发展创造机遇，提供动力；政府还会出台一系列的优惠政策支持相关产业的发展，鼓励企业的技术创新、产业转型和相对弱小行业的发展。另一方面，政府制定的经济政策、标准制度、税收政策、环境政策等也可能会成为企业发展的间接障碍。作为工业企业，政府的环境管制和各种行政性的法规，企业都是需要严格遵守的，如有违背的情况发生，必将受到政府部门相关的处罚，给企业带来不必要的损失。此外，政府作为环境管制政策的制定者和监管者，对于那些污染密集型的企业来说，无疑是一个巨大的挑战，为了完成政府的减排任务，污染密集型的企业需要耗费更多的环境成本。如果污染密集型的企业不积极探求技术创新，生产环保产品，提高企业产品的生产效率，那么，企业在竞争中将处于劣势地位。当然，政府对企业竞争力的影响也不是单方向的，政府的政策工具也会受到竞争体系中其他因素的影响，譬如政府通过干预市场准入和市场退出规则，进而影响企业的市场竞争结构，而不同市场结构下的企业竞争方式、激烈程度都存在较大差异。此外，政府还可以通过提高或降低企业原材料、劳动力以及资本的使用价格，进而影响企业的生产成本，并最终反映到企业竞争力水平上。当然，在世界经济广泛联系、相互渗透的国际竞争形势下，国际组织或他国政府机构的相关政策法规也会通过国际市场竞争法则影响企业的国际竞争力水平。

总之，这四个要素之间互相影响、共同作用，最终组成了企业竞争力。这四个因素之间并没有绝对意义上的界线，如果考虑深层的内在联系，甚至可以说资源因素和管理因素之间是相互交叉、相互影响，在某种条件下还可以相互转化的有机整体。从影响作用的层面考虑，间接因素虽没有直接在市场竞争中展现出企业的竞争力，但其不可抗拒的强大力量间接影响了市场经济的导向，同时间接因素不仅是企业竞争中最难控制的因素，也是企业提升竞争力最为关键的因素之一。

第四节　环境管理下的企业竞争力分析框架

一　现有研究成果的观点分歧

目前，关于环境管制与企业竞争力的争论形成了两种截然对立的观点，已经取得的实证研究对此也没有得出统一的结论。围绕现有研究成果不难发现，在以下问题存在分歧是导致观点不一的主要原因。

（1）对“经济人行为理性”假说的质疑。

传统观点是基于新古典经济理论的假定，即经济人作为理性的个体，会发现任何有意义的机会，并加以利用来提升自身利益。因此，作为一个理性的追求利润最大化的经济人，企业不可能放过因环境管制而获得的创新优势。事实上，完全理性的经济人是不存在的，西蒙的有限理论对经济人行为理性假说的批评具有深远影响。

西蒙的有限性理论认为，完全理性的经济人在社会上是不存在的。一方面，现实生活中，由于信息获取的难度以及人们认知的有限性，人们基本上不可能对每种政策措施可能产生的后果都有超前的预见能力，因而经济人在决策的时候就不可能选择最优的行为手段。另一方面，在市场信息不对称、不透明的情况下，信息的收集加工整理必须付出很大的代价，因此，即使经济人具备完善的知识，因为基础信息可能失真，其决策结果也就无法保障。

因此，在这种背景下，企业就不可能总是做出最优的选择，环境管制作为一种创新激励手段就有可能发生。在静态理论中，企业只是追求自身利润的最大化，这个过程中，因环境管理产生的创新优势就有可能被发现并应用。但是，事实明显不是这样。企业在工业转型、社会快速发展的过程中，对处理环境问题显然没有太多的经验。许多企业并没有关注到环境保护，对环境管理的认识还很肤浅，这就使环境管理对企业的创新提升有了一定的可能性。当然，作为消费者本身也不会意识到自身丢弃的废弃物的残余价值会由自己变相承担。当企业不主动在生产过程和生产产品上进行创新的时候，环境管制就能够在促进企业环境管理创新方面产生积极的或者消极的影响（陈浩，2006）。

（2）“低悬挂果实”的广泛存在。

尽管“经济人行为理性”假说已经被严重质疑，但是传统经济学家对于波特的创新补偿的观点仍存在许多批评意见。创新补偿意味着改善环境能降低企业创新的机会成本，但是这些机会成本因为管制的缺乏而并不能被发现。

研究表明，“低悬挂果实”在许多案例中都存在，但在标准的静态经济学模型中，因为企业是理性完备的，因此就不存在企业追求利润最大化的死角，因此，“低悬挂果实”也就不存在。现代经济理论指出，企业并不是一个无所不知的、理性的、全能的实体，这就有可能出现组织失败，而组织失败则给“低悬挂果实”的存在提供了大量的理论支撑（曾凡银、冯宗宪，2001）。在一个组织里面，失败的原因有很多种，或者由于激励问题或者由于协调问题。而 Holmstrom & Milgrom（1987）的研究表明，企业的业绩评价设计不当会导致企业管理者的关注出现偏差。因此，如果设计出合理的环境管理体系，提升企业管理者的关注度，就会激发企业整体向环境友好型转变。当然，“低悬挂果实”也可能因为企业的交流和习惯导致事先协调失败。企业的生产习惯严重影响企业的决策。Cyert & March（2008）的研究表明，“组织寻找替代物的方式是该替代物具有的原物品运行规则的一个函数，然后组织利用这个函数做出一定的决策”。通过环境管制，强迫企业重新考虑自身现有的习惯使企业更加符合自身的私人最优方案。

（3）创新补偿的程度。

波特动态观点是否能够补偿静态观点中因为环境管制而增加的成本，这就存在两个问题，其一是这种创新补偿导致成本压力下降的普遍程度究竟有多大；其二是创新补偿的时间长度是否过长。

与波特乐观地认为创新补偿普遍存在不同，Palmer（1997）等人虽然也认同环境管制有的情况下的确会有助于产品质量提升、激发创新积极性，进而降低企业经营成本，但是仍质疑其普遍性。Porter & Van der Linde 却宣称创新补偿将是普遍的，因为减少污染的同时往往会提高企业生产资料的使用效率。另外，在创新补偿的实现时间的跨度方面，大多数人仍然认为，仅在一些特殊的情形中存在污染防治的快速回报，大多数情况下，该回报周期仍然是比较长的，但是波特理论创新者却认为该回报周期是很短的。

二　环境管制背景下企业竞争力的一般分析框架

如上所述，企业竞争力的影响因素是十分复杂的，它们涉及政治、经济、社会、生活的各个领域，各种因素相互交织、错综复杂，共同影响着企业的竞争力，环境因素是企业竞争力的众多影响因素中的一个。研究环境管制下企业竞争力的影响因素，需要从各个因素之间的逻辑关联和因果关系出发，构建基于环境因素的企业竞争力分析框架，从内在相关性揭示环境管制对企业竞争力的影响。结合国内外学者的研究成果，基于波特的竞争力“钻石模型”，本书构建了一个基于环境因素的企业竞争力分析模型（参见图2-3），该模型从环境因素的视角出发，指出了企业竞争力影响因素的研究方向。

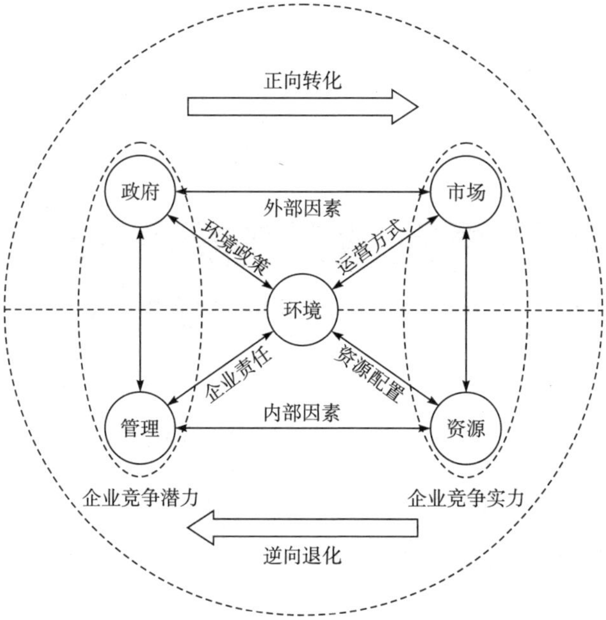

图 2-3　基于环境因素的企业竞争力分析模型

在目前日益严峻的环境形势下，环境要素已经成为企业战略规划中不得不考虑的一个重要因素。随着消费者环保意识的不断提高，政府和环保组织的大力宣传，环境管制政策已经在很多国家得到了应用，收到的反馈效果也非常明显，企业普遍感受到了来自环境管制的巨大压力，市场竞争的天平已经逐渐在向环境管制政策倾斜，一些具有社会责任感的企业主动选择进行环境技术创新，环境资源因素对企业的影响是显而易见的。环境因素还有着自身的特殊性，从企业竞争力的外部要素分析，环境资源是企业生产所必需的一种外部资源，并且环境资源还在日益稀缺，企业对环境资源的竞争也将变得愈加激烈。从企业竞争力的内在要素来看，日益恶化的环境形势已经影响到政府的政策设计，而绿色环保的概念也在潜移默化之中影响了消费者的消费观念，追求利益不再是企业唯一的战略目标，环境和利益的和谐共存、走可持续发展的道路已经得到了众多国家的支持。

第三章
环境管制政策的外部压力对企业竞争力的影响机制研究

第一节 典型的环境政策工具

在现阶段，对环境实行管制的方式主要有三种（宋姣姣、王丽萍，2011），分别是传统的命令控制型管制、市场激励型管制和自愿型环境管制（参见图3-1）。同样，也可以将三种类型简化为两类，即经济类的管制和以社会为主的管制。不同的环境管制政策对企业环保行为的着力点不同，因此，它们的作用机理也存在一定差异，下面首先对目前主要使用的环境管制手段进行分析。

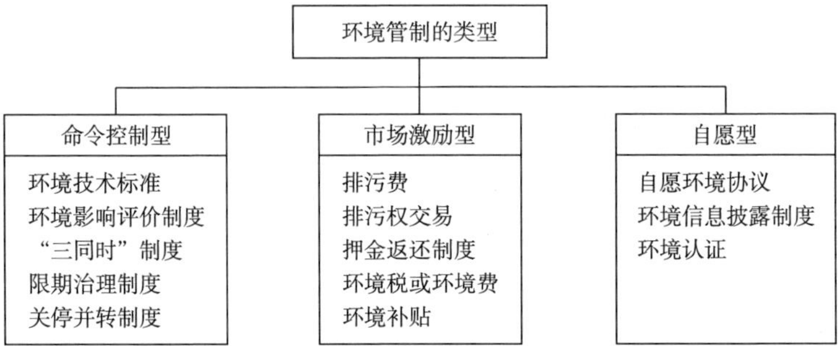

图3-1 环境管制政策的三种类型

一 命令控制型环境管制政策

命令控制型环境管制政策是建立在传统的行政干预基础上的一种强制

性管制措施。在通常情况下，国家政府为了尽可能地保护环境，减轻危害，都建立了相关的规范、制度来约束企业的生产行为。20 世纪 80 年代之前，命令控制型环境管制政策主要应用在发达国家（李项峰，2007），美国、日本、德国和其他欧洲国家。在早期都较多地使用这一政策工具。命令控制型管制在我国起步也很早，如 1973 年的“三同时”制度。命令型环境管制政策在历史上发挥了重要作用，对世界各国的环境改善，包括我国环境质量的提升都起到了非常积极的作用，但是，命令控制型环境管制政策也有其不足之处，下面对其特点做一分析。

概括地说，命令控制型环境管制主要呈现出以下特点。

第一，命令控制型环境管制政策具有强制性。在生产过程中，企业意识到破坏环境需要支付费用，这必然会促进企业积极地使用环保的工具和技术，尽最大可能地减少生产中的废物排放，减轻环境的负担，将环境费用最大限度地内部化。在国家的监管下，这种环境管制有强制性做保证，可以有效地实施。

第二，命令控制型环境管制的环保效果相对较好。国家在充分调查哪些因素会影响到人们生存和发展的基础上，制定了规范生产的法规和制度，对企业生产中废水、废渣、废气的排放量大小和区域做出了明确的规定。甚至在一定程度上，为了保护环境，可以采取强制的手段，包括禁止措施，从这个角度看，命令型环境管制能真正发挥保护人类生存发展的作用。

第三，命令控制型环境管制政策具有较好的平等性。作为社会中的一员，每个企业不论规模大小、企业性质、行业类型，都需要遵守环境管制政策，不存在例外的情况，因此，这种环境管制对所有企业都具有普遍的约束力，企业成员之间相对平等。

命令控制型管制政策虽然能对不同的环境问题制定出相应的控制策略，并且在国家强大的管理和监督网络之下，管制命令能够迅速地在区域和省市得到实施。各类企业考虑到不遵守管制法规会造成较大的经济损失，一般情况下，是不会轻易违背法规的。但命令控制型管制政策并不是万能的，它也有自身的劣势或不足，具体表现在以下几个方面。

第一，命令控制型管制政策是在国家政府已经预先对污染的区域和污染物做出相关的科学调查，并根据调查结果发现了存在的问题的基础上做出的管制命令。这也意味着，国家有关部门一方面必须对相关环境问题有充足的了解，并知晓其解决方案，另一方面，相关环境监管单位也熟悉企业的排污行为，掌握企业的排污活动。为此，需要政府部门投入大量的人力和物力用于信息获取和信息处理，并且需要投入大量的人力和物力用于规范和管理企业的生产运行。但是，政府部门也会存在有限理性，因此，“事先的”“已知的”假设和科学决策在现实生活中很难成立，甚至说根本不存在。

第二，命令控制型管制政策对技术进步的激励效果不佳。企业在了解和掌握国家制定的相关规范时，这些规范都是已经成形的，不可更改的。这样，企业只能被动地接受和遵守，这会大大降低企业使用环保工具的积极性。一项好的环境管制政策不仅应该能够有效控制污染排放，而且还应该能不断激发企业的环境技术创新积极性。然而，命令控制型管制政策忽略了对企业使用绿色环保技术的奖励，不利于企业积极创新，企业也无法从技术创新中弥补研发投入的经费。而且，国家对所有的企业和行业订立了同样的减污标准，对于那些污染较轻的企业而言，它们可能会觉得对自己的发展不公平，不利于经济持续健康地发展。

第三，命令控制型管制政策存在“寻租”风险。国家在制定环境法律规范时，可能会受到一部分利益集团的干涉，通过各种方式收买管理人员，降低环境减排的标准，最大化这些利益集团的经济利益，这不利于廉洁政治和经济的发展，会使经济处于“不经济”的状态。此外，由于国家订立的法律规范是不完备的，一部分公司可能会故意隐瞒排污活动的真实情况，为此，也会增加环境监管的难度。

在我国，常用的命令控制型环境管制政策有：环境技术标准、环境影响评价制度、“三同时”制度、限期治理制度和关停并转制度等。

（1）环境技术标准。

环境技术标准是指环境管理机构或者环境管理机构与其他机构联合共同发布的针对环境污染的排放、检测等技术性问题出台的相关法规，根据发布机构的级别不同，可以是国家环保总局发布的环境技术标准，也可以是地方环保局根据当地环境质量状况及经济科技水平而制定的环保标准（王丽萍，2013b）。同其他标准一样，环境技术标准也可以反复试验、重复进行。从内容上看，环境技术标准涉及产品的环保指数、生产工艺以及检测方法或技术等内容。从时间上看，环境技术标准呈阶段性特征，随着时间的推移，会不断提升标准的要求。譬如现行的工业企业厂界噪声排放标准（GB12348-2008）就是在对 1990 年标准进行修订的基础上产生的，它对厂界噪声的限制、测量技术、检测时间、测量仪器等都做出了明确的规定。我国现行的环境技术标准内容丰富、涉及面广，如清洁生产技术标准、城镇污水处理厂污染物排放标准、恶臭污染物排放标准、大气污染物排放标准、纺织染整工业水污染物排放标准、综合污水排放标准等（参见表 3-1），这些环境技术标准在保护人类健康、预防污染和减轻环境损害等方面发挥了重要作用。

表 3-1　第一类污染物最高允许排放浓度

单位：mg/l

污染物	最高允许排放浓度	污染物	最高允许排放浓度
总汞	0.05	总银	0.5
总铬	1.5	六价铬	0.5
总镍	1.0	苯并芘	0.00003

数据来源：《废污水综合排放标准》。

理论上讲，国家或地方政府部门可以制定出科学有效的环境技术标准，并以此来约束企业的排污行为。但是，由于监管部门与排污企业之间存在着大量的信息不对称，加之排污企业的种类繁多，有的时候同一标准往往很难对不同行业或不同规模的企业加以约束。另外，企业还可以通过减产的方式降低单位时间内的污染物浓度，以此满足环境技术标准的要求。尤其值得注意的是，环境技术标准只是规定了允许排污的最大数量或最高浓度限值等，对于那些大大低于环境技术标准的企业往往缺乏奖励，因此，实践过程中也存在排污企业“就高不就低”的做法，结果大大抑制了企业从事环境技术创新的积极性，从而不利于环境保护工作的深入推进。

（2）环境影响评价制度。

环境影响评价制度是指在某区域规划建设工程项目之前，对其工程建设或建成运行以后可能产生的环境影响进行提前的分析判断和评估测量，并制定相关的预防措施和改进方案。为了贯彻落实环境影响评价政策，我国在环境保护法中对其做出了明确的规定，从而使其法律化和制度化。从内容上讲，环境影响评价制度对实施环评工作的对象、环评程序、环评内容及范围都有详细的规定和要求。此外，国家对开展环境影响评价的单位实行资格审查制度。从实施效果来看，我国的环评工作与国外的环境影响评价制度还存在不少差距。譬如，我国的环评对象主要是针对工程建设项目，而发达国家则将环境影响评价制度扩展至任何产生重要环境影响的活动，包括政府制定的重要经济政策或产业发展规划等；在具体评价过程中我国也普遍缺乏对环境损益量化的科学方法和工具；环境影响评价工作主要由政府部门完成，公众和社区以及第三方机构对工程项目的环境影响评价缺乏话语权，这种完成主体的单一化给腐败的滋生提供了温床，不利于政府的行政体制改革。

(3)“三同时”制度。

为了进一步降低环境损害，我国对已通过环境影响评价制度拟开工建设的项目提出了要将污染防护设施与项目的设计、施工和投产同步进行，即“三同时”制度，并在我国《环境保护法》中多次对这一制度的具体实施环节做出了明确规定。发展至今，“三同时”制度已经成为我国一项重要的环境法律制度。我国几乎所有的大中型项目建设都履行了“三同时”制度，甚至在一些村镇，“三同时”制度也得到了较好的执行。但是，实践过程中，“三同时”制度也暴露出一些不足，譬如“三同时”制度的政策对象主要是针对点源污染源，要求企业做好污染预防，但是对于那些区域性环境污染现象，“三同时”制度缺乏一套行之有效的监管办法。此外，一些地方政府对于那些政绩比较突出的大型工程项目，在执行“三同时”制度的工程验收环节时，容易出现流于形式的做法，这些都大大降低了“三同时”制度的执行效果。

(4)限期治理制度。

限期治理制度始于1979年的《环境保护法（试行）》，是指地方政府或主管机构强制要求污染者在规定的时间内消除污染、减轻对环境的损害。这一措施主要是针对那些环境损害特别巨大、后果十分严重的点污染源或区域污染类问题实施的。我国在《环境保护法》中专门对限期治理制度的适用范围、权限和内容做出了明确规定。当然，不同行业、不同污染源和不同区域的限期治理期限并不完全相同，法律也没有对具体的期限做出明确规定，一般由地方人民政府协同环保部门根据污染的严重程度等做出判定。正是由于体制上的缺陷，限期治理制度在实践过程中也颇受批评和质疑，譬如，限期治理一般都是针对那些已经造成严重污染的项目，因此那些存在较大污染风险的项目就会成为漏网之鱼，有了可乘之机。另外，实施限期治理的项目在后期的环境监管方面也存在责任不明、主体不清等问题。

（5）关停并转制度。

顾名思义，关停并转制度可以分解为四项具体做法，关即关闭，停即停产，并即兼并、合并，转即转产。该政策主要是针对某些行业中长期亏损、技术装备十分落后、产品质量差且销路不畅的规模较小的企业（如小造纸厂、小炼焦厂等），以及那些已经被政府部门勒令限期治理却仍不能达标的重污染企业，以行政命令的方式强制企业关闭或强制性停产，或与其他企业合并或转产经营，这是一项比较严厉的污染控制政策，一般与地方的产业结构调整目标紧密相连。1996 年，国务院向全国各地政府下发了 15 种强制关停企业类型，此后，为了巩固关停政策取得的巨大成绩，防止个别地区环境污染严重的小企业死而复生，1998 年国家环保总局进一步下发了《关于取缔、关闭和停产环境污染严重企业工作指导意见》，提出关停工作的总体目标是：除国务院批准的特困地区按 85% 的目标要求外，其他地区“15 小”关停率一律要求 100%。“15 小”主要是指生产工艺简单、技术落后、设备陈旧、资源浪费大、能源消耗多，对生态环境的破坏和影响比较严重，难以形成规模优势和产业优势的生产企业，涉及的重点行业有：造纸、皮革、印染，以及石油、铅、金、汞等重金属的提炼企业等。此后，我国还针对小火电、小煤矿等规模效益差、资源浪费严重的五类小型企业采取了关停并转制度。

二　市场激励型环境管制政策

在市场经济发展状况下，管理者采用一些经济手段，例如：征税、调整价格、获取费用等，来规范企业注意生产过程中对环境造成的危害，并督促其及时整改，这种方式就是以市场为主的环境管制。市场型环境管制并没有说明或者设立一个具体的标准，这就为企业发展技术创新提供了充足的空间，能充分调动企业创新的积极性。

与命令控制型环境管制政策相比，以市场为主的管制方式是否可以花费最小的费用，达到最大的减排效果呢？许多文献将两者进行比较，发现要实现同样的减排标准，命令控制型管制要比以市场为主的方式多花费几倍甚至几十倍的成本，因为后者主要利用了企业减污能力存在差异性的特点（冯运科，2012；马士国，2008）。假如国家能准确地调查出各个企业排污的数量及种类，并有差别地对待不同的排污，那么使用传统的命令型管制方式就可以完成这个任务。但是，在现实生活中，这种假设能实现的可能性几乎为零。因此，采取命令型管制存在诸多局限，而市场型管制刚好能发挥作用。

概括地说，市场型环境管制政策的特点如下（郑亚南，2004）。

首先，与传统的环境管制方式相比，市场型环境管制政策不仅为企业提供了更加广阔的发展空间，而且适用范围比较广。在企业生产的各个环节中都可以使用，并能针对不同环节的不同特点，采取不同的经济措施。同时，多种措施还可以同时使用。这样，更加具有针对性，也更有利于企业进行技术创新。在西方国家中，环境管制经历了长期的发展历史，各方面的规范也相对完备。比较具有代表性的是美国。美国使用的是许可证交易制度，这种制度能最优地配置资源，减少不必要的浪费（席涛，2004）。

其次，与传统的环境管制方式相比，市场型环境管制政策能提高减排的速度和效益。这是因为，市场型环境管制政策不需要花费太多调查成本，在市场经济的条件下，能为企业的发展节省更多的时间和资金。

当然，无论是命令型环境管制政策还是市场型环境管制政策，如果单独作用，其环境保护效果往往不佳。两者只有真正地结合起来，才能更好地发挥对企业生产活动的影响和规范作用。通过市场的力量干预企业的经济行为，向企业征收一定的整治污染的费用，加上传统管制对企业有效地约束，督促企业尽力地完成减排任务。

以市场为主的环境管制政策的主要手段有：排污费、排污权交易、押金返还机制、环境税或环境费、环境补贴等。下面对这些手段进行简要介绍。

（1）排污费。

征收排污费是环境管制中应用比较广泛的一种方式，国家针对企业经营的实际情况，对于企业的排污费做了一个明确的限定。由于企业性质的不同，不同的企业可以自主地决定想要完成的减排任务。企业为了得到更多的经济效益，一定会在生产过程中使用绿色环保的技术，改进原有的生产方式，减少成本消耗和降低环境破坏。不同企业排放的污染物质是不同的，如果某个企业所需要支付的排污税超出污染治理的费用，该企业就会被激励减排；反之，则会不断扩大对环境的危害。目前我国的收费标准仍是2003年制定的，收费标准明显偏低，甚至尚不足污染治理成本的一半，远远不能满足污染治理的需求，为此，国家发改委会同其他部委在2014年9月出台了调整收费标准的通知，要求各地最晚在2015年6月底前完成收费标准的调整工作，并规定了最低收费标准，完善了收费机制。具体来说，二氧化硫等废气的征收标准从现在的0.6元提升至1.2元，化学需氧量等废水的收费标准则从目前的0.7元提高至1.4元，经济发达地区可在指导标准的基础上大幅度提升。事实上，随着我国经济结构转型升级和环保压力的加大，全国许多地方已经提升了排污收费标准，如2014年北京市将四项主要污染物的收费标准提高了14～15倍，提高幅度为全国最高。具体来说，二氧化硫和氮氧化物的收费标准从每公斤0.63元提高到每公斤10元，化学需氧量从每公斤0.7元提高到每公斤10元，氨氮从每公斤0.875元提高到每公斤12元。

征收排污费的优点在于，这种方式花费的资金和人力比较少，受市场的影响比较小（苏晓红，2005）。在经济学上，有一个“等边际原则”概念，这种方式便是利用了这个原理。国家为不同类型的企业规定相同的排污税标准，在市场经济中，边际成本会自发地调节企业的生产活动，当排污税与边际整治成本处于同等水平时，那么全部企业的边际成本都会趋同。企业的消耗会降到最低。

征收排污费的缺点是：统一合理的排污税值是不容易设立的。由于市场经济一直处于不断变化的过程中，国家也不能充分地对企业的发展情况进行调查，设立出来的排污税值可能不具有代表性。设立十分高或者十分低的排污税，都得不到合理的减排结果。当企业的边际成本与排污税处于同一水平时，能达到最好的效益。同时，由于事物具有变化性，国家只有在不断发展中对其做出调整，才能更好地适应环境和企业发展的需求。

（2）排污权交易。

排污权交易是可交易的许可证制度，它是依据科斯的观点逐渐演化而来的，国家需要准确的调查出特定区域（在不破坏生态环境的情况下）能够为企业的发展所容纳的废弃物的最大值，将这个最大值分成几部分，并分别对每部分授予相应的许可权。之后，国家可以将这些许可权（分区域分期）出售、拍卖或者免费给予需要排污的企业。在市场上，企业可以购买到相应的排污权，以减轻其经济负担。假如企业的生产过程消耗的资源较少，企业就可以将自己购买的排污权转让，并可以适当地增加自身的减排，提高环境和经济效益。如果情况相反，企业就可以充分地利用许可证的权力，企业也会增加对许可权的购买。

排污权交易也有它自身的优势和劣势（减传琴，2009）。这种环境管制的方式适用的领域广泛，可以准确地控制减排量，同时，不需要花费太多的资金。由于可交易排污许可证受到市场的影响十分微小，它会随着市场的变化而变动，能充分地利用资源。国家对许可证拥有所有权，这些许可权是有限制的，企业也不能无限享有。这样，国家就可以合理控制企业的减排量，实现经济利益和环境利益的和谐统一。

排污权使用过程中存在的突出问题是：排污权在出售的过程中，可能出现价格昂贵的情况，部分企业为了节约资金，宁愿选择破坏环境，而不愿意购买。在一些市场机制不够完整的地区，排污权的出售可能会出现不公平的现象：由于对排污权购买没有数量的限制，一些经济实力雄厚的企业会刻意抬高排污权的价格，最终导致“垄断”局面的出现。由于国家对排污权的使用不能合理地监控，在实际执行中，能否真正地实现减排的目标不能得到保证。一般情况下，出售排污权时，仅仅会对时间和地点做出要求。如果是没有要求的交易，从时间来看，污染会呈现集中在特定时间段的趋势；而从地点来看，则会集中在某个具体的地区。这样，就会降低许可权的使用效果，更大程度地污染环境。针对上述状况，国家需要加大对排污权交易的监管力度，规范企业的生产活动，减少对环境的破坏。

（3）押金返还机制。

押金返还机制也是环境管制的方式之一，如果某人使用的是可能存在污染或对环境产生危害的产品，在产品出售时，就会对其收取保证金，一旦这些污染的隐患被消除，就会将保证金归还本人。这种环境管制的方式是十分环保的，符合可持续发展的要求。押金返还机制的使用不仅可以合理地监督企业正确地处理污染物，还可以促进企业使用先进的技术更加节约资源材料，降低能耗。

（4）环境补贴。

环境补贴也称绿色补贴，是指政府环保机构采取措施将环境成本内在化，对企业在治理环境污染方面实施补贴（王丽萍，2013b）。环境补贴的目的在于激励企业主动实施改善环境的行为，类似于环境收费制度，它提升了企业的污染治理边际收益，而且对于保护本国企业的产品和保持市场竞争力起到了关键作用。例如，在电解铝制造行业，国家为了鼓励高效节能等环保类项目的推广与应用，对电解铝产生的废渣回收利用技术、铸造工艺过程中产生的余热综合利用项目、电解槽废水处理项目等都制定有相关的环境补贴政策，从而大大减轻了电解铝企业污染治理的成本，也极大地增强了企业采用与推广先进技术的信心。然而，环境补贴政策在实践中也存在一些问题，尤其是当环境补贴使用不当或被违规滥用的时候，环境补贴不但不能起到激励效果，可能还会导致企业先多排放污染，然后再享受环境补贴，从而加剧了环境污染。此外，环境补贴在国际的差异也引发关注，尤其是不合理的补贴政策也会成为国际反补贴调查的对象。

三　自愿型环境管制政策

自愿型环境管制，从名称上我们可以看出，这种环境管制具有自愿性，这点与命令控制型完全相反。使用这种环境管制时，管理者无须借助于法律的形式去约束和监督企业的行为，而是运用市场机制的特点，将两者紧密地联系起来。这种方式主要依靠企业主的觉悟，主动地承担减排的任务。相对于命令控制型管制，这种环境管制方式可以节约管理的费用。国际标准化的ISO14000认证、欧洲的EMAS等都是比较权威的认证机构，而德国的“蓝色天使”则侧重于环境认证。由于这种管制主要依靠的是企业的自觉性，在实际中，可能会出现一些问题，譬如由于制定政策的过程不具有公开性，多数企业和个人都不能对法规的制定提出自己的建议，最终导致部分规范脱离现实，不具备可行性。

常见的自愿型环境管制政策的主要形式有自愿环境协议、环境信息披露和环境认证，下面对这些方式做一简单介绍。

（1）自愿环境协议。

自愿环境协议是指，基于自愿原则，企业主动与地方政府及环保部门就自身环境管理的具体事宜达成共识，签署双边协议（王丽萍，2013b）。在自愿环境协议中，企业公开承诺在一定时间内完成某些污染治理及环保工作，这与传统的企业被动接受环境监管的环境管理模式明显不同，最大的区别在于企业是自愿采取积极的环境管理战略。从企业角度分析，实施自愿环境管理不但不会增加企业的环境治理负担，反而还会因此收获更多的利益，譬如良好的声誉、宽松的监管、利益相关者的信任和支持等。从管理部门来看，监管者无须对企业环境管理的具体细节实施全程监督，只需对到期的环境绩效进行考核即可，因此，不仅降低了监管的难度，而且还可以大大节省监管费用。此外，企业将环境管理信息公开披露也促进了社会公众的环境监督意识，增强了企业与消费者之间的信息沟通。

在国内，自愿环境协议始于2003年的“国家环境友好企业”评选活动，这是环保局为了深入贯彻落实国家的节能减排政策、倡导企业绿色生产，在全国范围内开展的一项重要活动。其基本流程是，首先，由企业自愿申请，其次，由各级环保局逐级向上推荐，最后，只有企业全部完成了国家环保总局规定的22项指标才能获得这一荣誉称号。虽然“环境友好企业”与国外的自愿环境管理协议存在一定差距，但这毕竟是中国企业走向自愿型环境管理的尝试。此外，我国多个地方还与欧盟等自愿环境管理模式比较先进的国家和地区开展国际合作，譬如2009年西安、南京等地的企业代表与荷兰等国开展自愿型环境管理模式的合作。总之，随着国内环境管理制度改革的深入推进，越来越多的地方和企业开始尝试这一新兴的环境管理模式。

（2）环境信息披露。

信息披露是指国家将调查到的企业信息，直接或经过再次的评定，发布给公众的一种行为。虽然这种方式强调的是对企业经营状况的评价，但是以排名的方式也可以鼓励企业为保护环境做出努力。在日常生活中，公众往往对有品牌的产品有着明显的偏好，对于陌生的品牌不会轻易去尝试，这种现象的出现正是由于公众被告知了知名企业的信息的结果。所以，企业可以通过提高自身的实力，积极寻求认证，扩展企业信息传播的范围。此外，信息披露的数量、内容、质量也会影响国家对企业的判断。

为了加强排污企业的社会监管，国家环保总局在2007年出台了相关管理办法，并从2008年5月起实施。该办法对政府环境信息公开和企业环境信息公开都做出了较具体的规定。其中，政府环境信息由县级以上地方政府负责组织实施，公开的内容主要涉及与环境有关的法律法规文件、环境规划、环境质量，以及与环境有关的统计调查信息等，共计17个方面，主要通过政府官网、新闻发布、报刊及电视广播等社会大众易于获得的途径进行公开。企业环境信息的公开分自愿和非自愿两种形式，政府鼓励企业自愿公开其环境信息，包括企业的环境战略、企业能源资源的消耗、企业的环保投入、企业生产经营活动产生的各类污染物及其处置情况，企业应对突发环境事件的应急预案，以及其他愿意公开的信息等。根据目前的实施执行情况看，除非政府部门有相关要求，企业自愿环境信息披露的内容相对较少。为此，政府为了规范大型企业的环境管理、减少恶性环境违法事件，特别针对上市公司的环境信息披露做出了进一步的规定，具体可以参考环保总局2008年发布的《加强上市公司环境保护监督管理工作的指导意见》（环发〔2008〕24号）。

（3）环境认证。

环境认证一般需要一个长期的过程，在认证前，国家需要做大量的准备工作。1994年5月17日，中国成立了环境产品认证委员会；2003年设立了环境认证中心，这些措施的实施和认证机构的出现，为环境保护的发展作了充足的保障。同时，也督促企业积极地进行技术创新，使用绿色的生产原料，为企业带来可观的经济收入。中国的ISO制度是从2002年开始实行的，在实行之后，企业对资源运用的合理程度不断得到提高，环境认证的方式也得到了企业的认可和欢迎，实现了“双赢”的局面。

总之，自愿型环境管制对于规范市场经济的环保行为起到了十分重要的作用，在市场经济迅速发展的今天，企业可以主动向国家提供自身经营发展的信息。国家依据企业提供的经营状况适时地调整制定环境法规，提高法规的可行性，另外还能最大限度地保证企业减排的效果，节约不必要的费用，平衡区域发展不均的状况。

第二节　环境成本分析

一　环境成本的基本内涵

环境资源在使用过程中的弱竞争性和弱排他性，使其在很长一段时间一直被排除在现行的国际经济核算体系之外。换言之，传统的国民经济核算体系只注重环境对经济增长的积极作用，却忽略了经济发展对环境的负面影响，结果导致人们盲目地追求高速的经济增长，过度地开采自然资源，同时又大量地向环境排放污染物。随着人类社会赖以生存和发展的生态环境不断被破坏、自然资源日趋枯竭，人们越来越认识到健康持续发展的经济社会难以为继，环境成本开始进入人们的视野。环境和经济综合核算从19世纪60年代末出现，最早由托宾和诺德豪斯等人发起，主要核算闲暇时间减少、自然资源耗减、污染增长对生产生活的负面影响。70年代中期，美国首先在国民经济核算体系中加入污染防止和控制的估算。80年代，联合国环境规划署、世界银行、经济合作与发展组织，以及欧洲经济委员会、世界货币基金组织等越来越多的国际组织和机构开始研究环境成本的核算（袁桂萍，2007）。其中，最具代表性的成果是联合国统计署（UNSD，United Nations Statistics Division）、联合国环境规划署（UNEP，United Nations Environment Programme）与世界银行（WB，World Bank）合作研究的成果，于1993年正式出版了《综合环境与经济核算手册》（System of Integrated Environmental and Economic Accounting，简称SEEA1993）。1993年，联合国统计署（UNSD）从环境与经济的关系出发，在国民经济体系核算中将环境成本分为两个部分：其一，数量耗减和质量衰退而失去的环境资源价值；其二，为保护环境而付出的成本，包括污染预防、治理和消除费用、环境修复费用，以及增加环境资源数量和提升环境资源质量所发生的其他费用。*SEEA1993*出版之后又经过多次修订，许多国家以此为参考开始研究和编制本国的环境经济核算体系，并取得了许多引人注目的成果。联合国国际会计和报告标准政府间专家工作小组在“环境会计和财务报告的立场公告”中将环境成本定义为：企业为减少对环境的负面影响而采取的各种措施（强制的或自愿的）的成本总和。该定义还同时强调，企业因环境违法而付出的罚款或赔偿等，虽然与环境有关，但不计入环境成本范畴。美国环境总署认为环境成本包括：①传统成本，如人工、材料等；②潜在的隐藏成本，包括管制性成本（如监测费用）、前期成本（如废物管理费用）、后期成本（关闭后的看管费用）、自愿型环境成本（如社区关系费用）等；③或有成本，包括自然资源损害、经济损失、对未来法令的反应等；④形象与关系成本，包括维护公司形象、促进和改善企业与利益相关者关系的成本（参见图3-2）。

环境成本，特别是外部化环境成本的高低是判断环境管制强度的重要依据，环境成本的准确度量是有效实施环境管制的基础与保障。由于环境问题的复杂性，其涉及诸多学科理论，因此环境成本的具体构成取决于将其放在哪种层次进行分类，进而确定核算依据。

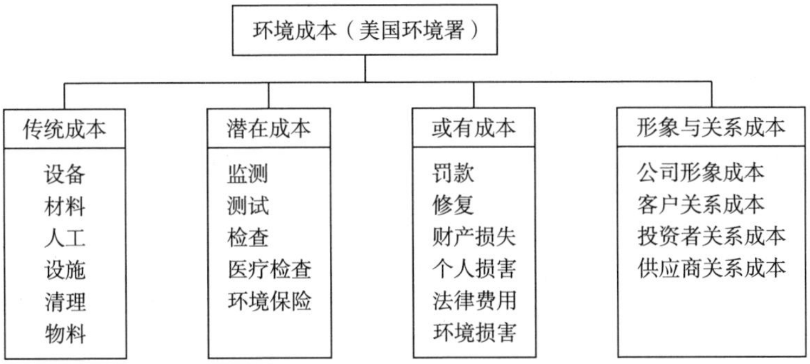

图 3-2　美国环境署提出的环境成本构成

综合现有研究成果（傅京燕，2002），结合本书的研究目的，可从环境成本与企业生产经营活动的关系角度将环境成本分为五个部分（参见图3-3）。第一，环境治理成本，主要是用于环境污染预防和治理方面的设备、技术、人工和资本的使用费用，这部分成本也是企业环境治理的显性成本，能够较为准确地计算和测量。第二，环境创新成本，考虑到未来环境管制的约束、遵从费用，以及出于抢占市场的需要等目的，企业也会安排一定的人力和物力用于环境技术方面的研究与开发，这部分投资往往与企业常规的研发费用难以分离。第三，环境使用成本，譬如资源税、环境税等，它受一国资源禀赋的影响，一般地，资源禀赋丰裕、生态环境良好的国家，其国内环境要素的使用成本相对较低，反之，如果一国的资源禀赋比较稀缺，那么环境要素的使用成本相对较高。当然，环境要素的使用成本还受一国政府环境管制政策、经济发展战略以及与其他国家的国际关系等宏观政策的影响。譬如，一些国家虽然国内资源相对丰富，但主要从其他战略合作伙伴国进口来满足国内的资源需求，这种情况下，其资源使用成本也会比国内供给成本要高。由于环境资源流失后的环境损益预计难度较大，这部分成本很难进行精确的测量，但是通过国际或地区比较，则有利于分辨其成本高低。第四，环境机会成本，是指企业因投资与环境污染防治而失去其他生产经营活动的机会，由此造成的损失。譬如效率损失、财务风险、管理成本等，这部分成本由于是隐性的或潜在的损失，因此，很难直接测量。但一些研究者已经对此进行了分析，承认存在相关费用，譬如袁鹏和程施（2011）从技术效率角度运用定量化的研究方法，对我国283个城市2003～2008年的环境管制成本进行了测度，结果得出：环境管制影响了工业企业的生产效率，且东、中、西三个地区的环境管制机会成本存在地区差异，东部最低，西部最多。第五，环境违规成本，即企业违反政府有关环境法规所付出的代价，如环境罚款、重大环境事件带来的企业不良声誉以及后续的负面效应等，这部分成本也属于潜在成本。

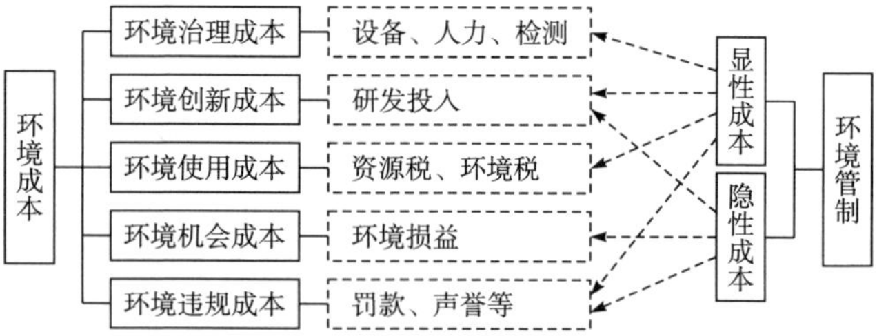

图3-3 环境管制背景下企业的环境成本构成

从环境成本的构成可以明显看出，环境管制政策对企业成本的影响是多角度、多层次的，企业需要在各个方面投入相应的资本和设备，以及安排专人从事污染防治工作，并且需要持续加强经营管理，同时适度投入环境技术创新活动。上述费用有的是显性的，可以在企业生产经营活动中反映出来，譬如企业上缴的资源税、购置的治污设备和检测技术等，缴纳的排污费以及超标排放罚款等；有的是隐性的，譬如企业环境违规后造成的声誉损失，被污染过的水资源价值等，这些隐性成本究竟有多大往往很难估算，且这种环境损益或环境机会成本是动态变化的，还会随着人们环境保护意识、企业社会影响力的变化而变动。无论是隐性成本还是显性成本，最终都会通过适当途径影响到企业竞争力水平。

二 环境成本内部化的经济学解释

长期以来，人们习惯以免费或者几乎免费的方式获取并利用各类环境资源，并总是认为环境资源是无限免费供给的。环境问题的出现促进了人们对环境资源稀缺性和环境资源价值的认识，而环境成本内部化正是基于该理念，对环境的外部成本进行评估并将其外部成本添加到企业的生产成本中进而转嫁到商品当中，改变以前环境资源免费的情况。

环境成本内在化会增加相关产业的产品生产成本，从而对企业竞争力的成本优势产生影响，但具体影响的程度还需要看企业对成本的消解程度，以及环境成本在该产业产品生产成本中所占的比重。在环境成本内部化的过程中，会涉及企业生产经营的许多方面，最为典型的环境成本包括保护环境所消耗的人力、物力和财力。因为不论是何种类型的企业，在产品的生产过程中，都会或多或少地产生污染环境的物质。为了最大限度地减轻对环境的危害，企业需要使用一些先进的技术或者环保措施，这就需要企业为此支付必要的费用。此外，内部化的环境成本除了所支付的生产、运输及管理费用之外，还应包括违反环境法规所需要支付的费用。从发达国家的实践经验来看，内部化的环境成本还应包括因环境管理被挤占的生产效率提升带来的损失，即环境成本内部化的机会成本。

下面从经济学角度对环境成本内部化机理做一解释，具体原理如图 3-4 和图 3-5 表示。

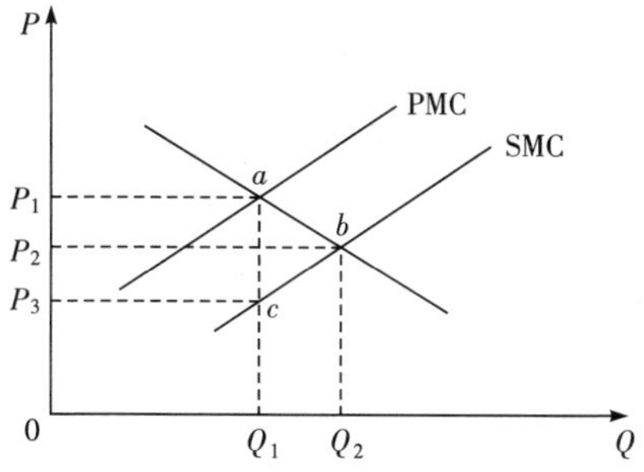

图 3-4 环境成本内部化机理

如图 3-4 所示，以位于河流上游的化工厂和位于下游的果园为例，由于化工厂将生产过程中产生的废弃物排放到河流中，位于河流下游的果园只能用污染过的水进行灌溉，导致果园病虫害增加，果园的总体产量下降。其中：Q 为产量，P 为价格，SMC 为社会边际成本，PMC 为私人边际成本，a、b、c 表示不同的均衡点。

在市场机制下，化工厂不会承担因污水排放而导致果园成本增加、产量下降的损失，也就是说污染物的排放对于化工厂而言成本是零。因此，化工厂在决定其产量和排污量的时候，不会考虑污染的成本，河水不能达到有效的配置。也就是说，在市场的自发作用下，将在 b 点达到市场均衡状态，此时，化工厂将生产 Q_2 单位产品，并以 P_2 的价格出售，此时社会边际成本（SMC）大于私人边际成本（PMC）。如果用机会成本来度量，那就是化工厂是用机会成本为 P_1 的资源生产 Q_2 数量的化工产品，给社会带来的收益仅仅为 P_3。因此，当 Q_2 数量的化工产品被生产出来以后，社会福利水平下降，降低幅度为 P_1-P_3。同样推理，从 Q_2 降到 Q_1，化工厂每生产一单位产品，都会造成社会福利的下降。市场结果并没有使资源配置最大化的根本原因是化工厂并未承担全部生产成本，而是将污染转嫁给整个社会，即污染制造者有过度生产的动机，从而使社会福利水平低于最优水平。但是，如果将环境资源成本化以后，根据需求曲线和供给曲线，成本的上升应该由生产者和消费者共同承担。SMC 曲线与 PMC 曲线之间的距离越大，表示污染物的总量越大。如果两种产品的总产量相同，那么哪种产品的污染越严重，环境危害越大，其环境成本也就越大。图 3-5 的 PMC_1 成本曲线在现实生活中更加真实贴切。

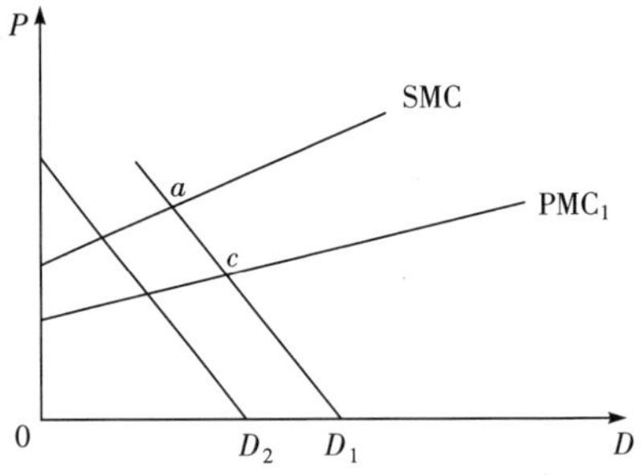

图 3-5　实际的私人边际成本线

如图 3-5 所示，企业的社会成本和企业的私人成本之间的差距就是社会承担的成本，应转化为企业承担的环境成本。由此看出，环境成本内部化无疑会增加企业的投入成本，同时企业为保持利润会提高最终产品的价格，即环境成本进而转嫁给了消费者。当然，越是污染严重的企业，环境成本内部化的压力也就越大，环境污染较小的企业，环境成本内部化对企业的生产经营以及成本提高影响也就越小。所以，一个企业要承担的环境成本的大小，即 ac 段的长度取决于环境管理的严苛程度，环境管理越严苛，环境成本相对就越大。

从上面的分析可以看出，企业实施环境管理以后，企业的最终产品价格也随之提升，这主要是由企业实施环境管理后生产成本增加导致。而在市场竞争体制下，同种商品上的价格优势无疑是企业最大的优势。如果企业实施环境管制而不提高商品价格，无疑会压缩企业的利润空间，进而影响企业的生产经营和最终的发展。因此，对于企业而言，尤其是环境成本敏感性较强的企业，环境管制越严格，企业承受的环境成本压力就越大，环境管制对企业的影响也就越大，进而导致企业在激烈的市场竞争中处于不利的竞争地位。

各国政府制定的环境政策和标准不同主要是由于各国的基本国情不同。越是发达的国家，其环境政策越严格，这就造成了不同国家环境政策和标准之间存在很大的差距。因此，发达国家的环境标准较发展中国家更加严格，这就造成了在国际社会上的贸易限制措施，影响到发展中国家企业的国际化发展进程，进而影响到发展中国家企业的国际市场竞争力水平（肖红、郭丽娟，2006）。

三 环境成本内部化在不同企业间的差异

前文分析了不同类型的环境管制政策及它们各自的优缺点，下面我们来讨论一下不同的企业会对不同的环境管制政策做出什么样的反应。由于每个企业的大小、性质及发展状况是具有差异性的，所以每个企业负担的环境费用也是不同的。如果某个企业的资金实力比较雄厚，管理模式比较先进，硬件设备比较完备，生产的多属于高科技零污染的产品，那么企业所需要支付的环境费用只占企业生产成本的一小部分，是不会对企业竞争力造成多大影响的。因此，当这种企业面对环境管制政策时，他们多采用积极的态度，努力地承担保护环境的任务。相反，那些工艺陈旧、资金匮乏、管理模式落后，使用的多为旧的生产机器的企业，其生产的产品则大部分不具有环保性。因此，这类企业在面对环境管制政策时，多采取的是消极态度，被动接受。规模不同的企业在面临环境管制所做出的反应也会不同，当一规模比较小的企业面临环境管制时，由于产品的利润有限，可能会被动地接受环境管制。以排放的污染物二氧化硫为例，随着规模的逐渐递增，边际成本的消耗呈现出递减的趋势，其中，小规模企业消耗的边际成本最多。因此，小型的污染密集型企业在面临国家的环境管制时，有可能会隐瞒潜在的污染，躲避可能遇到的惩罚和所需要支付的费用。国家的环境管制也不能有效地促进小型企业的技术创新，由于小型企业的资金有限，企业把资金主要投入生产领域，相应的环保生产工具的开发没有资金的支撑，是无法开展的。这种资金的短缺无法弥补，企业就会选择先污染后治理的生产方式。

下面以规模为例，分析环境成本内部化在不同企业间的差异性表现。图 3-6 显示了大企业和小企业的生产成本曲线，我们假定两个企业所在的行业、生产工艺等完全相同，仅仅由于规模不同，导致企业的生产成本位于成本曲线的不同位置，如小企业规模有限，产量为 q_1 时，对应的生产成本为 c_1，大企业生产产量为 q_2，对应的生产成本为 c_2，显然存在 $q_1<q_2$、$c_1>c_2$。在此情形下，假定内部化的环境管制成本为 c^*，那么成本曲线将向右移动。此时，如果小企业还想生产 q_1 的产量，它的生产成本将上升至 c_1'。同理，如果大企业继续保持 q_2 的产量，它的生产成本将上升至 c_2'。如果产品的市场价格保持不变，仍是 p，那么环境管制政策的实施，使得小企业的生产成本高于其产品价格，企业将面临倒闭破产的处境。而同样是接受环境管制的大企业，则仍然有盈利空间，因此，大企业可以继续生产与发展。由此可见，仅仅是由于企业规模不同，其环境成本的承载力就存在较大差异，故其面对环境管制的态度不一。

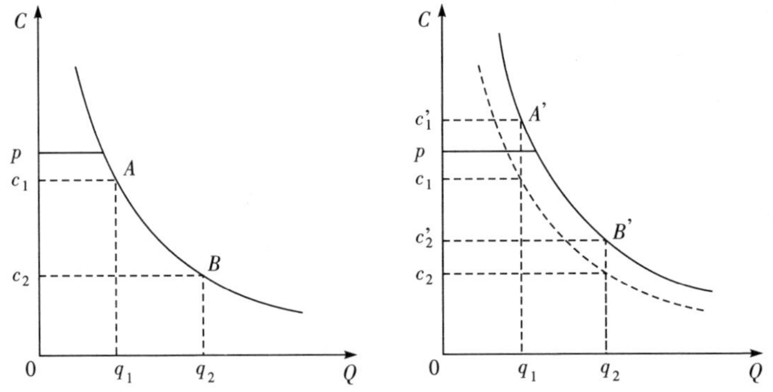

图 3-6　不同规模企业的环境成本承载力

上面的分析是假定单位产品内部化的环境成本相同，不同规模企业间经济承载力的表现。事实上，环境成本内部化在不同企业间的表现不一。实践调查显示，污染消除方面的环境成本，一般随着污染消除量的增加，呈现出先加速上升后减速上升的态势；废物综合利用方面的治理成本，一般会随着废物利用量的增加，呈现出先加速上升后减速上升最后再下降的态势；环境标准或环境绩效达标方面的环境成本，则与企业的产量关系不大，一般作为企业的一次性投入成本。

企业消除环境保护成本的能力与企业的产品特色、生产技术、管理能力、议价还价能力、资产规模等因素有关。如果一个企业有较大的市场份额，具有较强的市场垄断势力、较高的研发创新能力、较强的组织管理能力，以及鲜明的产品特色，那么，企业内部消化或者转嫁环境成本的能力就会较强。在这种情况下，政府的环境管制政策对企业竞争力的影响就相对较弱，反之，企业消化环境成本内部化的能力就偏低一些，企业的竞争力水平受环境管制政策的影响就比较显著。

四　环境成本内部化在不同行业间的差异

不同行业排放的污染物种类、数量和处理工艺等都存在较大差异，由此推出，不同行业的污染治理成本也会存在一定差距。

环境成本内部化与其污染的排放量紧密相关。在其他条件不变的情况下，排放量越多，投入的污染治理费用也越多。本书根据国家统计局 2010 年发布的《第一次全国污染源普查公报》中的相关数据，整理出造成水污染和大气污染里较严重的前几个行业（参见表 3-2、表 3-3）。

表 3-2　重点行业的水污染排放情况

污染物类型	重点行业	排放量（万吨）
化学需氧量	全国工业企业	3028.96
	造纸及纸制品业	176.91
	纺织业	129.60
	农副食品加工业	117.42
	化学原料及化学制品制造业	60.21
	饮料制造业	51.65
	食品制造业	22.54
	医药制造业	21.93

续表

污染物类型	重点行业	排放量（万吨）
氨　氮	全国工业企业	172.91
	化学原料及化学制品制造业	13.16
	石油加工炼焦及核燃料加工业	2.57
	农副食品加工业	1.79
	纺织业	1.60
	皮革、毛皮、羽毛（绒）及其制品业	1.49
	饮料制造业	1.24
	食品制造业	1.12
污染物类型	重点行业	排放量（万吨）
石油类	全国工业企业	78.21
	通用设备制造业	1.25
	黑色金属冶炼及压延加工业	0.90
	交通运输设备制造业	0.75
	化学原料及化学制品制造业	0.66
	金属制品业	0.64
	石油加工炼焦及核燃料加工业	0.57
	煤炭开采和洗选业	0.46
污染物类型	重点行业	排放量（吨）
挥发酚	全国工业企业	78.21
	石油加工炼焦及核燃料加工业	5110.68
	化学原料及化学制品制造业	861.82
	黑色金属冶炼及压延加工业	717.72
	造纸及纸制品业	346.04
	电力、燃气及水的生产和供应业	194.41

数据来源：根据国家统计局2010年发布的《第一次全国污染源普查公报》整理所得。

表 3-3　重点行业的大气污染物排放情况

污染物类型	重点行业	排放量（万吨）
二氧化硫	全国工业企业	2119.75
	电力热力的生产和供应业	1068.70
	非金属矿物制品业	269.44
	黑色金属冶炼及压延加工业	220.67
	化学原料及化学制品制造业	130.15
	有色金属冶炼及压延加工业	122.04
	石油加工炼焦及核燃料加工业	65.30
污染物类型	重点行业	排放量（万吨）
烟　尘	全国工业企业	982.01
	电力热力的生产和供应业	314.62
	非金属矿物制品业	271.68
	黑色金属冶炼及压延加工业	97.73
	化学原料及化学制品制造业	78.81
	造纸及纸制品业	29.83
	农副食品加工业	26.29
污染物类型	重点行业	排放量（万吨）
氮氧化物	全国工业企业	1188.44
	电力热力的生产和供应业	733.38
	非金属矿物制品业	201.24
	黑色金属冶炼及压延加工业	81.74
	化学原料及化学制品制造业	41.98
	石油加工炼焦及核燃料加工业	29.80
污染物类型	重点行业	排放量（吨）
粉　尘	全国工业企业	764.68
	非金属矿物制品业	222.18
	黑色金属冶炼及压延加工业	193.92
	石油加工炼焦及核燃料加工业	59.51
	木材加工及木竹藤棕草制品业	55.72

数据来源：根据国家统计局 2010 年发布的《第一次全国污染源普查公报》整理所得。

以水污染为例，不同行业的废水成分不一，处理工艺和处理难度都存在较大差距。造纸行业是全国用水大户和废水排放大户，万元产值的化学需氧量排放量约为 50 多千克，居各行业之首，废水的重复利用率可达到 55%。但不同浆料、不同生产工艺的造纸企业，它们排放的废水中化学需氧量的浓度会相差几倍到几十倍，而且废水成分比较复杂，因此，需采用多种方法综合处理。从调查情况来看，造纸或纸制品行业的单位废水治理投资为每吨 600~900 元，单位废水处理成本为每吨 1.0~2.0 元。具体到不同子行业而言，纸浆制造行业的治理投资成本和污染设施运行费用最高。

纺织行业的废水排放量居全国第二，因此，实现纺织行业的可持续发展，也必须首先解决废水问题，其中印染又是纺织行业中废水污染最为严重的部门之一。以目前我国印染企业的生产技术来看，平均每加工 100 米织物，生成 3~5 吨废水。而且，印染部门排放的废水具有有机质含量高、色度大等特点，此外，废水的水质、酸碱度、水温与水量的变化与织物的成分、印染工艺、前期处理和使用染料等存在密切关系。不同织物的纤维成分不一，废水的处理难度也不一。通常情况下，以棉、麻、丝等天然纤维为原料的织物，在印染过程中产生的废水可通过生物降解，处理成本相对较低；相比之下，以化学纤维为原料的织物，一般很难通过生物降解法处理，需要化学法、物理法以及多种方法的综合使用才能达到排放标准，这也导致印染行业污染治理的投资规模较大，处理成本较高。

不同行业的环境污染指数不一，故在此基础上，众多学者根据行业的污染指数进行了行业划分，有的按照产业的污染削减成本分类，有的按照产业的污染物排放程度分类，有的按照产业污染物排放量占所有污染物排放量的比例进行分类，但不管采用何种分类依据，最终所有行业都将被划分为：重度污染行业、中度污染行业和轻度污染行业（或环保行业）。结合先前的研究成果，本书将行业按照污染程度划分为以下三类（参见表 3-4）。

表 3-4 各类污染行业划分

重度污染行业	中度污染行业	轻度污染行业
电力、煤气及水生产供应业	有色金属冶炼及压延业	皮革、毛皮、羽绒及制革业
采掘业	化学纤维制造业	橡胶制品业
造纸及制品业	食品、烟草及饮料制造业	金属制品业

续表

重度污染产业	中度污染产业	轻度污染产业
水泥制造业	医药制造业	印刷和记录媒介复制业
非金属矿物制造业	石油化工及炼焦业	机械、电器、电子设备制造业
黑金属冶炼及压延业	纺织业	塑料制品业
化工原料及化学品制造业		

五　污染密集型行业环境污染治理成本的比较

各行业环境污染治理的内部化成本理论上应该是指将环境污染的外部性转为内部化后所需成本，即消除外部性的成本，通常应该包括产品从生产到流通到使用，甚至回收处理等全生命周期内对环境造成的污染，以及对生产系统的损害。目前，多数企业虽然支付了各种资源的使用费以及废弃物的处理费用，但由于缺乏对生态环境深层次影响和损害的科学评估，因此，企业并没有承担这部分责任，而且国内资源的使用成本又往往被低估。随着可持续发展理念和发展技术的不断进步，国际范围内对环境损益的价值越来越重视，因此，环境成本内部化是必然趋势。实践过程中，不同的企业、不同的专家学者对环境成本内部化的核算方案也不完全相同，政府层面也没有统一的规定，这就导致指标不同、参数不同，因此核算结果可能会大相径庭。此外，国内大多数企业尚未建立完善的企业环境成本内部化核算部门，也没有发布连续的环境成本报告，因此，相关数据比较缺乏，仅有一些零散的报道。2012 年国家电力监管委员会发布的数据显示，电力企业脱硫设施的单位总成本约为 11 元/10^3 千瓦时。2014 年 8 月，我国环保部环境规划研究院发布了一份针对煤炭行业环境内部化成本的核算方案，该报告显示，煤炭行业的内部化成本达到每吨 204.76 元，相当于当年煤炭价格的 28%。环境保护部环境规划院的马国霞等人借用绿色投入产出表进行模拟，结果显示，2007 年我国废水的单位治理成本为每吨 6.4 元，废气的单位治理成本为每吨 2136 元，固废的单位治理成本为每吨 101 元；而实际 2007 年我国国内废水的单位治理成本为每吨 3 元，二氧化硫的单位治理成本为每吨 1112 元，烟尘的单位治理成本为每吨 185 元，粉尘的单位治理成本为每吨 305 元，氮氧化物的单位治理成本为每吨 4013 元，一般固体废弃物的单位治理成本为每吨 30 元，危险固废的单位治理成本为每吨2000元（马国霞等，2014）。

基于以上考虑，本书采用间接做法，通过查找2013年全国42个工业行业废气治理设施当年运行费用，以及废气治理设施的处理能力（万立方米/时），我们按照一年300天计算，每天全天候处于运行状态，计算得出每1000立方米废气的年运行成本（参见表3-5），据此对全国42个工业行业的运行成本进行对比，结果发现，行业间的废气治理运行成本差距较大（参见附录表2）。其中：纺织服装、服饰业的运行成本最高，每千立方米废气年运行成本约为39.24元，其他采矿业、纺织业和电力、热力生产和供应业的运行成本也都在30元以上；其次，医药制造业，石油加工、炼焦和核燃料加工业，有色金属冶炼及压延加工业的年运行成本也都高于全国各行业的平均水平。整体来看，前15个行业的运行成本几乎都在20元以上，反映出上述行业的废气治理成本相对较高，相关行业应加大环境技术创新，努力通过工艺改进、流程再造、技术创新等手段降低治污成本，提升工业企业的竞争力。

表3-5 2013年我国42个工业行业中废气治理运行成本居前15位的行业

排序	行业名称	运行成本（元/千立方米）
1	纺织服装、服饰业	39.24
2	其他采矿业	33.71
3	纺织业	33.52
4	电力、热力生产和供应业	31.89
5	医药制造业	28.71
6	石油加工、炼焦和核燃料加工业	26.66
7	有色金属冶炼及压延加工业	26.13
8	化学原料和化学制品制造业	24.46
9	造纸及纸制品业	24.27
10	有色金属矿采选业	22.43
11	皮革、毛皮、羽毛及其制品和制鞋业	22.32
12	烟草制品业	21.21
13	铁路、船舶、航空航天和其他运输设备制造业	21.04
14	石油和天然气开采业	20.83
15	酒、饮料和精制茶制造业	19.43
	各行业平均	22.38

注：废气包括二氧化硫、氮氧化物和粉尘三种污染物；废水包括化学需氧量和氨氮。

数据来源：根据国家统计局数据整理测算。

同理，我们收集整理了全国42个工业行业2013年废水的排放量（万吨），以及废水治理设施的当年运行成本（万元），从而计算得出各行业的废水治理成本（元/吨），进而对各行业进行排序处理（参见附录表3），得到2013年我国工业行业中废水治理运行成本最高的前15个行业及行业的平均运行成本（参见表3-6）。

表3-6 2013年我国42个工业行业中废水治理运行成本居前15位的行业

排序	行业名称	运行成本（元/吨）
1	水的生产和供应业	9.00
2	其他制造业	6.59
3	印刷和记录媒介复制业	5.76
4	石油加工、炼焦和核燃料加工业	5.65
5	电气机械和器材制造业	5.10
6	燃气生产和供应业	5.07
7	计算机、通信和其他电子设备制造业	4.61
8	汽车制造业	4.32
9	废弃资源综合利用业	4.16
10	金属制品业	4.06
11	医药制造业	3.76
12	家具制造业	3.75
13	通用设备制造业	3.38
14	文教、工美、体育和娱乐用品制造业	3.32
15	开采辅助活动	3.27
	各行业平均	1.27

数据来源：根据国家统计局数据整理测算。

第三节 环境管制政策的作用机制分析

通过前文对环境管制政策类型的研究我们能够得出：所有管制措施的作用途径都可以归结为数量控制、价格控制和市场准入三种类型中的一种或几种，因此，可以将其进行分解研究（王丽萍，2008）。

一　环境管制政策的价格传导机制

环境管制政策的价格传导机制是指，在环境管制作用下，企业的生产经营成本或产品价格发生变化，进而对企业的市场竞争力产生影响的作用机制。这里产品价格的变动主要是侧重研究环境管制政策对企业生产成本的影响进而引发的产品价格的变化，而不考虑正常的市场竞争或技术改革等引发的成本变动问题。环境管制政策对企业生产成本的影响又可进一步分为影响企业的固定生产成本和可变生产成本两种，固定成本主要表现为一次性投入的污染治理设施、污染检测技术或环境管理系统等；可变成本主要表现为随产品产量而征收的排污费或环境税等。

从前面的分析可以看出，环境技术标准、“三同时”制度、环境影响评价制度、环境收费制度、环境补贴等环境管制政策都可能对企业的生产经营成本产生影响，因此，这些管制政策均具有价格传导的作用机制。

图 3-7（a）是环境管制政策对企业成本影响的示意图，其中，一次性变化反映的是固定成本的变化特征，持续性变化反映的是可变成本的变化。图 3-7（b）是对环境管制政策影响下的产品各类成本的变化趋势说明。由于这里讨论的是企业生产经营成本变化，所以，这里的“成本”不仅包括企业为满足环境政策标准而购置的污染预防及处理的设备费用、污染处理技术费用等显性成本，而且还应包括企业在执行环境管制政策过程中所发生的环境监测成本、环境信息搜索成本、环境管理成本等隐形成本。

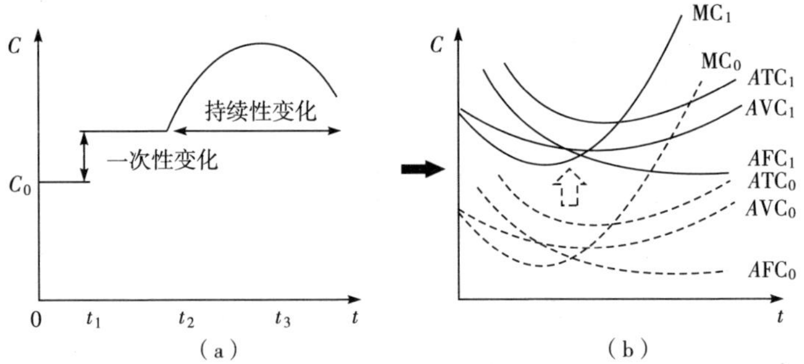

图 3-7　环境管制政策影响下的企业成本变化

具体来说，

$$C(y) = C_v(y) + F \tag{3-1}$$

其中：$C(y)$ 为总成本，$C_v(y)$ 为可变成本，F 为固定成本；

$$\mathrm{ATC}(y) = \frac{C(y)}{y} = \frac{C_v(y) + F}{y} = A\mathrm{VC}(y) + A\mathrm{FC}(y) \tag{3-2}$$

其中：$A\mathrm{TC}(y)$ 为平均总成本，$A\mathrm{VC}(y)$ 为平均可变成本，$A\mathrm{FC}(y)$ 为平均固定成本；

$$MC(y) = \frac{\Delta C(y)}{\Delta y} = \frac{\mathrm{d}C(y)}{\mathrm{d}y} \tag{3-3}$$

其中：MC（y）为边际成本，它是指单位产量变化所引起的总成本的变化。

在环境管制政策的影响下，在一定时期内，企业为达到或超越这些环境标准而需要支付的总成本将变为原来的总成本加上新增的固定成本和新增的可变成本，即

$$\begin{aligned} C_1(y) &= C_{v1}(y) + F_1 = [C_{v0}(y) + \Delta C_v(y)] + F_0 + \Delta F \\ &= C_0(y) + \Delta C_v(y) + \Delta F \end{aligned} \tag{3-4}$$

平均成本将变为：

$$\begin{aligned} \mathrm{ATC}_1(y) &= \frac{C_1(y)}{y} = \frac{C_{v1}(y) + F_1}{y} = [A\mathrm{VC}_0(y) + A\mathrm{FC}_0(y)] + \frac{\Delta C_v(y) + \Delta F}{y} \\ &= \mathrm{ATC}_0(y) + \frac{\Delta C_v(y) + \Delta F}{y} \end{aligned} \tag{3-5}$$

边际成本将变为：

$$\mathrm{MC}_1(y) = \frac{\Delta C_1(y)}{\Delta y} = \frac{\mathrm{d}C_1(y)}{\mathrm{d}y} = \mathrm{MC}_0(y) + k \tag{3-6}$$

以上是对一般情况下，环境管制政策对企业成本的影响分析，但是，具体到不同企业来说，即使是同一种管制措施，企业成本变化的幅度也是不完全相同的，对于那些生产规模较大、管理水平较高、生产技术较为先进的企业来说，其成本变动的幅度相对较小，相比之下，那些生产规模较小、企业管理比较混乱、生产技术比较落后的企业，其成本变化的幅度

较大。

二 环境管制政策的市场准入机制

环境管制政策的市场准入机制是指，政府或环保机构通过颁布一些环境法规，明确要求企业必须降低或减少其生产经营活动中产生的环境影响，或者要求其产品（或企业自身）必须获得某些环境认证资格，从而达到保护生态、减少环境损害的目的。从前文的环境政策类型的分析看出，环境补贴特别是其中的激励性环境补贴能够起到市场准入的作用。例如，美国的农业绿色补贴政策规定，享有补贴者必须承担相应的环保职责，如定期检查自己管辖范围内农场的各项环保指标，限期向地方政府提交报告，政府对农民的环保业绩进行核实后再决定向其发放多少补贴。再如，前文提到的造纸厂废水处理案例中，国家设定的废水处理标准就是向相关企业提出的明确市场准入要求。

图 3-8 反映的是环境管制政策的市场准入标准与准入商品数量的关系。其中，横轴表示市场准入标准，沿横轴向右反映了市场准入的要求越来越高，因此，满足标准的商品数量会越来越少。纵轴表示进入市场的商品数量，显然，环境管制政策越严厉，市场准入标准就会越高，相应地满足条件的商品就会越少。由此推出，环境标准的严格与否与达标商品的数量之间呈负相关关系，用函数表示为 F（q，x），初始状态用直线 F_1 表示这种关系。如图 3-8（a）所示，当市场标准为 x_1 时，有 q_1 数量的商品可以进入；当市场标准为 x_2 时，有 q_2 数量的商品可以进入，且 x_2 的标准高于 x_1 的标准，而 q_2 值小于 q_1 值。

市场准入标准是随着经济、科技的发展而不断提高和进步的，如果政府部门认为现有的市场准入标准无法有效地保护环境，那么，政府将会提升准入的环境标准。如图 3-8（b）所示，假设市场准入标准由 F_1 提升到 F_2，如果要继续保持与原来相等数量的商品，那么该商品的质量、技术、环保、安全、卫生以及回收利用等方方面面的条件都必须提升到 x_1' 的水平，同理，要想进出口 q_2 数量的商品就必须把商品的环境质量标准提升到 x_2' 所要求的水平。而且，从图中也能清楚地看出，随着市场准入水平的提高，要想突破或跨越市场准入标准所必须付出的成本代价也越来越大。

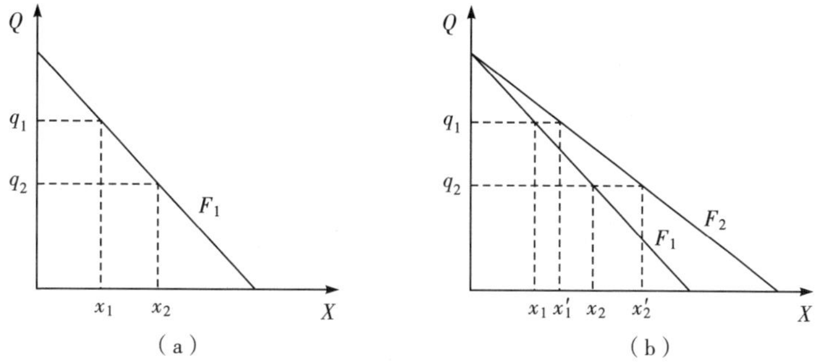

图 3-8　环境管制政策的市场准入机制

三　环境管制政策的数量控制机制

环境管制政策的数量控制机制是指，管制政策通过控制企业（或商品）的数量进而对企业生产经营产生影响的作用原理。排污权交易、自愿环境管理协议可被视为实施数量控制机制的环境管制政策之一，常见的自愿环境管理协议有国际标准化组织的环境质量管理体系 ISO14000、欧盟的环境管理和审计体系（Environment Management and Audit Scheme，EMAS），以及化学行业的责任关爱计划等。以 ISO14000 为例，一个获得该认证的企业可以获得管制收益、经济收益和声誉等方面的利益，因此，越来越多的企业开始加入这一“俱乐部”（彭海珍、任荣明，2004）。

以上是对环境管制政策作用机理的分解研究，但是环境管制政策的发展趋势是减少单一作用模式、强调多重作用的综合效应，譬如自愿环境管理协议，它既能够有效地预防环境污染，又能将参与该俱乐部的企业与其他企业显著区分，即一种管制政策兼具价格传导和数量控制的双重作用机制。另外，在经济发展的不同阶段，管制政策的作用机理也会不同，新的管制措施将随着经济、技术、人文的发展而不断变化。总之，无论是环境技术标准、环境绩效，还是环境补贴或自愿环境管理协议等，最终都是将环境成本内在化，进而促使社会收益趋于帕累托最优状态。为此，本研究将环境管制对企业竞争力的影响概括为对企业生产经营成本和技术创新两方面的影响（参见图 3-9）。一方面，环境管制政策通过影响企业的资产投资和运营成本，间接地影响企业的产品价格，进而影响其市场份额和经营利润等；另一方面，在政府环境管制政策的约束下，企业技术创新，特别是环境技术创新的动力将会增强，通过技术创新提升了产品的产异化特性，进而也会影响到企业的市场占有率、企业利润等。

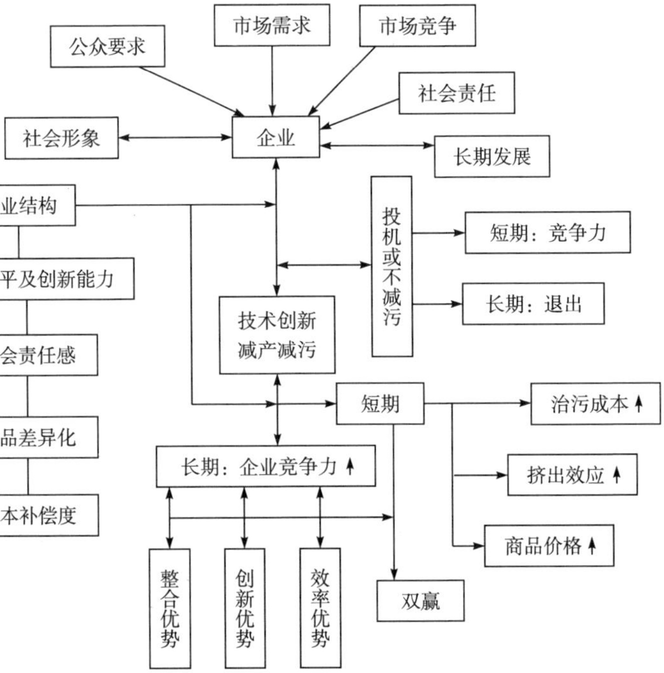

图 3-9 环境管制对企业竞争力的影响机制

四 环境管制政策对企业竞争力的三维影响机制研究

为了深入考察各地环境管制政策对不同企业的影响，我们需要对管制政策和企业类型进行分类研究。为此，本书将环境管制政策分为类型维度（分为命令控制型政策、市场激励型政策、自愿型政策）、区域维度（分为东部地区、中部地区、西部地区政策）、强度维度（严厉的环境管制政策、中等的环境管制政策、宽松的环境管制政策），将被管制企业从行业维度（轻度污染行业、中度污染行业、重度污染行业）、发展阶段维度（成长期、成熟期、衰退期）、企业性质维度（国有或集体所有制、私营或联营、三资及外资）三个方面进行分类。在此基础上，构建环境管制政策对企业竞争力的三维影响机制模型。

图 3–10 为环境管制政策的三维空间模型，X 轴代表类型维度、Y 轴代表强度维度、Z 轴代表区域维度，三个数据轴所围成的立方体就是环境政策交叉结合的子集合的总空间集合，其中包括：西部—命令—宽松的环境管制政策、中部—市场—中等强度环境管制政策、东部—自愿—严厉的环境管制政策等，共 27 个三维集合。同理，我们也可以运用三维空间结构从三个维度将企业具体分为：国有—衰退—重度污染、国有—衰退—中度污染、国有—衰退—轻度污染、国有—成熟—重度污染、国有—成熟—中度污染等 27 类交叉企业。

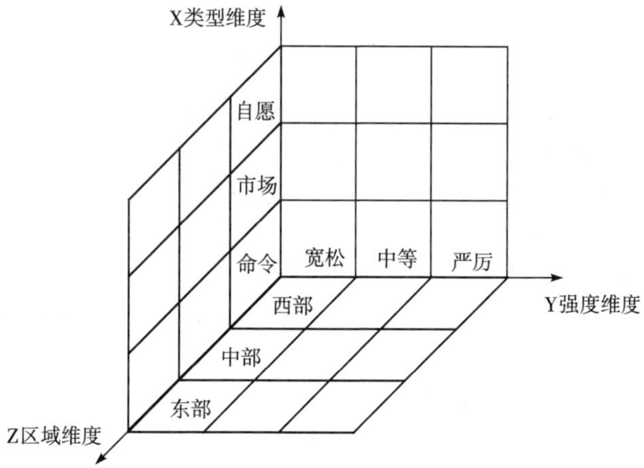

图 3–10 环境政策三维空间

考察 27 种不同环境政策对 27 类不同企业的影响机制是要建立在何类企业应采取怎样的环境政策的基础之上的，一般情况下，对于一类三维企业都有相对的一个三维环境政策，本书以此为基础选取相对典型维度建立环境政策与企业竞争力的三维影响机制模型。

如图 3–11 所示，根据污染程度与管制程度由弱到强进行划分，在 X 轴上政府干预手段依次选择命令控制型、市场激励型和自愿型；Y 轴上政府干预强度由弱到强，分别是宽松、中等和严厉的环境管制政策，我们称其为 Z 平面；X1 轴上企业竞争力由弱到强、Y1 轴上企业污染程度由轻到重，我们称其为 Z2 平面；X2 轴上从区域角度出发按需要管制程度由弱到强排列，这是由于东部地区在经济发展、人文素质、管理模式等方面与中西部地区相比都呈现出较大的发展优势，消费者的环保意识也比较先进。另外，东部地区快速发展的经济对资源环境的依赖性也较中西部强，因此，东部地区的政府更加注重资源环境的价值，环境管制的标准更高，管制力度更大。此外，东部地区的创新能力及生产效率也比较强，所以对于区域环境政策应从西部到东部由弱到强，Y2 轴从企业性质角度按需要管制程度由弱到强排列，我们称其为 Z3 平面。

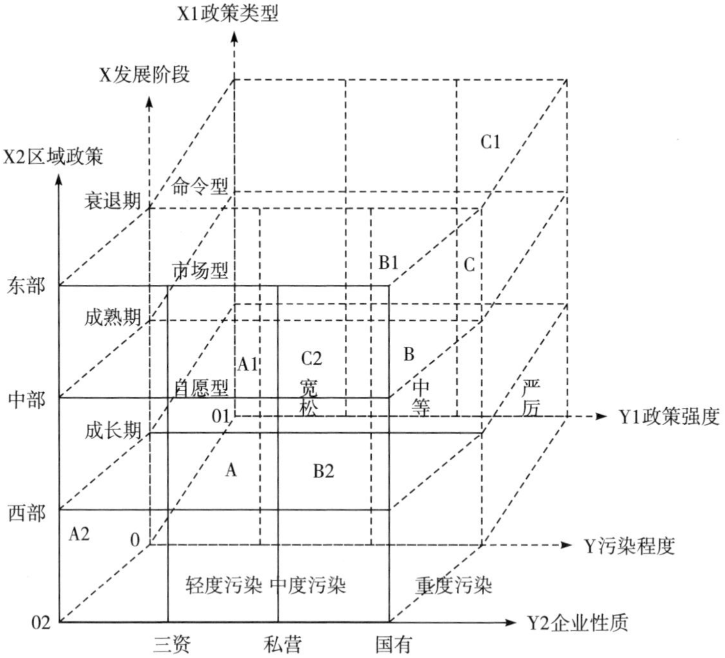

图 3-11 环境政策与企业竞争力的三维影响机制模型

在不考虑区域政策以及性质前提下，不同发展阶段、不同污染度的企业都拥有相对应的环境政策。例如，A 类成长期—轻度污染企业相对应于 A1 型低强度—自愿型政策，B 类成熟期—中度污染企业相对应于 B1 型中等强度—市场激励型环境政策，C 类衰退期—重度污染企业相对应于 C1 型高强度—命令控制型的环境政策。

同理，在三维情况下，在三个平面内 9 个小方格相互对应，是指一类企业相对应于一类环境政策，为了避免内容重复与冗杂，下面选取三类比较典型维度进行分析，主要是C、C1、C2三个方格所组成的长方体，泛指东部地区—国有或集体企业—重度污染行业—衰退期阶段企业—管制严厉—命令控制型政策，我们称其为高强度干预M1；B、B1、B2所组成的长方体，泛指中部地区—私营或联营企业—中度污染行业—成熟期阶段—中等强度—市场激励型政策，我们称其为中度激励干预M2；A、A1、A2所组成的长方体，泛指西部地区—三资企业—成长期阶段—轻度污染行业—自愿型政策—宽松管制，我们称其为市调低干预M3。下面对M1、M2、M3三种环境管制政策对相关企业的影响机制进行分析。

M1型影响机制：对于东部地区的国有或集体、重度污染行业且处于衰退期的企业，采取的环境政策为偏向于高强度的命令控制型政策。在高强度干预下，这些污染比较重的企业由于早期粗放式经济发展方式的影响是必须服从管制的，在短期内如果企业不服从管制，会被强制退出市场，而如果服从管制，进行技术创新，会对企业的竞争力造成不利影响；但是长期来看，对于这种衰退、已几乎没有竞争力且污染较重的企业来说，企业模式变革后竞争力会大幅度提升，且环境管制效果明显；所以在这种情形下，为了避免短期内造成企业竞争力的大幅度下降，企业可以循序渐进地进行创新，从减产或引进排污技术等方面选择治污成本比较小的方式进行污染处理，然后循序渐进地进行生产环节的技术创新，但是整体来看，东部地区的企业凭借地理优势、资源优势等，具有较强的创新能力以及较高的生产效率，技术创新是其必然选择，技术创新率较高。短期内相比于其他地区，环境管制政策对企业竞争力的影响相对较小，长期内环境管制有助于提升企业竞争力，环境管制效果明显。

M2型影响机制：中部地区相对成熟的私营或联营企业属于中度污染企业，对这些企业采取的中部区域政策偏向于中等激励政策，即强度适中，且多倾向于激励。在这种管制政策下，企业的反应相对较弱，短期内有一些企业会服从管制，相比于不服从管制的企业，其有一定竞争优势，大部分企业会采取成本较小的缴纳排污费或者引进末端治理技术，减小或降低治污成本对企业竞争力的冲击，也有一小部分企业会在其资金充裕的情况下进行技术创新改革，以利于长期发展。短期内，环境管制政策对企业竞争力的影响相对较小；长期来看，不服从管制的企业竞争力会越来越弱，最后被淘汰，对于缴纳排污费或末端治理的企业竞争力也会有所下降，但进行技术创新的企业竞争力将会大幅度提升，领先于市场。总体来看，中部地区企业相对保守，且由于管制强度不高，短期内技术创新比率较低，环境管制效果不太明显，且若短期内进行技术创新，竞争力会有所下降，长期来看，技术创新率会有所提升，且有利于企业竞争力提升。

M3 型影响机制：对于西部地区处于成长期的三资或外资企业来说，这些企业污染相对较小，采取的是区域政策偏向于市场自发调节，低强度的干预政策，在这种环境政策下，短期内或长期内企业基本不会采取反应机制，环境管制对其基本没有影响，企业竞争力也基本不会受到影响。整体来看，由于西部地区开发较晚，经济比较落后，且污染程度较低，环境管制强度也较低，对企业的竞争力影响较小。

整体来看，在不考虑区域因素的情况下，三维模型中，越靠近原点位置的企业的技术创新能力越强，受到的环境管制强度也越强，竞争力提升幅度也越大，说明在环境管制下企业的竞争力与企业技术创新能力成正比，与环境管制强度也成正比。在考虑区域的情况下，东部地区的环境管制强度高，企业创新能力强，环境管制效果明显且有利于企业的竞争力提升；中部地区环境管制强度较低，企业创新率低，环境管制效果相对不明显，长期对企业竞争力影响不大；西部地区干预度偏低，政府管理的力度也较弱，对企业竞争力影响不明显；说明环境管制对企业竞争力的影响依次从东、中、西部地区呈递减趋势。

五 环境管制对企业竞争力影响的短期到长期过渡机制

迈克尔·波特指出，企业的竞争优势主要体现在成本优势和产品差异化两个方面，企业若要保持这种竞争优势，就必须不断地提高产品质量或服务，提高生产效率，以此不断提高企业的市场竞争力。从这个角度来看，要想实现环境管制背景下企业竞争力不降反升，需要寻找从短期影响到长期影响的过渡机制（参见图 3-12）。

从短期来看，环境管制的实施不可避免地加大了企业的运转压力，环境税费和环境技术标准的实施将使企业生产成本直接增加。由于企业的运转资金是有限的，用于环境技术创新的资金投入又占据了一定的资本空间，这也间接增大了企业的财务风险。另外，环境管制下的技术创新并不能在短时间内对企业产生直接价值，但对企业有限资源的占用却能够降低企业的生产管理效率。从市场反应来看，作为对成本增加的回应，很多企业选择提升产品或服务的价格，产品或服务价格的上升将会直接影响企业

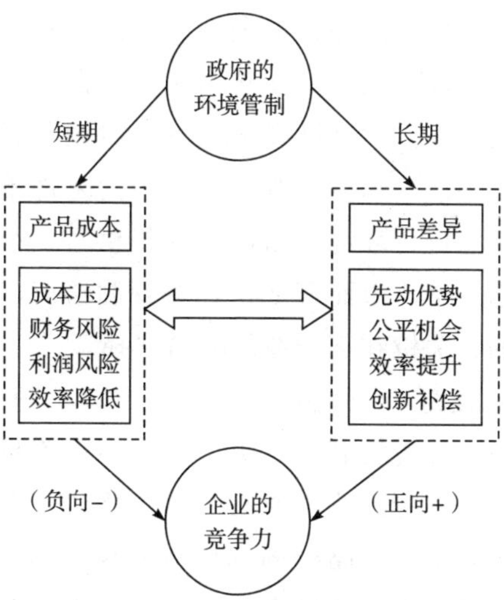

图 3-12　环境管制对企业竞争力影响的过渡机制

的市场需求，使企业的收益利润面对严峻的考验，这一连串的反应最终将对企业的竞争力产生负方向的影响。

企业竞争优势的营造是一个长期的挑战过程，而竞争优势从根本上看源自企业的不断创新、改善和改变。企业若要获得持续的竞争优势就不能停止创新，企业如若停滞不前必将被竞争对手赶超。而维持竞争优势的方法唯有创新，竞争优势的延续还需要企业对自己已获得的竞争优势不断进行发展，否则初级阶段的优势将很快被模仿超越，竞争优势也将不复存在。因此从长期来看，在环境管制的外部压力下，企业若要长期稳定地保持竞争优势就必须树立绿色环保的发展理念，勇于承担应有的社会责任，努力寻求环境技术创新，实现环境保护与企业发展的“双赢”局面。

第一，环境管制能够促使企业获取市场竞争的先动优势。从市场需求的角度来看，绿色环境已经成为经济发展的必然趋势，随着消费者环保意识的提升，消费者对绿色产品的偏好也大幅度增加，绿色市场有着巨大的发展前景。从市场竞争的角度来看，面对愈加严格的环境标准，企业如果不进行主动环境创新就只能被市场淘汰。因此，企业若能够率先进行环境技术创新，就能在激烈的市场竞争中先行一步，占据主动优势。

第二，环境管制也给企业发展提供了一个公平的竞争机遇。并不是所有企业在面对环境管制时都会在第一时间选择进行技术创新或者环境投资，企业要面对一个短期利益和长期利益的决策过程，也可以称其为企业进行环境创新的过渡阶段。同时，在这个过渡阶段，环境政策工具还起到一个调节缓冲的作用，一方面环境政策工具对希望节省资源而不愿进行环保投资的企业施加外部压力，以控制市场竞争的外部不经济性；另一方面环境政策工具也给愿意进行环境创新的企业提供了一个外部缓冲，以确保环境创新的时间和总成本。总而言之，环境管制给市场竞争中的企业提供的创新机遇是公平的，关键在于企业的战略选择。

第三，环境管制促进企业优化资源配置效率，进而降低生产经营成本，提升企业竞争力。环境管制背景下，企业不得不投入更多的治污设备或清洁生产技术，为了维持或改进原有的竞争优势，企业必须寻找新的控制成本的方法，对于降低成本路径的选择有两种。其一，企业可通过提高商品价格来弥补环境管制带来的成本，但是这一方式会遇到市场不适应以及竞争对手的压力等问题，不利于企业发展，不可取。其二，在环境管制持续的压力、刺激与激励下，加上来自竞争对手的压力、市场消费结构变化压力以及自身社会责任感的驱动，企业就必须对现有资源进行优化配置以实现提高生产效率和管理效率、降低生产成本或污染排放等目标，进而抵消由于环境管制带来的生产成本增加，从而保证利润不变或者增加。对于企业资源配置的创新主要包括管理创新、生产的重构创新以及技术创新等，在环境管制的长期影响下，管理以及生产重构的创新最主要是伴随着技术创新进行的，环境管制促进企业积极寻求技术创新，改进管理实践，提升生产效率，从而减少能源浪费，提升污染处理的工艺和经验，尽可能地降低污染处理的成本，甚至通过回收再处理将污染转化为有价值的东西，从而减少甚至消除污染。企业通过创新改善生产环境，提高资源生产力，从而获得生产过程和产品两方面的价值补偿。此外，企业还可以顺势利用创新技术扩大生产线的深度或宽度，实现内部技术的低成本扩散，使技术创新成果在更多的产品领域得到更为充分的利用，实现技术创新规模经济性，从而有利于企业竞争力的提升。

第四，环境管制能够激励企业进行环境技术创新，提高产品差异化程度，以获得创新补偿。在环境管制的长期约束和压力之下，企业就会寻求新的发展路径，尤其是制定产品差异化发展战略，譬如侧重从环保方面提升产品的差异化特征，提高产品的环保等级，建立产品全生命周期的管理服务功能，提高产品的综合功能等。企业通过产异化优势可以建立起强大的防御体系，具体表现为：强化产品差异化特征就可以弱化客户的价格敏感性，从而将环境管制的内部化成本转嫁给消费者，提高企业利润，进而弥补环境管制的投入成本；通过差异化产品可以吸引更多的客户，并且有利于增强客户的满意度和忠诚度，从而为继续开展积极的环境管理提供市场保障；另外，差异化产品还可以降低企业产品被市场同类产品替代的风险，增强企业的市场控制力，从而为企业积极响应政府的环境管制政策扫除障碍。

第四节 环境管制对污染密集型行业企业竞争力影响的实证研究

一 污染密集型产业的界定

目前对污染密集型产业的界定并没有一个统一的标准。一般认为，那些排污量大、排放程度密集、若不加以治理对生态环境产生的影响较为严重的产业为污染密集型产业。鉴于本书主要是研究环境管制政策对企业竞争力的影响，显然，越是污染严重的行业，政府环境管制对企业竞争力的影响就越明显。因此，本书综合了污染排放强度（Pollution Discharge Intensity，PDI）和污染排放规模（Pollution Discharge Scale，PDS）两个指标，建立了污染密集指数，以此来确立污染密集型产业的划分标准（刘巧玲，2012）。具体来说，j 产业在 t 年的污染排放强度是指 j 产业的污染物排放量（Q_{jt}）与其工业产值（GDP_{jt}）之比；j 产业在 t 年的污染排放规模是指 j 产业的污染物排放量（Q_{jt}）与所有产业的污染物排放量（Q_{st}）之比。计算公式分别如下：

$$PDI_{jt} = \frac{Q_{jt}}{GDP_{jt}},\ j=1,\ 2,\ 3,\ \cdots,\ 7;\ t=1999 \sim 2011 \text{ 年} \tag{3-7}$$

$$PDS_{jt} = \frac{Q_{jt}}{Q_{st}},\ j=1,\ 2,\ 3,\ \cdots,\ 7;\ t=1999 \sim 2011 \text{ 年} \tag{3-8}$$

由于不同产业所产生的污染物种类和数量都不尽相同，既有废水、废气，又有固体废弃物等，且不同产业的排放规模相差悬殊，为了使指标更具可比性，首先采用如下的标准化方法，得到无量纲指标。

$$PDI_{jt}^{std} = \frac{PDI_{jt} - \max(PDI_{jt})}{\max(PDI_{jt}) - \min(PDI_{jt})} \tag{3-9}$$

$$PDS_{jt}^{std} = \frac{PDS_{jt} - \max(PDS_{jt})}{\max(PDS_{jt}) - \min(PDS_{jt})} \tag{3-10}$$

1999～2011年各行业的污染物排放数据主要来自《中国统计年鉴》《中国环境统计年鉴》《中国工业经济统计年鉴》等。计算出每年的指标后再进行算术平均，就可以得到13年的平均化指标 $\overline{PDI_j^{std}}$ 和 $\overline{PDS_j^{std}}$ 。在此基础上，对各行业的污染物排放强度和排放规模进行几何平均处理，即得到各行业的污染密集指数PII（Pollution Intensity Index），计算公式如下：

$$PII_j = \sqrt{\overline{PDI_j^{std}} \times \overline{PDS_j^{std}}} \tag{3-11}$$

显然，污染密集指数越大，说明该行业的污染密集程度也就越高。

综合先前的研究成果，本书对一般公认的七大污染密集行业进行了计算，如表3-7所示，各指标的原始数据见附录表4。

表3-7　1999～2011年七大污染密集行业的污染密集指数

产业名称	排污强度 $\overline{PDI_j^{std}}$	排污规模 $\overline{PDS_j^{std}}$	污染密集指数 PII_j
电力、热力生产和供应业	1.659	2.515	2.043
黑色金属冶炼及延压加工业	0.969	1.848	1.338
造纸及纸制品业	1.420	1.029	1.209
化学原料及化学制品制造业	0.696	1.372	0.977
非金属矿物制品业	1.336	0.686	0.957
有色金属冶炼及延压加工业	0.679	0.310	0.459
纺织业	0.135	0.438	0.243

从表3-7看出，电力、热力生产和供应业的污染指数最大，超过2，紧随其后的是黑色金属冶炼及延压加工业和造纸及纸制品业，污染密集指数均大于1，再次是化学原料及化学制品制造业和非金属矿物制品业，污染密集指数略小于1。考虑到有色金属冶炼及延压加工业和纺织业的污染密集指数尚不足0.5，故不作为重点研究对象。

二　污染密集型行业环境管制强度的测量

对于环境管制强度（Envionment Regulation Intensity，ERI）的度量，目前学术界主要有以下方法（李钢，2012）：①环境管制执法强度，即工业环境已支付成本占工业环境总成本之比；②污染物的排污费率，即污染物的排污费占工业总成本的比重；③行业环境管制成本，即行业的环境保护成本占行业销售收入的比例；④单位 GDP 能耗，即每产出一单位国内生产总值所消耗的能源；⑤环境管制强度综合测度指标体系，即构建目标层和具体的单项指标评价层进行环境管制强度的衡量。考虑到前几种方法均属单一指标法，主要从某一侧面衡量环境管制的严厉程度，故本书采用第五种方法，具体的综合评价指标体系如表 3-8 所示。

表 3-8　污染密集型行业环境管制强度综合测度指标体系

目标层	评价层	单项评价指标（E_k）
ERI 综合指数	废　水	工业废水排放达标率（E_1）
	废　气	工业二氧化硫去除率（E_2）
		工业烟尘去除率（E_3）
		工业粉尘去除率（E_4）
	工业固体废物	工业固体废物综合利用率（E_5）

ERI 综合指数的具体计算步骤如下。①计算单项指标评价层中的各项指标比率 E_{jk}。j 代表 5 个不同的行业，则 E_{jk} 表示 j 行业的工业废水（$k=1$）、废气（$k=2$，3，4）和固体废物（$k=5$）的指标比率。虽然对于单项指标评价层而言，所求的结果均为比率，但是对于不同产业的不同污染物，其比率之间并不直接具有可比性，因此对其进行无量纲化处理得到标准化的指标，标准化的方法同上文中建立污染密集指数的方法。②计算各单项评价指标的权重。对不同年份不同行业中的水污染、大气污染和固体废弃物污染的指标赋予不同的权重，以此来动态反映环境管制强度的变化，以克服环境标准在一定时期内保持相对稳定性的情况。其中，以 W_{jk} 来表示 j 产业 k 污染物的排放权重，$W_{jk}=SE_{jk}/TE_{jk}$，其中 SE_{jk} 表示 j 产业单位工业产值下 k 污染物的排放水平，TE_{jk} 表示所有产业的 k 污染物的平均排放水平。③计算各单项指标的环境管制强度 ER_{lj} 和总的环境管制强度

ERI。其中，

$$ERI_j = \begin{cases} E_{jk}^{std} \times W_{jk}, & k = 1, 5 \\ \frac{1}{3}\sum_{k=2}^{4} E_{jk}^{std} \times W_{jk}, & k = 2, 3, 4 \end{cases} \tag{3-12}$$

$$ERI = \sum_{j=1}^{5} ERI_j \tag{3-13}$$

据此得出1999～2011年上述5个污染密集型产业的环境管制强度，结果如表3-9所示，各指标的原始数据见附录表4。

表3-9 1999～2011年主要污染密集型行业的环境管制强度

年份	电力	非金属	黑色金属	化学	造纸
1999	4.153	9.836	3.068	3.068	5.660
2000	4.385	12.247	3.319	3.319	8.060
2001	5.839	5.483	3.007	3.007	10.513
2002	5.504	13.844	3.624	3.624	11.497
2003	6.951	13.961	3.250	3.250	12.589
2004	4.652	15.381	2.943	2.943	13.890
2005	5.029	13.076	2.822	2.822	14.501
2006	4.537	10.169	2.745	2.745	14.835
2007	4.397	11.210	2.715	2.715	15.858
2008	4.152	8.342	2.457	2.457	16.267
2009	3.312	6.858	2.611	2.611	16.751
2010	4.332	9.075	3.147	3.147	16.966
2011	5.779	15.318	5.139	5.139	15.715

以上计算结果表明，政府对不同行业的环境管制力度不一，进而影响到各行业的环境成本。换言之，环境保护成本的大小与行业的污染程度有很大的联系，污染轻的行业所需要支付的环境成本基本上是可以忽略不计的，反之则不同，这一规律具有普遍性。A. Anggito（1996）对美国主要行业的环境成本进行了测度，研究得出：环境成本最高的行业是石油行业，环境成本约占总投资额的13%，其次是化工行业、造纸行业和金属初加工行业，分别占总投资的9%、8%和7%，金属深加工业、食品饮料业、宝

石、陶瓷与玻璃行业的环境成本占总投资的3%，最后是橡胶业、运输设备业、电子设备业和机械行业，环境成本占总投资的2%，另外，纺织业的环境成本占总投资的比例为1%。

三　污染密集型行业企业竞争力的测量

基于前文提出的环境管制背景下企业竞争力的构成要素，本书从管理、资源、市场和政府四方面设置评价指标体系，具体包括以下指标。①企业的劳动生产率（Labor Efficency，LE，万元/人/年），即各行业的主营业务收入与行业职工从业人数之比，该比率越高，所体现的职工贡献程度越高，反映出人力资源的运营能力也就越好。②研发资金投入率（Research & Development，R&D,%），即一定时期内工业企业的技术开发经费内部支出与全行业企业的技术开发经费内部支出之比，该比率越高，表明该行业投入的技术研发资金越多，进行技术创新也就越有保障，而科技创新有助于提升企业竞争力。③产品的市场占有率（Market Share，MS,%），即一定时期内工业分行业企业的主营业务收入与全行业企业的主营业务收入之比，该比率越高，说明该行业的主营业务收入贡献越高，市场拓展能力就越好。④工业成本费用利润率（Ratio of Profit to Cost，RPC,%），即各行业实现的利润与成本费用之比，该比率越高，说明企业在投入成本一定的情况下企业的经济效益越好。⑤流动资产周转率（Assets Turnover，AT，次/年），即各行业主营业务收入净额同平均流动资产总额的比率，该比率越高，说明企业的流动资产周转能力越强，风险抵御能力也就越强。⑥资产管理能力（Social Contribution，SC,%），即各行业工业总产值与其固定资产之比，该比率越高，则说明企业运用资产创造财富的能力越强，社会贡献率越高。此外，政府方面选用了环境管制（ERI）和GDP增速两个指标。各个变量数据均来源于各年《中国统计年鉴》《中国环境统计年鉴》《中国科技统计年鉴》（具体原始数据见附录表4）。

四　结果分析

本书主要通过面板数据模型来考察环境管制与工业企业核心竞争力的关系，在综合前期研究成果的基础上最终确定建立如下模型：

$$\ln CC_{it} = \alpha + \beta_1 \ln ERI_{jc} + \beta_2 \ln IAV_{jt} + \beta_3 \ln GR_t + \varepsilon_{it} \tag{3-14}$$

其中：*CC* 表示工业企业核心竞争力，*ERI* 表示环境管制，ε 为残差，i 为截面，t 为时期，工业增加值（*IAV*）和国内生产总值增长率（*GR*）是控制变量，以进一步观察核心竞争力是否受到其他控制变量的影响。

在实证检验之前，为避免伪回归，确保估计结果的有效性，本书首先采用 LLC、IPS、ADF-Fisher 和 PP-Fisher 四种方法对面板序列的平稳性进行检验。结果显示：除 ERI 变量外，其余变量均呈现原序列不平稳，而一阶差分序列平稳的特征（参见表 3-10）。

表 3-10　面板单位根检验

变量	LLC	IPS	ADF-Fisher	PP-Fisher
LE	-2.635***	0.793	7.461	13.702
Δ(*LE*)	-7.481***	-3.412***	29.358***	43.778***
R&D	-3.768***	-0.657	12.472	14.471
Δ(*R&D*)	-9.756***	-4.632**	35.594***	60.464***
MS	-3.105***	-0.006	17.042*	18.760**
Δ(*MS*)	-7.955***	-3.758***	30.972***	49.562***
RPC	-4.812***	-2.219**	21.503**	42.693***
Δ(*RPC*)	-6.607***	-3.083***	27.685***	64.234***
AT	-0.524	1.259	5.153	2.278
Δ(*AT*)	-3.745***	-2.303**	20.955**	18.667**
ERI	-0.225	1.643	6.025	5.999
Δ(*ERI*)	-2.493***	-1.826**	21.613**	21.179**
SC	-2.830***	-0.182	11.004	8.562
Δ(*SC*)	-6.401***	-2.657***	24.264***	35.593***

注：Δ(*LE*) 表示一阶差分，其他变量同理。

***、**、*分别表示在 1%、5% 和 10% 的显著性水平上拒绝原假设。

由表 3-10 可知，除经营盈利能力外，其余变量都是原序列不平稳，但所有变量的一阶差分序列均呈平稳特征，因此可以对变量进行回归估计。

其次，为确定解释变量和因变量之间是否存在长期稳定的关系，本书采用基于 Engle-Grange 的两步法对面板数据进行协整检验。结果显示：因变量 *LE*、*MS*、*R&D*、*RPC* 分别与自变量 *ERI* 和控制变量 *IAV*、*GR* 均存在协整关系，适合进一步采取回归分析。

最后，通过 F 统计量检验和 Hausman 检验最终确立采用混合回归模型，并采用普通最小二乘法（OLS）进行回归估计，结果如表 3-11 所示。

表 3-11　回归结果

	ln*LE*	ln*MS*	ln(*R&D*)	ln*RPC*
α	2.668971 (0.1266)	-1.883673 (0.1078)	-4.355392*** (0.0069)	3.509549** (0.0137)
ln*ERI*	-0.190825* (0.0547)	-1.02764*** (0.0000)	-0.989601*** (0.0000)	0.20054** (0.0078)
ln*IAV*	0.746208*** (0.0000)	0.126542 (0.1509)	0.240784** (0.0068)	0.130042*** (0.1793)
ln*GR*	1.625381** (0.0012)	0.099523 (0.6913)	0.354623 (0.3079)	1.370984*** (0.0008)
R-squared	0.673514	0.751681	0.706402	0.31059

注：***、**、*分别表示在 1%、5% 和 10% 的显著性水平上拒绝原假设。

从表 3-11 得出如下结论。（1）从环境管制对工业企业核心竞争力的影响来看，环境管制强度对工业成本费用利润率 RPC 产生正面影响，对其余三个企业核心竞争力指标均存在负面影响，且均能在 10% 的概率水平下通过显著性检验。出现这一结果可能的原因是：短期内，由于环境管制的加强，上述 5 类污染密集型工业企业不得不抽掉一部分企业正常的研发资金用于环境污染治理投资，或者安排专门环保工作人员从事污染治理，或者由于污染治理投资的增加导致市场拓展经费的下降等，进而影响企业核心竞争力的提升。长期来看，在环境管制政策的长期作用下，企业的环保理念有可能从末端的污染治理向源头的污染预防转变，并逐步实现从粗放式的经济发展方式向集约型生产方式的转变，进而有利于企业利润增长。

（2）从环境管制对企业核心竞争力的作用程度来看，环境管制强度每提高 1%，产品市场占有率将下降 1.03%，研发资金贡献率将下降 0.99%，工业成本费用利润率上升 0.20%，劳动效率将下降 0.19%。这一结果与企业普遍反映的环境治理增加企业成本的诉求非常吻合。这是因为，在其他条件相对稳定的情况下，工业企业的污染治理成本将通过提高产品或服务的价格转嫁给消费者，价格上涨进而影响到产品的市场占有率，这也是环境管制最直接的作用途径和表现方式。而且，多数企业的做法是挤占研发投资用于污染治理，导致研发资金贡献率下降。

（3）从控制变量的影响来看，反映工业企业发展的外部宏观经济环境的两个控制变量对企业核心竞争力的四个指标均在不同程度上产生正面影响，这说明良好的宏观经济形势有利于企业发展。

通过以上分析看出，在短时期内，环境管制强度的提升将会对我国污染密集型工业企业的核心竞争力产生负面影响，不利于企业的发展，这反映出当前我国污染密集型工业企业对于环境管制的成本消化和吸收能力还比较弱，企业对待环保政策的态度还主要停留在满足环境标准等达标阶段，并未将环境成本真正地内部化，管制压力未能转化为企业进行环境技术创新的重要动力。导致这一现象出现的主要原因可能有：一方面，我国污染密集型工业企业多为传统的、核心技术较少的企业，他们普遍存在核心竞争优势先天不足的问题，并且对于资源有着较强的依赖性；另一方面，行业类型与环境成本紧密相关，且不同企业环境成本内部化的能力存在一定差异。相比那些清洁生产的工业企业，污染密集型企业需要投入更多的环境治理成本，结果就会表现为企业核心竞争力受政府环境管制的负面影响较为显著。

因此，在保护环境、节约资源的国际国内大背景下，政府在加大环境管制力度的同时，首先还需认真研究企业环境成本内部化的具体问题，针对不同行业、不同污染类型和不同发展阶段的企业，采取差别化的管制措施和管制手段，确实将环境管制的外部压力转化为企业内部的环境技术创新动力，进而实现环境保护与经济增长的协调可持续发展。与此同时，污染密集型工业企业首先要树立环境战略管理思想，并纳入企业的高层战略决策，使之成为企业可持续发展的必然选择。其次，企业应建立环境治理专项基金，激发内部人才的环境技术创新积极性，使环境治理从偶发行为向常态化转变。最后，结合企业自身情况，积极开展节能减排研究，将污染治理从资源浪费向废物综合利用转变。

第五节　信息不对称对环境管制政策实施效果的影响

环境管制是解决环境问题的重要途径之一，世界各国的环境管理实践也证明了这一点。但一个普遍的事实是，环境管制究竟在多大程度上规范和约束了企业的排污行为，还与管制者与被管制者之间的信息公开有关。政府作为环境管制政策的执行者，要想提升管制政策的作用效果，还需对被管制者——企业的排污行为有充分的了解，显然，政府对企业的排污信息做到充分了解存在较多的困难和障碍。譬如，政府只能从外部视角对企业的生产经营活动进行了解，或者通过行业平均水平对企业的排污行为做出判断，对具体企业的排污信息难以做到精准掌握。此外，政府的监管力度也会影响管制政策的实施效果，下面将运用博弈论的分析方法对这些政策实施过程中存在的突出问题加以分析。在以下分析中，侧重考虑企业在不同策略选择下的收益，而对政府在不同策略下的收益不做过多的分析。这是因为，无论国内还是国外，各国法律都把政府视作污染治理和环境保护的重要责任人，并且还对政府应当承担的环境监管、组织管理、环境信息披露等工作做出了明确规定，换言之，政府在环境治理方面具有义不容辞的责任。

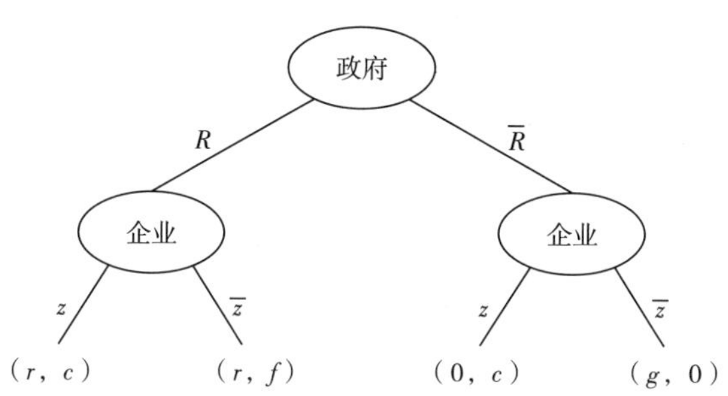

图 3-13　政府与企业的环境管理博弈

不妨假设，政府可以采取管制（R）和不管制（$\overline{R}$）两种策略，企业可以采取治理（$\overline{P}$）和不治理（P）两种策略，政府的管制成本为 r，企业的治理成本为 c。如果政府管制而企业没有采取治理措施，那么企业将会被罚款 f；如果企业存在大量的污染行为而政府没有任何作为，那么环境将会变得糟糕，对此社会公众可能不会容忍，会对政府施加一定的压力（譬如民众举行游行示威，甚至要求政府主要负责人下台等），即政府面临的风险损失为 g，据此它们的收益情况如图 3-13 所示。

情形 1：如果污染治理的难度非常大，需要大量的治理投资，或者说企业需要较长的经营周期才能将治理费用回收，即 $c \to \infty$，这种情况下，企业一般会选择不治理。在政府环境监管严厉的情况下，企业不得以甚至会选择转产。现实生活中，对于那些中小企业而言，由于企业利润比较有限，资金筹措存在较大困难，企业往往会选择排污而不治污的做法，纵然政府的监管力度非常大，企业情愿缴纳一定的排污罚金。在国内，据有关专家测算，现行的排污收费标准是 2003 年制定的，仅相当于测算治污成本的一半，这说明，处罚力度较轻或违规成本过低是导致中小企业环境违法的主要原因。因此，建议有关部门，特别是重点污染地区或经济发达地区，应大幅度提高环境违规成本，即 $f \to \infty$，真正使污染企业不敢污、污不起，企业将自动选择污染治理。

情形 2：政府在实施环境监管时需要投入大量的监管人员、检测设备和技术，以及组织管理费用等，这说明政府的监管也是存在成本的，此外还有一些企业存在污染种类多、不稳定、无组织的污染源排放等问题，这就进一步加大了政府监管的难度，进而增加监管成本。监管成本较高会影响政府监管的效果。我们可以假设政府监管的概率为 $P(0 \leqslant P \leqslant 1)$，那么企业选择治理和不治理的收益（$B_z$、$B_{\bar{z}}$）分别为：

$$B_z = P \cdot c + (1 - P) \cdot c \tag{3-15}$$

$$B_{\bar{z}} = P \cdot f + (1 - P) \cdot 0 \tag{3-16}$$

由此可以推出，如果监管概率较高，即 $P \approx 1$，那么企业将选择污染治理。反之，企业会选择不治理。现实生活中，由于种种原因，往往导致政府的监管力度不够强，对排污企业难以形成强大的威慑作用，从而导致企业敢污、能污。因此，建议有关环境管理部门应加大监管力度，尤其要提高在线监测系统的普及率，增强监管技能，确实使环境违规企业做到无处躲、无处藏，这样环境污染治理效果才会大大提升。

情形 3：一定区域内的企业和政府，显然不是一次博弈定终身，二者之间存在长期博弈关系。假定政府的监管概率为 P，企业的治理概率为 K，那么企业选择治理和不治理的收益（ B_z 、$B_{\bar{z}}$ ）分别为：

$$B_z = P \cdot (K \cdot c) + (1 - P) \cdot (K \cdot c) \tag{3-17}$$

$$B_{\bar{z}} = P \cdot (1 - K) \cdot f + (1 - P) \cdot 0 \cdot (1 - K) \tag{3-18}$$

如果存在 $B_z > B_{\bar{z}}$ ，那么企业则会选择治理策略。由此推出，$K > \frac{Pf}{c + Pf}$。如果政府监管的概率足够大且处罚力度较强，即 $P \to 1, f \to \infty$，那么，$K \to 1$，即企业选择治理的概率就会较高。退一步分析，如果罚金与企业治理的投资成本相当，即 $f \to c$ ，那么企业选择治理的概率也会高于50%，换言之，企业多半会选择环境治理。由此看出，监管力度和处罚强度是企业选择环境污染策略还是选择环境保护策略的重要决策参考。实际生活中，一些地区政府的监管长期缺位或环境处罚不到位，往往会诱导企业选择排污而不治污的做法，长此以往，一些原本积极开展污染治理的企业最终也会选择不治理。

情形 4：企业开展污染治理还会因节约能源资源、提高创新能力和资源回收利用等获得收益，不妨假设，企业因污染治理需要的一次性资产投入为 c，企业每年可因此获得的收益为 a，银行利率为 λ ，那么时间效应 t 越短的情况下，企业越倾向于选择污染治理策略。现实生活中，企业如果能从污染治理中得到较大的实惠，大大高于企业的期望收益值（ $\bar{a}$ ），即 $a > \bar{a}$ ，企业开展污染治理的积极性就会明显增强。进一步分析可知，影响投资收益规模的主要因素是企业的创新能力，因此，创新能力与企业治污积极性之间存在显著关系。由此看来，大企业总是愿意积极开展污染治理，而小企业则选择逃避策略也就不足为怪了。当然，大企业具有的规模经济优势和产品多元化经营模式也进一步提升了企业环境治理的收益。

综上分析可见，环境管制政策的实施受多种因素的影响，政府不仅要在政策制定方面做好顶层设计，还需要对政策实施过程中的技术细节加以认真研究，通过加强监管、加大违规成本、提高环境收益、增强环境信息透明度等措施，切实保障现有政策落实到位。

第四章
企业环境战略的内部反应对其竞争力的影响机制研究

第一节　企业环境战略理论

一　企业环境战略的决策模型

企业生存环境是企业战略决策的基础。生存环境发生变化，意味着企业的竞争优势、竞争劣势、生存商机和面临的挑战发生了变化，这就要求企业战略随之发生变革。企业环境战略的制定也是如此。为此，下面首先对环境管制背景下的企业战略决策的宏观环境做一分析，进而为企业环境战略的制定提供理论基础。

影响企业战略决策的因素有很多，从宏观角度可以将其分为以下四个方面：经济环境（Economical Environment）、技术环境（Technoligical Environment）、社会环境（Social Environment）和政治环境（Political Environment）。

从图 4-1 看出，环境管制背景下，企业的战略决策环境发生了重要变革，突出表现为四个方面。第一，经济方面，从过去盲目追求 GDP 增长到现在的适度增长，能源价格逐步提高，排污成本进一步加大，政府对环境友好型企业的环境补贴范围和资助力度都在不断提高，即通过经济系统各个方面的限制使各行各业认识到绝不能以牺牲环境为代价追求经济增长。第二，技术方面，环境技术标准和环境绩效标准都在不断提高，各类污染物的检测和环境监测技术也在逐步成熟和完善，环境认证正在积极推广，政府对包括环境技术创新在内的知识产权的保护力度不断加大，即环境友好型技术越来越多，越来越趋于成熟。第三，社会方面，随着环保教育投

图 4-1　环境管制背景下企业战略决策的 ETSP 分析模型

入的提高，公民的环境意识和教育水平都有了很大提升，人口素质进一步优化，社会公众对环境友好型产品的需求越来越多，环境价值观越来越深入人心，即环境保护、绿色消费的社会认同感越来越强。第四，政治方面，随着政府对环境问题的日益重视，以及来自利益集团和国际组织的政治压力，与污染防治和环境保护相关的法律法规层出不穷，即加强环境管制是世界各国共同发展的方向。

通过以上 ETSP 分析模型的研究，我们可以看出，环境管制已经成为影响企业战略决策的重要方面，换言之，在环境管制背景下，环境战略是企业战略管理的应有内涵之一。

二　企业环境战略的实施方案

随着企业在环境问题上的态度转变，学术界围绕企业环境战略的研究也开始兴起。秦颖等人（2004）系统梳理了企业环境战略的产生与发展，得出企业对环境战略的态度经历了成本最小化、成本收益相结合和积极环境控制三个阶段。Logsdon（1985）、Klassen et al.（1996）、Sharma（2000）分别研究了采掘业、制造业、石油和天然气行业的企业应对环境法规的战略，Bansal & Roth（2002）对日本和英国企业承担生态责任的因素进行了定量研究。此外，C. Oliver（1991）具体分析了企业应对环境管制的 5 个战略和 15 个策略。

概括地说，企业环境战略就是企业在污染防治、环境管理和环境保护方面采取的一系列行为决策，在组织管理方面表现为，面对环境问题企业各职能部门的综合协调与共同应对机制；在环境行动方面表现为，企业旨在减少排放、控制污染而采取的各种有效措施的综合；在商业经营模式方面表现为，企业将环境保护渗透到商业经营活动的各个环节，譬如绿色设计、绿色采购、清洁生产、绿色营销、资源回收和循环利用等，即实现产品或服务的全生命周期环境管理模式。

在明确了企业环境战略内涵的基础上，下面来分析企业环境战略应包括哪些具体内容。一般地，企业的环境战略可以从具体企业对待环境问题的实践活动中得到反映，企业在环境方面的具体行动包括以下几个方面。

（1）制订详细的书面的环境行动计划。企业的环境行动计划应在遵守国家有关法律法规的基础上，与企业的生产经营活动、产品和服务、职业健康安全风险、环境影响及环境风险的性质和规模相一致；企业的环境行动计划还应该能体现顾客、供应商等有关各方的要求和期望；应该体现环境质量提升、环境事件预防和环境保护及员工健康安全等方面的具体承诺。环境计划绝不能仅仅停留于口头表述，或讲话活动中的临时承诺，企业应该为其环境计划出具正式的文件，并与企业其他经营活动一样履行文件管理、归档等工作流程。

（2）建立环境管理组织机构。将环境部门与其他生产经营活动部门一样，建立起完善的组织管理机构，并由管理者委员会或董事会成员牵头负责，只有企业高层决策者参与的环境计划才可能不被搁浅或停滞，执行阻力才会降低。另外，环境管理组织机构的地位和人员配置情况也能反映出企业对待环境问题的重视程度，只有企业重视环境问题，才会将企业的核心管理层配置到环境行动计划中。企业的环境管理组织机构可以视环境问题的复杂程度以及企业规模的大小而定，但一般应由以下成员参与：管理者委员会、执行董事会成员、生产部、研发部、财务部、人事部、采购部、技术服务部等部门的相关人员。

（3）向企业员工部署该环境计划。企业制订了环境行动计划，还需要认真履行，努力完成，因此，企业应该及时向全体员工传递该行动计划的实施方案，并部署具体的执行措施和相关责任人，明确各部门在环境行动计划中的具体分工和职责，方便各部门之间的沟通和协调，同时也有助于将环境责任落实到位。部署环境计划应包括以下工作：做好环境管理的日常工作、定期开展自我环境质量检查，接受上级环境管理部门的审核，按期完成整改工作等。企业要对环境计划的执行情况加以严格管理，就像监督企业的生产任务、营销计划的完成情况一样，已表明环境管理在企业享有优先原则，只有这样，全体员工才能认真地对待环境问题，明确环境问题的后果和风险，才能确保环境计划的圆满完成。

（4）建立环境信息披露制度，定期向利益相关者或者股东传递该环境计划。一方面要求他们配合协助企业的环境计划顺利执行；另一方面，利益相关者还可以据此对企业的环境行动计划的执行情况进行监督。这是因为，企业的环境计划一般都会涉及物料采购、设备安置、工艺流程改造、产品服务等活动，这就要求企业利益相关者的配合，才能很好地实现。因此，企业应该定期向股东、供应商等发布其环境行动计划，将其环境诉求清晰地传递给利益相关者。为此，需要企业建立完善的环境信息披露制度，通过便捷的信息渠道，定期向社会公众、政府机构和利益相关者发布其环境信息，及时通报有关环境事件的进展和处理情况。建立健全环境信息披露制度反映出企业敢于正面对待环境问题，只有不回避、不隐瞒环境事件的企业，才能正确处理好环境事件，才能真正从环境问题中总结经验教训，避免事态进一步的恶化和蔓延。

（5）积极实施环境管理体系。有效的环境管理体系要求企业内部形成明确的环境目标并在整个企业进行传递。事实上，企业在积极开展环境管理体系认证时，证明企业已经在环境问题管理方面做出了较大的努力，譬如投资环保设施和改进生产工艺，努力降低能源资源消耗和减少污染排放，开展职业健康安全培训，加强企业内部的环境教育与宣传，重视环境业绩等。因此，这样一个组织应该是注重环境保护、加强环境管理的，也表明企业的环境计划已经渗透到企业各个方面和各个部门，环境战略已经成为企业战略决策的重要方面。

第二节　企业环境战略对其竞争力的影响机制研究

环境战略体现了企业对待污染防治、环境保护的态度，不同的企业其环境管理的积极性不一，这也就意味着，企业将环境问题纳入企业战略决策的高度不一。结合先前学者对企业环境战略的分类研究，本书根据企业对待环境问题的态度和行为表现，将企业的环境战略大致分为三个基本类型：抵制战略、遵从战略和积极战略，具体行为表现及环境绩效如图4-2所示。

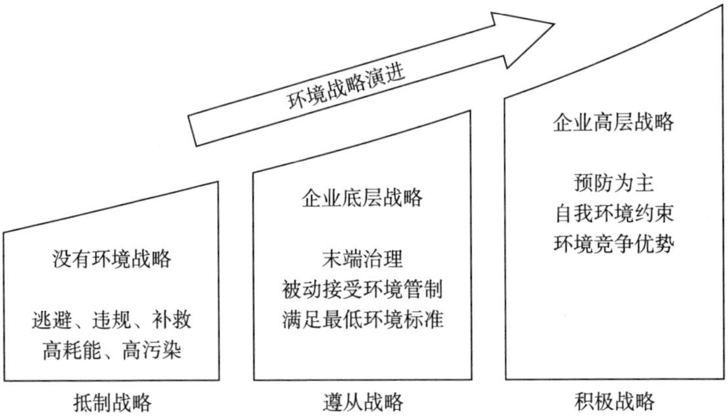

图4-2 企业环境战略及其行为表现

一 抵制战略与企业竞争力

当企业采取抵制战略时，意味着其根本没有将环境问题纳入企业战略决策之中，而是将环境问题抛在了一边，几乎不采取任何环境措施，环境问题出现后，企业再做补救处理，甚至在监管乏力的情况下，企业还会偷排、漏排，做出很多环境违规行为。因此，这类企业往往不会主动采购环境治理设施、也不会雇用专业化的环保人才，对政府的环保措施和规章制度往往采取不合作态度。

正是由于企业不重视环境问题，企业在生产设备选用、生产工艺设计和原材料配置等方面都缺乏环保因素的考虑，这会导致企业往往以价格为准则选用那些陈旧设备、落后工艺和存在环境隐患的原材料，由此生产出来的产品也谈不上环保可言。从表面上看，由于企业没有投入更多的资金和设备用于污染防治，似乎使企业节约了资金，降低了生产经营成本。但其实不然，从长期发展来看，首先，由于企业的产品多半不达标、市场需求将逐步萎缩，进而导致企业失去市场份额而退出；其次，政府对于环境污染严重的企业也会开出高额的罚单，或勒令限期整改，如果一直采取消极战略，则最终也会被强制退出市场；最后，企业由于生产技术落后、能耗过高，资源浪费严重，企业的经营效益也会大打折扣，最终因经营业绩不佳而退出。以上分析得出，企业采取环境抵制战略最终是没有出路的，更谈不上竞争力的提升。

从国内外的环境实践来看，中小企业面对环境问题时往往容易采取抵制战略。本课题组通过实地调研、问卷调查和专人访谈等方式对我国中小企业竞争力及其环境战略进行了分析，为我们深入认识二者关系提供了有力的佐证材料。课题组的调查地域范围涉及东北老工业基地的辽宁、吉林，正在崛起中的河南、湖北、陕西等中西部地区，以及中小企业发展比较先进的东南沿海地区，如江苏、浙江和广东。调查通过在校大学生的暑期社会实践活动、课题组合作单位，包括市（县）科技局、环保局和财政局等政府部门，也包括长期建立的工业企业社会网络，因此，总体认为调查结果具有相对的可靠性和代表性。调查结果如下。①针对中小企业经营现状的调查结果显示，中小企业的设备陈旧且利用率普遍较低。一部分企业甚至使用二三十年前的陈旧设备和生产技术，近半数企业处于半亏损半经营状态。这一点与林汉川（2003）等人所做的调查结果非常相似，他们调查得出有超过1/3的企业，其设备利用率低于60%，尤其是国有和集体所有的中小企业，其利用率最低。②针对中小企业面临的主要困难，调查显示，资金不足和人才缺乏是制约中小企业发展的两大难题。调查发现，我国大多数中小企业的资金筹措渠道主要是自我资金积累，政府补助及银行贷款的比例都比较低，而且大大低于国有大型企业的资助额度，此外，政府提供的资金资助往往设置有较高的门槛，很多企业达不到这样的标准。林汉川等人的调查结果也显示，国有银行为中小企业提供的贷款不仅期限较短（一般都在1~2年），而且贷款利率还明显偏高，贷款比率明显偏低，这是造成中小企业资金不足的重要原因。在人才队伍方面，由于中小企业提供的薪酬和社会福利待遇不高，以及中小企业经营不稳定等因素，因此中小企业很难招聘到合适的技术人才，具有研发能力的专业化人才更是凤毛麟角，这与国有企业或外资企业的人才结构相比，差距较大。③在谈及企业经营战略方面的相关问题时，大多数中小企业明确表示，降低经营成本是企业生存发展的第一要务，环境战略一般不予考虑，或者不得已时采取末端治理的做法。在对经营管理层的访谈中我们也了解到，在环境管制较宽松的地区，“政府寻租”和“环境违规”行为都在不同程度上存在。

尽管各国的统计口径不一，但中小企业在发展中遇到的问题，尤其是污染治理和环境保护方面的问题，发达国家已都经历过，并且实现了成功转型，因此，我们可以借鉴发达国家中小企业环境治理的经验，具体做法如下（王侃，1988）。①瑞典等发达国家为了帮助中小企业成长，特别成立了专门负责企业与政府沟通协商的管理机构，以帮助中小企业获得政府信息、技术和贷款服务。而且，政府提供的研发贷款呈逐渐增长趋势，这样就会大大激发企业的经营活力，此外，还通过设立环境污染治理的专项贷款，从贷款额度、期限和利率等方面给予优惠措施，譬如美国政府可以为单个企业提供500万美元的环境治理专项贷款。②出于保护本国资源和环境的需要，政府为破产的污染型中小企业实行经济补偿制度，如美国政府为严控类型企业破产提供的补偿额度是一般类型企业的4倍，重污染的中小企业如果转产经营也可以获得高于一般企业3倍的补偿金，这种补偿金制度对美国产业结构转型起到积极的催化作用。在日本，也有类似的做法，如日本政府将过去钢铁、船舶等重污染行业的中小企业逐渐向知识密集的服务业转型。③加强中小企业的技术服务，鼓励企业和科研单位合作。譬如，德国政府规定，不论企业规模大小，都可以将职工选派到科研机构进一步学习深造，同时鼓励高等院校的科研人员带薪留职开展技术咨询等活动，要求科研单位免费为中小企业提供科研环境，如免费开放实验室、免费索取实验资料等。

二 遵从战略与企业竞争力

当企业采取遵从战略时，意味着企业虽然在战略决策时考虑到了环境问题，但仅仅停留在底层决策，并没有将环境问题与企业竞争优势的培育、企业可持续发展等重大决策相联系。这类企业对待环境问题的处理方式仍然是以被动为主，不愿在环保方面投资或从事相关的研发活动，满足于完成政府的最低环保标准即可，因此，它们在环保方面也不会形成自己的竞争优势。

从企业战略的演进规律来看，主要经历了五个阶段（芮明杰、袁安照，1998）。第一阶段，二战之后到60年代中期，这一时期全球经济正处于战后恢复阶段，企业战略主要以研发及生产扩张为主。第二阶段，20世纪六七十年代，全球经济处于高速发展期，公司战略强调多元化的兼并战略。第三阶段，20 世纪七八十年代，全球经济遭遇石油危机和经济危机，为了应对低谷时期的资金困难，公司战略强调成本控制。第四阶段，20 世纪八九十年代，全球经济处于低迷和复苏阶段，市场竞争日益激烈，公司战略强调技术变革。第五阶段，21 世纪以来，随着全球环境问题的不断凸显，各国管制压力的持续加大，环境战略在公司战略中的地位和作用越来越明显，公司战略越来越强调企业的社会责任。

在国内，受市场竞争、技术发展等诸多因素的限制，企业的公司战略还主要以成本控制和技术创新为主，强调环境战略尚未成为主流。因此，很多企业面对政府的环境管制政策，既不想坚决抵制也不想超越标准，它们采取的环境战略就是遵从战略，即在政府规定的强制性法律法规面前，它们能坚持环境治理，各类废弃物的排放也能较好地达标。但是，它们对其他非必须遵守的污染治理和环境保护方面的规章制度，就会呈现出徘徊态度，换言之，它们缺乏主动承担企业社会责任的能力和积极性。采取遵从战略的企业，在环境问题方面的主要做法就是加强产品质量管理，企业通过产品质量管理可以获得以下竞争优势（彭海珍，2004a）。

第一，通过产品质量管理，企业一方面可以生产合格的产品，另一方面，相对规范的生产管理系统也有助企业完成政府的排污达标要求，进而避免来自政府的双重罚单（产品方面和环境方面）。第二，通过产品质量管理，企业可以不断积累产品创新经验，为新产品的开发节省时间，进而促使企业不断推陈出新，提升企业的产品竞争力。第三，通过产品质量管理，企业可以克服无效的劳动，提升企业的劳动生产率，改进管理效率，降低管理成本和经营费用，从而提升企业的综合竞争力。

随着经济社会的发展和收入水平的提升，消费者的质量意识越来越强，消费者在购买商品时不再只是追求价格上的低廉，同时还要考虑产品的质量，包括产品的原材料选用、耐用性、功能的完整性、结构设计的合理性等。因此，为了在市场竞争中获得消费者的青睐，企业必须从多个方面提升产品质量，这既是市场发展的必然趋势，也是企业生存的需要。此外，产品质量管理标准也会随着经济社会的发展而不断改进，这其中政府的作用最为关键。譬如 2013 年 11 月美国总统奥巴马签署了《药品供应链安全法案》（Drug Supply Chain Security Act，简称 DSCSA），该法案对药品供应链上的药品生产企业、药品原料企业和药品运输企业的质量安全都提出了更加明确的要求。因此，我国政府应动态跟踪国际先进的产品质量管理标准，不断提升我国的行业标准和国家标准，继而推动企业产品质量管理水平的不断进步。

三　积极战略与企业竞争力

当企业采取积极战略时，表明企业整体的环保意识较高，环保理念较为先进，在具体实践过程中，企业不仅要做好末端的环境污染治理，更重要的是，这类企业往往重视企业生产过程的工艺管理、产品质量提升，包括原材料的选用和产品的设计等，愿意为环境技术创新投入更多的资金、人力和时间，希望通过研发更多的环境友好型产品提升企业的市场竞争力和公众形象，进而获得持续的竞争优势。积极战略具体可以通过以下两种方式为企业赢得竞争优势（彭海珍，2004a）。

第一，提前行动有助于降低企业的环境成本。如果企业已经预测到政府将来可能采取环境管制，那么，企业就可以提前行动，积极研究开发相关技术和管理模式，为企业服从管制赢得时间。如果企业被动等待，当政府实施新的环境管制政策以后，企业只能在较短的时间内对生产工艺或设备进行调整，由于准备不充分或压力较大，还可能导致生产中断或事故频发等不可预期的损失。此外，从学习效应来看，越早采取先进技术的企业越有可能最先达到成本曲线的最低点。

第二，尽早发现和解决环境问题可以影响环境管制政策的未来趋势。企业可以通过提前处理环境问题提高竞争对手的环境成本，因此，可以获得比较成本优势。譬如，家装建材市场的地板装饰材料，我国现行的地板环保监测标准国家标准（GB18580-2001）是2001年实施的，虽然国家标准对甲醛含量做了明确规定，但仅限于对E1级（满足E1级标准意味着这样的人造板可直接用于室内装饰，甲醛含量最高不超过1.5mg/L）和E2级（满足E2级标准意味着这样的装饰材料必须饰面处理后才允许用于室内装饰，甲醛含量最高为5.0mg/L）的限值，缺乏E0级标准。大自然地板作为国家标准和行业标准的起草单位、国家木材标准化技术委员会委员，不断开创行业先河，并积极承担企业社会责任。大自然地板通过科技创新，以纯天然大豆为原料研发生产的天然大豆胶地板，彻底颠覆了地板生产中采用甲醛为胶黏剂的生产史，其甲醛含量不仅大大低于国内的 E2、E1 标准，也满足 E0 标准，而且还符合美国加利福尼亚州空气管理署（California Air Resources Board，CARB）的 ATCM（Airborne Toxic Control Measure，关于木质人造板中甲醛释放量的法规）标准，该标准要求任何进入美国加利福尼亚州市场的复合板材都必须获得 CARB 认可的第三方机构认证，其甲醛含量标准值要求低于 0.008ppm。随着我国地板市场的快速发展以及行业自律的需要，国内也将很快在 E0 标准等方面出台新的环保标准，大自然地板以其领先优势，又将成为新标准的起草者和参与制定者，而其他跟随的地板企业则要付出更多的成本代价。

第三节　企业自愿实施环境管理体系的动因

随着经济全球化进程的逐步推进以及我国加入 WTO 后的一系列改革，现在越来越多的企业意识到实施环保战略的重要性，并纷纷要求加入这一行列，如 2002 年鹤壁煤电公司通过中国环境科学研究院的环境认证中心 ISO14000 环境管理体系认证。实施环境管理体系意味着这些企业环境污染控制策略的转变，即从消极抵制或被动执行国家的环境管制政策向加强环境管理、建立污染预防（清洁生产）的新观念转变，这与传统的企业赢利观点似乎相悖。下面从动因与障碍两个方面对这一现象进行分析，重点揭示为什么有的企业能够采用积极的环境管理措施并从中获益，而有的企业却因成本负担过重而难以维持。

企业积极主动地开展环境管理工作，其动因是多方面的，从企业角度分析，可将其分为企业内部因素和企业外部因素（宋姣姣，2011b）。内部因素主要指企业的利益驱动以及内部文化价值，而外部因素主要包括政府管制、消费者及其他利益相关者的压力和企业形象要求等。

一　政府管制是企业实施环境管理体系的初始动因

中国工业在过去的 30 多年间迅速发展，然而严重的环境破坏也是这个过程的典型特征。中国内地许多城市都被国际社会或组织列为污染最严重的地区之一。为了实施可持续发展，我国政府已经采取了各种环境污染控制政策、生态环境保护政策和国际环境应对政策。事实证明，政府可以凭借其强大的经济、法律手段对企业的环境管理行为进行约束，这种约束可能是强制性的，也可能是教育性的，一定程度上看，政府的环境管制对企业的环境管理行为具有无法摆脱的约束力。

政府作为环境管制政策的制定者和环境实践的监管者，能够对企业的环境行为起到积极的规范和约束作用。前文有关我国实施的命令控制型政策中，环境影响评价制度、关停并转制度等都充分体现了政府对企业污染行为的强大约束力。此后，随着我国产业结构调整步伐的加快，又有“新5小”“新6小”等诸多工业行业的企业被列入政府强制实行的关停并转名单中来。当然，政府对企业的环境管制不仅仅通过环境绩效，还可以借助政府采购、企业融资、股票上市、工程招标、国土审批、信誉评级等诸多途径，对那些存在严重污染或发生过重大环境事件的黑名单企业采取全方位的管制。而且，随着我国生态环境建设力度的持续加大，各级政府部门和社会组织对环境违法行为越来越表现出“零容忍”的态度，此外，各地还在积极探索环境责任终身追查制度。因此，日益严厉的环境管制政策正在成为企业决策的优先考虑因素。有关政府环境管制对企业环境管理的动因研究也取得了较多成果。Bansal & Roth、Spedding、Maxwell & Hansen等人的研究得出，环境管制是激励企业自愿实施环境管理体系的第一驱动力（Maxwell，1998）。

二　利益驱动是企业实施环境管理体系的根本动因

我国加入WTO以后，国际社会组织、跨国公司及海外市场对我国企业的社会责任要求越来越多，其中就包括企业应积极承担环境管理责任。在这一背景下，越来越多的国内企业意识到实施环保管理的重要性，并且纷纷要求加入这一行列（如ISO14000）。

根据新古典经济学的假设，企业生产经营管理活动的目的就是用最少的投入获取最大的产出，其动机就是实现企业利润的最大化，企业就是在权衡成本—收益的基础上运营决策的，企业各种行为最根本的动因就是利益驱动。企业自愿参加ISO14001体系就意味着企业认为参加该体系，实施环境管理而获得的收益大于或至少等于企业因参加该协议而付出的成本，这个也符合企业追求利润最大化的宗旨。由此可见，企业实施环境管理，取决于企业自身的目标，并且受到经济利益的驱使。下面从分析企业参加ISO14001可以获得哪些收益入手，来揭示企业自愿实施环境管理的根本动因（彭海珍，2004b）。

（1）管制收益。

目前社会上普遍认为企业主动参加环境管理体系可以赋予企业更多的灵活性，可以有效地避免政府环境法规的强行管制成本。如果该协议的参与者足够多，那么这个庞大的群体将对政府环境管制产生重要影响，进而影响到最后实施的管制政策，使其取代或者削弱较为落后的控制命令型的管制。

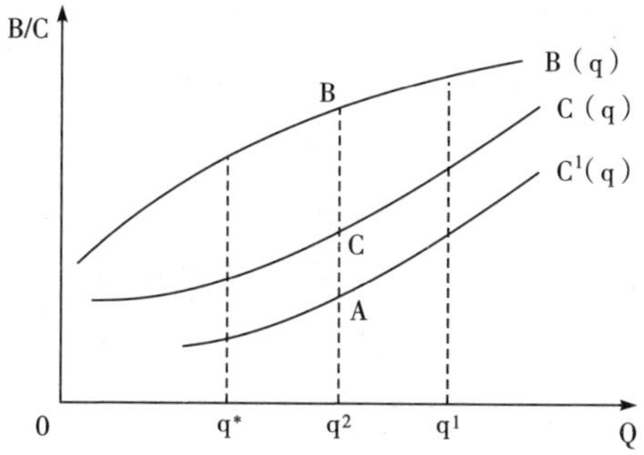

图 4-3　管制收益示意

图 4-3 反映了一个企业因为实施环境管理消除污染而与之相关的成本和收益。其中横轴表示污染减少总量，纵轴表示企业的收益（或治理成本）。从图中可以看出，企业的成本和收益与横轴的污染减少总量息息相关。企业要改善的污染总量越大，投入的成本也就越大。因为实际生产中存在边际收益递减效应，所以随着污染物减少总量的增加，企业的投入成本呈递增趋势，如曲线 C（q）所示，同时企业获得的边际收益也会随之递减，如曲线 B（q）所示。如果没有政府的环境管制，那么在 q^* 点企业的投入成本与其收益之间的距离最大，即企业可以获得最大的净收益。然而，在现实生活中，政府往往会对排污量有一定的约束，譬如强制设定一个污染减少量 q^*，如果企业被动地去实施该规定，那么将承担非常严重的服从成本。如果企业能够积极主动地采取治污措施，将污染物减少至 q^2 的量，通过企业联合并影响到政府的管制决策，那么政府的污染物减少目标就可能变为 q^2，企业获得的净收益，即管制收益就是 BC 段。

从上面的分析可以看出，企业通过有效地影响政府政策行为，使企业的污染减少量从 q^1 减少到 q^2，那么企业的污染控制成本也会随之减少，即 BC 段。当然如果一个企业能够以更低的服从成本完成同样的污染控制目标，也可以获得相应的消除成本，即 AB 段。企业主动实施环境管理减少污染物的排放显然较政府强制的命令控制有更大的灵活性，因为企业可以有更加充裕的时间，充分考虑企业自身的现有条件和技术资金实力，进而选择最适合企业自身条件的环境管理体系。通常情况下，主动参与 ISO14001 的企业基本上都可以获得图中 AB 段或者 BC 段的管制收益。

企业获得的管制收益还有来自政府提供的财政补贴。政府除了通过立法手段对企业的环境实践采取干预之外，为促使企业更大程度地实施环境管理，国家也利用税收和财政补贴等手段对那些在环境治理方面做出表率或模范效应的企业给予一定的经济补偿或奖励。这是因为，企业开展污染预防或环境治理工作，必然要购进一些先进设备或生产技术，淘汰一些能耗大、污染重的设备，在新旧设备更替过程中，企业的资金需求量往往较大，甚至一些企业还可能因此需要较长时间的停产歇业，这些都会增加企业的经营成本。如果政府能够在经济上予以支持和帮助，企业就能克服困难，继续开展环境治理。如果政府对企业的环境管理实践行动视而不见，一方面可能会打消企业的积极性；另一方面，企业为了获取利润会采取提高价格的做法来弥补环境治理上的成本投入，但价格上升反过来又会影响企业的销售收入，进而导致企业的市场份额下滑，经济利益受损，最终导致企业失去环境治理的勇气和信心。因此，全国各地的政府都在不同程度上出台了关于环境补贴的相关政策，以此来鼓励和促进企业开展自愿环境管理。总之，政府一方面可以通过强制性的法律法规要求企业必须实施环境管理；另一方面还可以通过一些配套的税收、金融、知识产权等激励政策，促使企业自愿实施环境管理。

（2）经济收益。

企业参加 ISO14001 环境管理体系可以获得相应的潜在的经济收益。企业为了达到 ISO14001 环境管理体系的要求，必须重新考虑企业的生产过程，从原材料的选用、生产过程中能源和材料的节约，到最后产品的合理设计以及产生废物的回收再利用等，企业会认真考虑并对资源采取有效控制，在这个全程清洁生产的过程中，也会伴随着企业生产效率的提高。

一方面，生产过程中产生的环境污染如果被视作一种“经济浪费”，那么企业通过更加先进的技术和更加合理的过程管理，将会最大限度地减少生产过程中的污染，进而使生产成本减少，而生产成本的减少可以使企业降低污染物的处理成本，减少企业生产资料的投入成本，也会降低企业的能源消耗，进而使企业获得直接的财务上的收益（宋姣姣，2011b）。另一方面，企业通过让员工参与到清洁生产的过程当中，员工的环保意识可能会加强，生产过程中操作更加规范，浪费更加减少，进而减少了环境事故的发生，环境责任上的责任人“减少”。同时，银行以及保险公司可能也将企业是否参加 ISO14001 管理体系视为一个重要参考条件，参加 ISO14000 管理体系的企业可能获得更多的贷款，更低的贷款利率以及更优惠的保险费用等。

企业通过 ISO14001 认证的另一个重要收益是市场区分功能，进而提高企业的市场份额和销售收入。ISO14001 能够向市场发送一个恰当的信息，企业实施该标准，都是具有高质量的环境标准，可以吸引绿色消费。换言之，该环境管理体系认证标志可以让消费者将该企业区别于其他企业。由于 ISO14001 有严格的环境管理标准，因此更容易吸引绿色消费者购买有 ISO14001 认证的产品。同时，由于消费者尤其是绿色消费者的环保意识越来越强，消费者往往会花更多的价钱来购买绿色产品，无形中会提高绿色产品的价格。一个很明显的例子就是在德国，标记有“蓝色天使”的产品比其他同类产品价格更高。当然，即便消费者不愿意为绿色产品支付更高的价格，如果绿色产品和非绿色产品价格相同，就会产生一个差异化的优势，客户肯定会选择绿色产品，这样就会增加绿色企业的市场份额。

（3）声誉收益。

ISO14001 认证可以帮助企业提高社会声誉。参与 ISO14001 体系的企业通过向外界报告其环境的影响，增加与利益相关者对话进而增进双方的了解和信任，获得公众的认可，然后使企业声誉提高。提高企业的声誉将使公司避免一些潜在的风险，带来额外的收入。支持企业群体，除了股东、客户，也包括员工和当地社区，他们对企业有很大的影响。一个具有良好环境声誉的企业意味着更多的关注环境问题，他们往往更注意改善员工的卫生条件和安全生产的条件，有利于招募更多优秀的新员工。当员工认为他们的公司声誉在环境问题方面非常低时，员工流失会增加，而招聘新员工还将继续增加企业的人力成本和培训成本。相反，良好的声誉能够提升员工的自豪感，提升员工与管理层之间的信任，进而会使企业的生产效率提高。那些重污染行业，如采矿、化工等在当地的声誉就更为重要。此外，企业获得良好的声誉有助于其获得正式和非正式机构的认可，以及政府和当地居民的认可，这样一来，在其扩大生产或者建立新厂房以及招聘新员工时就能更快地获得批准以及认可。如果企业声誉不好，伴随而来的可能是员工流失、供应商流失，加之当地政府以及环保组织限制，这些都将阻碍企业发展。因此，企业在提高知名度、扩大品牌影响力的同时还要加强环境声誉建设，企业要获得竞争优势，提升自身竞争力，环境友好型的公众形象必不可少。

三　绿色需求是企业实施环境管理体系的市场动因

随着市场经济的快速发展，企业之间的竞争急剧加速。他们之间的竞争不是简单的利益划分，他们竞争的核心聚焦在市场份额的扩大以及得到客户的拥护。随着环境保护相关报道的日益频繁以及环境教育的不断投入，公众消费者的环保意识也普遍提高，价值观念、思维方式以及消费需求和方式都和以前大不相同。同时，随着人们生活水平以及生活质量的逐渐提高，一股强大的“环保消费热潮”正在兴起，从环保包装、环保购物到环保家具、环保旅行等，可以说人们生活的吃、穿、住、行等各个方面基本上都充满了“环保”消费理念和消费行为。

对于消费者来说，是否选择环境友好的行为，主要从以下三个方面来考虑：一是这种物品是否有利于身体健康，是否是环保产品或绿色产品，是否是无毒无害产品等；二是会选择一些大家熟知的、健康的产品消费，如众所周知的无氟冰箱等；三是会参考一些社会评价，选择消费者满意度高、品牌影响力大、企业社会责任表现优秀的企业产品，或者选择通过政府机构或第三方组织认证的产品，如获得环境标志、ISO14000 认证的产品进行消费。

接下来分析消费者的绿色消费行为对环境友好型企业的影响。假设产品价格为 P，Px 表示绿色产品价格，Py 表示非绿色产品价格，α 表示绿色产品对非绿色产品的边际替代率。当消费者选择购买绿色产品时，$\alpha<(Py/Px)$；当消费者选择购买非绿色产品时，$\alpha>(Py/Px)$。当消费者的绿色环保意识增强时，α 就会减小，这样，绿色产品的消费总量就会增加，需求增加就会带来市场的规模效益。另一方面，由于市场规模的扩大，企业规模化生产以后可以拥有更大的降价空间，产品价格下降进一步有利于企业占领市场，扩大市场份额。如此，消费者的绿色消费行为和企业环境保护之间就建立了良性的互动循环。

Arora（1995）等人的研究得出，在成熟的消费市场，消费者多倾向于购买环境友好型产品，并乐于为此付出更多的价格，这会进一步激发企业生产更多的环境友好型产品。课题组在河南等地的调查研究也同样表明，收入水平、教育程度等居民的人口统计特征对其环境友好型产品的主观态度及客观行为有显著影响，此外，信息传播越充分越有利于消费者选择环境友好型产品。Haufler（2013）指出，消费者以及社会公众压力的结合，对依靠销售产品的企业来说更加有效。因此，在环保消费、绿色消费正在逐渐成为消费主流的新形势下，企业积极开展环境管理，加强环境信息的对外宣传，提升企业的环境业绩，必将有助于企业扩大市场份额、提升经营利润，还能建立稳定的客户群体，保持良好的客户关系，提升客户的信任感和忠诚度，最终实现企业经济利益和环境效益的双赢。

四　环境壁垒是企业实施环境管理体系的国际动因

自 20 世纪 90 年代以来，市场上出现的国际贸易壁垒现象正在逐渐转向对环境技术更加苛刻的要求上，在这个大环境下，发达国家逐渐提高本国的环保标准来保护本国环境，由此产生了国际环保标准，从而形成了绿色壁垒。有人对来自美国、欧盟和日本的 10 项环境管理措施对 APEC 成员的国际贸易影响进行了研究，结果发现，这些措施对成员国的 21 类产品均有不同程度的影响，其中，环境标准和环境法规的影响占第一位。事实上，发达国家往往凭借其独特的技术优势和经济优势，在产品标准方面以保护人类健康和动植物健康为由，对来自其他国家的商品设置各式各样的环境标准。加入 WTO 后，我国遭受到的国际环境贸易壁垒层出不穷，这也直接导致我国企业净出口贸易的下降，给我国的出口贸易带来了不小的麻烦。在香港回归那一年，根据国际环保标准，我国有将近 74 亿美元的出口商品不符合国际环保标准，导致我国出口贸易严重受阻，而这一现象自此频繁出现，数据年年刷新。在贸易出口中，为了获得相应的国际环保机构的认证，达到出口国家的环境控制标准，往往花费大量的人力、物力和财力，大大增加了企业的成本，从而导致产品在国际市场上失去价格战的优势，在国际市场上失去了强有力的竞争力（国家环保总局环境规划院，2008）。

绿色壁垒要求企业在企业的生产经营过程中执行环境保护政策，将环境科学、生态科学的基本原理应用到产品的生产、加工、储藏以及运输和销售各个环节。而这些举措会使企业增加有关环境保护的检验、测试、认证以及后续相关费用。产品的外包装、出口标准和商业广告宣传也随之大幅度调整，出口商品的各种费用以及附加费用也相应增多。商品价格低廉是我国商品参与市场竞争的一个有利因素，但是如果达不到发达国家的环保要求就要投入更多的资金和人力，从而丧失了这种竞争力。

在国际贸易壁垒中，对环境标准的要求更加苛刻，企业要想在这个市场环境下获得直接效益，就需要根据自身情况实施自愿环境政策。一般来说，根据 ISO14001 等内部管理体系，企业可以根据自身实际情况，结合环境管理体系的相关要求，因地制宜，进行流程再造，清洁生产，进而减少内部消耗以及材料浪费，提高企业内部自身生产效率，减少成本消耗，提高企业效益，提升企业竞争力。因此，面对这种国际市场环境，想要打破绿色壁垒求发展，企业就必须针对国际市场环境规范其行为，严格自律，提高环境标准，实现零污染、零排放，大力发展绿色产业，使用绿色能源，倡导绿色生产，这样才能打破绿色壁垒，在国际市场上取得更大的竞争优势。

五　社会责任是企业实施环境管理体系的内在动因

企业不仅要追求经济利益，还要承担社会责任，这一观点最早由美国的奥利佛·谢尔顿（Oliver Sheldon，1924）提出，此后，关于企业社会责任的研究逐渐成为政界、商界和学术界关注的重要议题之一。尤其是 20 世纪五六十年代爆发了全球性的环境公害事件以后，要求企业加强污染治理的呼声日趋高涨。譬如，1971 年美国经济委员会将污染防治、资源保护列为企业应该遵守的十大规则之一。1999 年的达沃斯年会上，时任联合国秘书长安南也向企业提出要重视环境问题的要求。2000 年联合国在“全球协议”中提出，企业要高瞻远瞩，积极应对未来的环境问题，同时鼓励企业加强环境技术创新。在国内，我国 2005 年颁布的《公司法》也明确规定，企业要承担社会责任，从而将企业社会责任以法律的形式固定下来。2009

年上海证券交易所正式发布了“中国上市公司企业责任指数”（代码：000048）。由此可见，无论是国际环境，还是国内环境，企业承担社会责任已是大势所趋。此外，从各国政府和国际组织对企业社会责任的定义中可看出，环境管理已经成为其应有的内涵之一，换言之，加强环境管理是企业履行社会责任的必然要求。

事实上，企业实施环境管理等相关社会责任会给其带来良好的外在形象和声誉。环境的改善会对员工的雇佣、激励以及保持产生积极的影响。Orlitzky（2003）指出，企业主动承担环境和社会责任有助于企业经营业绩的提升，即企业社会责任与企业的经济绩效存在显著正向关系。现在，很多企业的高层管理者都认为，如果企业存在不良的环境违规事件、企业内部的环境质量管理非常混乱或缺乏系统的环境管理体系，那么员工对企业的自我归属感和主人翁责任意识会普遍较低，员工流失现象也会非常严重，特别是企业想留住或招聘高层次技术人才或复合型管理人才的难度会越来越大。因此，社会责任是企业经营运作的社会许可证，而环境管理也是企业履行社会责任的内在要求（杨雪艳，2009）。目前，跨国公司和国内的很多大型企业都已经开始或正在着手开展企业内部的一体化管理，即将环境管理体系和产品质量管理相结合，将环境效益和经济效益相结合，努力提升企业的环境竞争优势，进而全面提升企业的综合竞争实力。

第四节　企业自愿实施环境管理体系的障碍性因素

虽然前文的分析得出，企业自愿实施环境管理体系可以为企业带来诸多的收益和好处，还能获得企业竞争力的提升，但现实情况是，仍然有很大一部分企业，尤其是中小企业不愿意实施环境管理体系，这说明企业实施环境管理体系并不是一帆风顺的，有许多门槛和障碍，从而影响了企业自愿实施环境管理体系的主动性和积极性，因此，识别和解决这些障碍是非常必要的。其中，企业实施环境管制明显增加了企业成本，这一观点在前面内容中已有详细的阐述，下面将从其他方面进行分析（宋姣姣，2011）。

一　动力不足是企业实施环境管理体系的最大障碍

环境管理体系属于自愿型环境管制政策类型，因此，推行与否主要取决于企业意愿，而企业是以追求利益最大化为目标的，因此，企业能否实施环境管理体系，最主要的考虑就在于企业能否从中获得较高的利益。尽管前文的分析得出，长期来看，实施环境管理体系能够为企业创造较多的利益，譬如塑造良好的企业形象、提升企业的管制收益等。但是短期内，环境管理所创造的商业价值相比市场份额、生产规模、股票价格等显性经济指标要缓慢得多。换句话说，环境管理收益具有明显的滞后效应，使得企业难以在短期内看清环境管理的效益，进而影响企业推行环境管理的积极性。与此同时，企业在环境管理体系运行的初期就要投入较多的环境管理成本，包括固定成本和运行成本。因此，企业从成本与收益角度考虑，短期收益不明显是导致企业选择推迟开展环境管理体系的重要诱因。

二　市场机制不完善是企业实施环境管理体系的制度障碍

“劣币驱逐良币”讲述的是流通中的银币逐渐取代金币的故事，然而，在市场机制不完善或信息不对称的竞争环境中，这一现象仍然会经常发生。环境管理领域便是如此。不妨假设实施环境管理的企业为 A^{+}型、没有实施环境管理的企业为 A^{-}型，它们都生产同样的产品，在同一个市场上进行销售，且市场中产品的环境质量连续分布。作为生产者，每个企业显然非常清楚自己产品的质量好坏，但对其他企业的产品质量缺乏足够的信息，这里重点指环境质量，与此同时，市场的消费者并不知道它们之间的环境质量区别。假设市场上最好的产品定价为 100 元、最差的产品定价为 50 元。如果市场上中等质量的产品价格为 85 元，在这一背景下，消费者总是希望花最少的钱买最好的产品，即使是质量最好的产品，作为理性的消费者，最多只会支付 85 元。反过来，作为理性的买主，他不愿意将环境质量高于 85 元的产品投放市场，如此反复，市场中产品的环境质量不断下滑，消费者愿意支付的价格也在不断下跌，最终出现“劣币驱逐良币”的结果。因此，信息不对称或市场竞争机制的不完善会影响企业实施环境管理体系的积极性。现实生活中，由于消费市场不成熟，价格仍然是买方选购商品的主要考虑因素，因此，那些积极开展环境管理的企业无法通过环境质量改善获得相应的报酬。此外，市场监管机制欠缺，政府监管不力，企业的社会责任感缺乏等，都是导致环境管理领域“劣币驱逐良币”的重要原因。

三 环境管理意识不强是企业实施环境管理体系的思想障碍

根据委托代理理论，我们知道委托人对代理人的考核和奖惩的主要依据是他前一期努力的业绩，如果前一期经营业绩突出，那么下一期代理人就能获得更好的收入和荣誉，反之则有可能被降级或解聘。事实上，环境绩效往往需要较长时间才能显现，而市场经济效应则能在较短时间内得以体现。因此，理性的代理人在利益诱导下，在短期任期内，往往比较淡化环保方面的投资，环境风险意识普遍较弱，对绿色技术创新的重视程度远远不够，缺乏对企业职工环保意识的培训和教育，没有从战略管理的高度系统设计和规划企业绿色创新的具体组织结构和岗位职责。出于私人利益的考虑，他们更愿意在销售收入、市场份额、品牌价值等方面投入更多精力，进而实现个人利益的最大化。如果委托人与代理人之间签署的是长期契约关系，环境效应能够在聘期内得到反映，但代理人仍然会出于个人利益最大化的考虑，不愿在环境管理方面投入太多的精力。这是因为，代理人将有限的精力投资于市场份额等显性竞争领域，取得的经济效益往往更多，进而加快提升个人的薪酬。如果把大量时间和精力投资于环境管理，取得的效应往往比较平凡，这不利于个人升迁。因此，无论是短期还是长期聘用，理性的代理人都倾向于经济效益而非环境效益，进而导致其环境技术创新积极性较低。在中小企业，虽然企业主本人就是最高管理者，但他们多数将环境技术创新视作完全是政府的职责，不愿承担创新责任，这进一步导致创新动力不足。

四 资金缺乏是企业实施环境管理体系的经济障碍

企业实施环境管理体系需要大量的资金投入，包括建立完善的环境管理制度、配置标准的污染处理设施、引入先进的污染检测技术，以及加大环境技术创新的研发投入等，所以企业需要充足的资金实力。由于中小企业普遍存在资金链短、财务状况不佳等问题，加之社会上对中小企业的种种偏见，银行一般对贷款企业的资质提出了相对较高的条件，中小企业多被拒之门外。通过社会渠道筹措资金，一般需要融资担保机构，而中小企业由于资产规模有限，可抵押的有价资产普遍较少，因此，也很难获得资金支持。结果，资金短缺导致中小企业对环境管理体系的实施只能望尘莫及。

五　人才不足是企业实施环境管理体系的技术障碍

企业实施环境管理体系需要建立相应的组织管理机构，并配备足够的人员，尤其是技术性人才，才能使环境管理的计划制订、组织实施、审核与检验等各个环节顺利进行，才能将企业的环境问题真正消除或缓解。然而，诸多机构的调查研究发现，国内企业的人才现状不容乐观，尤其是研发人员比例过低。2010 年的统计数据显示，我国企业每万名员工中研发人员仅 3 名，而日本是我们的 17 倍，美国是我们的 16 倍。尽管一些企业开始意识到人才对企业发展的重要作用，但是，企业用于人才培训和再教育的投资仍然较低，进一步导致其内部人才供给不足。具体到中小企业，职工的受教育水平和专业技能就更低。因此人才匮乏是制约企业实施环境管理的技术瓶颈。

第五节　企业自愿实施环境管理的案例研究——以万方铝业有限公司为例

一　电解铝行业的快速发展与环境要素的制约

工业企业对环境和资源造成了很大的影响和破坏，在不同的行业之间有较大的差异，环境管制的影响力度在污染较重和能耗较高的的行业表现尤为明显。根据我国环保局在《上市公司环境信息披露指南》中的表述，严重污染的行业主要有火电、钢铁、水泥、电解铝等行业，并在《上市公司环境保护核查行业分类管理名录》【环办函（2008）273 号】中指出电解铝行业包括全部规模和全过程生产。由此可见，电解铝行业是国家实施环境保护工作的重点对象。

目前电解铝的生产工艺主要如图 4-4 所示。以氧化铝为原料，以冰晶石等氟化盐为溶剂，碳素材料为阳极和阴极，加入直流电发生电化学反应，最后，电解质中的铝离子在阴极吸出，氧离子在阳极以二氧化碳或一氧化碳的形式排出。在整个生产过程中使用的主要设备是铝电解槽，具体来说，预焙阳极电解槽是目前使用的主流设备。

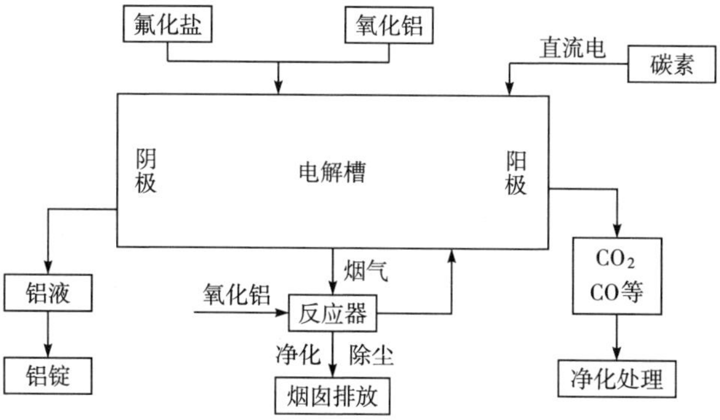

图 4-4 电解铝生产工艺示意

电解铝行业作为国家明令限制的高耗能、高污染行业，其对环境资源的依赖根深蒂固。一方面，电解铝的高能耗体现在对电能的巨大消耗，尽管近些年我国电解铝生产技术已经有了很大进步，电解铝的综合能耗不断降低，每吨铝的耗电量已经由 2001 年的 15470 千瓦时降低到 2008 年的 14323 千瓦时，但由于我国电解铝的总产量较高，约占世界总产量的 1/3，因此，电解铝行业的综合耗电量仍然非常高。以 2008 年为例，电解铝的耗电量约占全国照明用电的 52%，占全国耗电总量的 5%，故有“电老虎”之称。从单位耗电量来看，电解槽所需的阳极直流电每小时为 13000 ~ 15000 千瓦，吨铝产出仅电能一项消耗成本就占到总成本的 60% ~70%，甚至更高。焦作万方铝业有限公司所需电力主要通过火力发电所得，这进一步加剧了上游的环境污染。另一方面，电解铝的高污染体现在生产的全过程，如强磁辐射，生产过程中产生的一氧化碳、二氧化碳、铝电解烟尘、碳素烟尘等废气排放，电解大修渣等固废排放，以及电解过程还需燃料油、天然气、压缩空气、水等，这些能源资源消耗都会对环境产生严重的危害。

综上所述，电解铝行业对自然资源和生态环境的负面影响是非常严重的，加强电解铝行业的环境管理不仅关系到行业自身的可持续发展，而且也关系到我国环境友好型社会的建设步伐。因此，针对电解铝行业开展环境管理的相关研究具有重要的现实意义。

二　环境管理体系对企业的影响和意义

环境是一种稀缺资源。随着社会化大生产的发展，工业企业的快速发展面临的环境问题也愈加严峻，尤其是资源能源短缺、生态破坏严重等环境要素对企业发展的制约作用愈加凸显。1992 年 6 月，联合国环境发展会议在巴西里约热内卢召开，全球 100 多个国家参加了此次会议，国际环境保护纲要获得了全体通过，与会成员国一致发表了《21 世纪议程》。会议号召各个国家、国际组织、非政府组织建立环境—经济协调发展评价指标体系，开启了世界范围的环境—经济协调发展评价研究。现阶段，已建立的有代表性的环境—经济协调发展评价体系既有全球尺度的，也有国家、区域和地区层次的，主要包括 1994 年联合国统计局提出的可持续发展指标体系 FISD（Framework for Indicators of Sustainable Development）、环境问题科学委员会和联合国环境规划署合作提出的可持续发展体系、世界银行提出的“国家财富”指标体系、美国总统可持续发展理事会的美国可持续发展指标体系、1994 年英国政府工作小组提出的可持续发展指标体系等。此外，一些专家学者也提出了可持续发展指标体系，如加拿大学者 Willian & Wackernagel 在 20 世纪 90 年代提出的生态足迹指标体系（Ecological Footprint）（曹斌，2010）。

世界主要国家也结合各自国家的实际情况，制定了各自的环境法律、法规。各国环境法律、法规的出台对本国环境恶化进行了有效的治理和控制，但同时值得警醒的是：各国法律规范的不一致和排他性衍生出一种新的贸易壁垒——“绿色壁垒”。在这种背景下，环境管理体系（Environmental Management Systems，EMS）应运而生（董建伟，2012）。

由于环境管理标准不同，为避免因此对各国间的国际贸易产生影响，1992 年 12 月，“环境问题特别咨询组”向国际标准化组织（International Organization for Standardization，ISO）技术委员会提出，建议制定一个环境管理体系方法，类似于质量管理体系方法，帮助各个企业改善环境行为，同时促进贸易发展，消除国际贸易壁垒。1993 年 6 月，国际标准化组织正式成立 ISO/TC207 环境管理技术委员会，其主要职责是建立一套标准化的国际环境管理制度，目的是通过组织的环境活动，降低人类的排污对环境的污染，大力提倡环保节能，促进经济与环境的协调、可持续发展。1996

年10月，ISO组织正式颁布了ISO14000环境管理系列标准，主要包括环境管理体系（Environmental Management System，EMS）、环境审核（Environmental Auditing，EA）、环境标志（Environmental Labeling，EL）、环境行为评价（Environmental Practice Evaluation，EPE）等国际环境管理领域内的许多焦点问题。通过实施ISO14000环境管理体系，能够使企业获取世界贸易的通行证，取得竞争优势以及提升环保水平，避免环境罚款。因此，获得ISO14000环境管理体系的认证，对各国企业，尤其是跨国贸易企业来说，意义重大。

一般来讲，环境管理体系对企业的主要影响和意义体现在以下几个方面（朱聪斌，2003）。

第一，取得ISO14001环境管理体系认证资质，有助于企业成功进入国际市场。当前，国际社会，尤其是发达国家环境标准越来越高，并对进口商品的环保性能也提出了同等的要求。另外，在全球跨国采购活动中，一些大型跨国公司往往以企业是否获得该认证作为能否入选供应商的重要参考指标，在此背景下，如果企业能获得ISO14001环境管理体系认证，就相当于企业获得了国际贸易的“通行证”。如早在1998年IBM公司就将环境管理纳入其全球供应商评价体系。

第二，ISO14001标准科学且系统，可以帮助企业提高环境管理水平。企业通过实施ISO14001管理标准，可以对自身的环境状况有一个详细的了解和掌握。制定文件体系对核选出的重要环境要素加以控制和管理，在以后策划、实施、监控和评审这一动态循环上升的进程［PDCA，即计划（Plan）、执行（Do）、检查（Check）、行动（Action）］中，会持续提升公司的环境管理水平。ISO14001标准的运行方式同样可以运用于企业的其他管理活动，为提高企业整体管理水平提供了大力支持。

第三，避免污染发生，帮助企业控制污染程度，免于环境主管部门的行政处罚。企业在实施ISO14001管理标准过程中，可以有效识别出各种环境因素，通过制定程序、作业指导书对污染源进行控制和管理，更重要的是把清洁、环保生产的思想融入管理体系中，开展源头控制，把生产过程中各个环节的污染降低到最大限度，能很好地避免污染发生，做好控制污染，对保护全球环境做出应有的贡献。同时，世界各国对环境法律、法规的标准日益严格，企业实施ISO14001管理标准则可以有效获取环境法律变更等方面的信息，并有效修改目标、各项指标和方案，有助于预防各项违法行为的发生，免于可能的环境主管部门的处罚。

第四，帮助企业节能减排。环境管理体系的重要思想之一就是节约能源，减少资源消耗。公司严格实施环境管理体系，通过改进生产工艺、进一步优化设计、合理利用各项废物、增强节能管理、提升材料利用效率等途径，在经营、生产活动过程中节约能源，降低消耗，可以很大程度上降低各项生产的成本，其所产生的经济效益将超过实施ISO14000管理标准的总成本（包括认证咨询、治理污染等费用总和）。

第五，改善企业形象，提升企业软实力。广义来说，环境管理体系应用的意义除了能够让企业获取绿色通行证，免受环境处罚之外，还有利于改善企业的社会形象、增强企业在供应链中的讨价议价能力。一方面，环境绩效表现优秀的企业容易获得较高的资信评价，资信等级越高越有利于企业在信贷投资、工程中标等方面享有优惠，甚至获得优先资质；另一方面，良好的社会形象是企业参与跨国公司全球采购的重要条件，进而赢得采购商的认可，提高企业在全球价值链中的地位和作用。

综上所述，承担环境责任，自觉运用并推广环境管理体系，主动投入人力、资金、技术等，消除经营活动对环境的负面影响，对企业来说无疑是一件“名利双收”的好事。

三　焦作万方铝业股份有限公司概述

焦作万方铝业股份有限公司（以下简称“万方铝业”）位于河南省焦作市，始建于1966年，前身为河南省焦作市铝厂，为市属国有企业。1993年3月22日，由河南省焦作市铝厂、河南省冶金建材实业股份有限总公司、海南豫州冶金建材进出口公司、佛山市物资贸易中心作为发起人，成立焦作万方铝业股份有限公司。公司于1996年9月在深交所挂牌上市（股票代码：000612）。2006年9月，万方铝业加入中国铝业股份有限公司，成为其下属控股子公司。

焦作万方铝业公司以生产经营电解铝为主，生产能力42万吨/年，碳素年产能5万吨，合金铝年产能5万吨。“万方”牌铝锭在国内外市场享有较高信誉，为上海期货交易所和伦敦金属交易所（LME）注册产品。公司主要技术经济指标处于国内领先地位，通过SGS（Societe Generale de Surveillance，通用公证行）认证并被誉为“中国铝行业十佳厂商”。

公司自成立以来，始终坚持科学发展观，重视能源节约和资源的循环利用，加强环境技术创新，在环境管理方面取得了一系列的阶段性成果。万方铝业从1980年开始推行全面质量管理，1998年建立实施了ISO9000质量管理体系，2007年建立实施了职业健康安全和环境管理体系（ISO14001），2010年公司对三大管理体系进行了整合。通过质量、职业健康安全和环境管理体系的正常运行和不断改进，持续提高产品质量，消除或降低员工和相关方所面临的职业健康安全风险，同时也减少了生产活动对环境的影响。

长期以来，公司一直高度重视技术进步，以建设清洁环保型企业、资源节约型企业为己任。1999年，承建了国家重大科技成果产业化项目——280KA槽电解铝生产示范工程项目，该项目的主要设备全部国产化，大型电解槽在焙烧启动、生产工艺技术条件匹配和高效稳定生产、延长电解槽寿命、降低吨铝能耗方面，都取得了突破性进展，示范工程92台电解槽全部一次投产成功。2003年又承建了示范工程的完善工程项目，完善工程更实现了零异常启动。依靠我国自主开发、拥有自主知识产权的电解铝技术，形成我国第一条300KA级别的大型预焙电解铝槽系列，填补了国内电解铝生产多项工艺技术空白，荣获有色工业（部级）优质工程奖、国家优质工程银奖。2012年，铝锭综合交流电耗达到13539Kwh/tAl（千瓦时每吨铝）。

“十五”期间，公司累计投入资金1亿多元用于建设环保治理设施，逐步淘汰了落后的65KA预焙电解槽，采用目前国内先进的预焙槽技术和先进的干法污染治理工艺，使电解烟气净化率达到98%以上，生产过程中污染物排放降低了90%，成功地解决了长期以来一直困扰我国铝工业的环保问题。这也是焦作万方铝业有限公司成功迈入国际先进行业的重要标志，同时也表明我国具备自主开发和建设国产化大型预焙电解槽系列的能力，为国内新建具有规模效益的大型铝电解系列提供了建设、生产示范经验，切实起到了促进我国铝冶炼技术进步，加快我国铝冶炼行业技术改造步伐的作用，推动了我国铝行业的迅猛发展。

四　焦作万方铝业股份有限公司生产过程对环境的主要负面影响

在铝电解生产和碳素生产过程中，产生的污染物类型包括大气污染物、固体废物、工业废水和厂界噪声（侯超亮，2014）。

表 4–1 列出了三种常见类型的电解槽产生的三废，可以明显看出，电解铝生产过程产生的三废多少与所采用的技术和设备有相当大的关系（李章存，2006）。

铝电解生产环节产生的大气污染物主要有：铝电解烟气、焙烧烟气、沥青熔化烟气和煅烧烟气等，其中：铝电解烟气不仅排放量大，而且这类污染物中的有害成分还比较多，因此，对环境的危害相当严重。铝电解烟气主要是在铝电解时产生的，即电解槽通电后，里面的氧化铝在溶剂的作用下与阳极的碳素发生电化学反应，在电解槽阳极就会产生大量的铝电解烟气，它的主要成分是二氧化碳（70%）和一氧化碳（30%）。此外，由于电解溶剂多采用氟化盐，因此，还会释放出一定量的氟化氢、二氧化硫等有害气体，这些气体对生产现场的工人健康和工厂周边的动植物都会造成影响。更重要的是，烟气里面含有的 CF_4、C_2F_6 具有强大的温室效应，因此，必须经过严格的处理才能向外排放。

表 4–1 三种常见类型的电解槽产生的三废情况

三废项目	大型预焙槽（160～350KA）	中型预焙槽（70～150KA）	小型自焙槽（30～80KA）
废渣，kg/tAl（千克每吨铝）	26～30	28～32	38～50
废水，kg/tAl	0.14	0.23	1.25
废气，kg/tAl	1350～1450	1400～1510	1600～1800
CO_2	1235～1280	1280～1350	1320～1410
CO	65～70	95～100	180～190
氟（气体）	18～20	18～20	25～30
沥青烟	2～3	3～5	70～100
SO_2	0.28～0.40	0.30～0.50	1.10～1.50
粉　尘	20～40	20～40	60～80

铝电解生产环节产生的废水主要包括：悬浮物、油类、氟化物、PH 等。总的来说，铝电解生产工艺对水的需求量不大，且水资源可以循环利

用，因此，废水产生量也不多，多来自非密闭的冷却用水或车间清洗产生的废水。

铝电解生产环节产生的固体废物主要分为一般废物和危险废弃物。电解铝生产环节产生的一般废物中可回收利用的主要是指电解大修渣（部分）、废钢铁、铝灰、残阳极、残阳粉、碳渣、废铁渣、废钢带、废铝屑、废铝锭模、废沥青、废磷铁、废编织袋、废塑料布、废陶瓷过滤板等。不可回收利用的是电解大修渣（部分）、建筑垃圾、生活垃圾等。需特殊处置的危险废弃物主要是废旧日光灯管、废旧干电池、废灭火器、电解槽阴极大修渣、废油漆桶、废化学品容器、废石棉及石棉制品等。

作为电解铝生产的主要设备之一，电解槽的使用寿命一般都不长，因此，需要对电解槽的内衬进行维护和更换，由此产生的废槽衬就是固体废弃物，它的主要成分是碳块和耐火材料。由于这些内衬长期浸泡在氟化物溶剂中，因此，这些固体废弃物也含有氟，如果不加处理直接露天堆放或简单掩埋，势必会对周边的大气、水域和土壤等造成危害。

电解铝厂的厂界噪声源主要有：生产噪声和偶发性噪声。生产噪声包括电解铝、铝合金、碳素阳极生产过程设施设备运行产生的噪声。偶发性噪声主要包括车辆运输、管道运输、废弃物回收、整流变压器、空压机、罗茨风机、除尘风机、破碎机、振动筛、成型机等设备运行时发出的噪声，特别是空压机、破碎机运行时产生的噪音值、振动值很大，对现场工人危害较大。

五 焦作万方铝业股份有限公司环境管理的组织管理

1. 环境管理的地位和作用

万方铝业公司从 20 世纪 80 年代开始推行全面质量管理，1998 年建立实施了 ISO9000 质量管理体系，2007 年建立实施了职业健康安全和环境管理体系（Health、Safety and Environmental，HSE），2010 年公司对三大管理体系进行了整合，形成完整的 QHSE 体系管理系统（Quality、Health、Safety and Environmental）。公司依照 GB/T19001－2008、ISO9001：2008 质量管理体系要求、GB/T28001－2011 职业健康安全管理体系要求、GB/T24001－2004/ISO14001：2004 环境管理体系要求及使用指南，建立了公司的 QHSE 体系，制定了公司的 QHSE 方针、目标，明确了组织机构及其职责和权限，确定了管理要求，阐述了公司 QHSE 体系所包含的过程和相互作用，使公司活动满足顾客要求、法律法规要求和其他要求。

2. 环境管理的组织机构

环境管理体系作为公司规范化管理的一部分，整合于公司 QHSE 体系中。按照 ISO14001 标准，环境管理体系包含五大部分，即环境方针、规划、实施与运行、检查与纠正措施、管理评审的建立和实施。主要地域范围为厂界内，覆盖场所包括电解一分厂、电解二分厂、电解三分厂、碳素分厂、熔组分厂、动力分厂、合金试验厂、设备维管中心、物流配送中心、质检计量中心、综合办公室、生产运行部、营销部、党群人事部、投资发展部、财务部、营销部。公司环境管理体系的组织机构如图 4-5 所示。

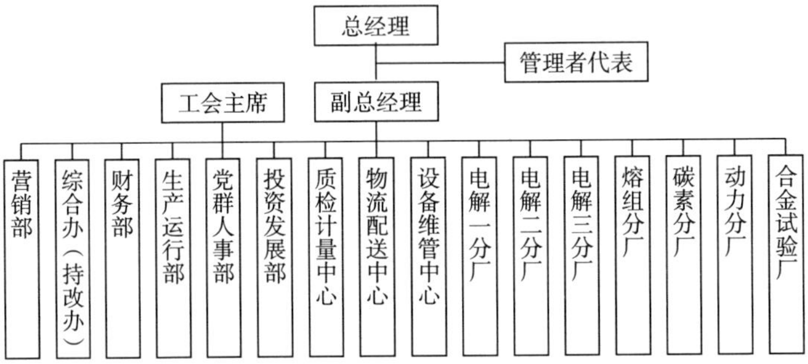

图 4-5 焦作万方铝业股份有限公司环境管理体系组织机构

3. 实施环境管理的职责划分

依据公司环境管理体系组织机构的设置，各部门围绕公司的环境管理承诺，依法依规履行环境职能，承担环境责任。公司的环境管理承诺由最高管理者——公司总经理签发，并由公司全体成员参与（参见表 4-2）。这也意味着，履行环境职能、承担责任的重任不应仅限于环境职能部门，公司的各个部门都必须承担相应的职责。在公司内部传达和交流环境职责，确保各级别、各层次内设机构不仅要明确自己的职责权限，也必须相互明确彼此的职责范围和权限，以便于环境管理体系的有效运作。

表 4-2　焦作万方铝业股份有限公司 QHSE 职责划分

序号	GB/T19001 GB/T28001 GB/T24001 标准	管理体系程序文件		总经理	管理者代表	生产运行部	党群人事部	营销部	投资发展部	综合办公室	物配中心	设备维管中心	质检计量中心	财务部	各分厂	合金试验厂
	条款号	条款名称	名称													
1	4.1（QMS4.1/OHS4.1/EMS4.1）	总要求		★	★	▲	●	●	●	●	●	●	●	●	○	○
2	4.2.1（QMS4.2.1/OHS4.4.4/EMS4.4.4）	文件			★	▲	○	○	○	▲	○	○	○	○	○	○
3	4.2.2（QMS4.2.2/OHS4.4.4/EMS4.4.4）	手册		★	★	▲	○	○	○	○	○	○	○	○	○	○
4	4.2.3（QMS4.2.3/OHS4.4.5/EMS4.4.5）	文件控制	文件控制程序		★	○	○	○	○	▲	○	○	○	○	○	○
5	4.2.4（QMS4.2.4/OHS4.5.4/EMS4.5.4）	记录控制	记录控制程序		★	○	○	○	○	▲	○	○	○	○	○	○
6	5.1（QMS5.1/OHS4.2、4.4.1/EMS4.2、4.4.1）	管理承诺		★	★	○	○	○	○	○	○	○	○	○	○	○
7	5.2（QMS5.2/OHS4.3.1、4.3.2、4.6/EMS4.3.1、4.3.2、4.6）	以顾客、相关方为关注焦点		★	★	▲	○	○	○	○	○	○	○		○	○
8	5.3（QMS5.3/OHS4.2/EMS4.2）	质量、职业健康安全和环境管理方针		★	★	▲	○	○	○	○	○	○	○		○	○
9	5.4.1（QMS5.4.1/OHS4.3.3/EMS4.3.3）	目标指标和管理方案		★	★	▲	○	○	○	○	○	○	○		○	○

续表

序号	GB/T19001 GB/T28001 GB/T24001 标准	管理体系程序文件		总经理	管理者代表	生产运行部	党群人事部	营销部	投资发展部	综合办公室	物配中心	设备维管中心	质检计量中心	财务部	各分厂	合金试验厂
	条款号	条款名称	名称													
10	5.4.2（QMS5.4.2/OHS4.3.3/EMS4.3.3）	体系策划		★	★	▲	○	○	○	○	○	○	○	○	○	○
11	5.5.1（QMS5.5.1/OHS4.4.1/EMS4.4.1）	职责和权限		★	★	○	▲	○	○	○	○	○	○	○	○	○
12	5.5.2（QMS5.5.2/OHS4.4.1/EMS4.4.1）	管理者代表		★	★											
13	5.5.3（QMS5.5.3/OHS4.4.3/EMS4.4.3）	信息交流、沟通与协商	网络信息管理程序	★	★	▲	○	○	○	○	○	○	○	○	○	○
14	5.6（QMS5.6/OHS4.6/EMS4.6）	管理评审	管理评审程序	★	★	▲	○	○	○	○	○	○	○	○	○	○
15	5.6.1（QMS5.6.1/OHS4.6/EMS4.6）	总则	管理评审程序	★	★	▲	○	○	○	○	○	○	○	○	○	○
16	5.6.2（QMS5.6.2/OHS4.6/EMS4.6）	评审输入	管理评审程序	★	★	▲	○	○	○	○	○	○	○	○	○	○
17	5.6.3（QMS5.6.3/OHS4.6/EMS4.6）	评审输出	管理评审程序	★	★	▲	○	○	○	○	○	○	○	○	○	○

注：★为领导职责；▲为主管职责；●为主要相关部门；○为一般相关部门。

4. 环境因素的识别和环境影响评价

环境因素是指一个组织在其生产经营活动过程中与环境发生相互作用的各类要素总称。其中，具有或能够产生重大环境影响的环境因素称为重要环境因素。环境影响是指组织活动给环境造成的任何有利或有弊的变化。

环境因素的识别和环境影响评价的目的在于，识别公司环境管理体系覆盖范围内的生产过程、活动和产品、服务中存在的环境因素，评价其对环境的影响，从中评价出具有或可能具有重大环境影响的重要环境因素，及时更新和控制策划，为制定环境管理方针、目标指标提供依据，以实现对环境行为有效控制和持续改进。

环境因素识别时应考虑的因素包括时间效应和状态效应。时间效应包括过去、现在和将来三种时态，具体来说，过去的环境因素是指以前发生过并且其影响遗留至今的环境因素；现在的环境因素是指眼前正在发生并产生环境影响的因素；将来的环境因素是指可预见的未来有可能产生环境影响的环境因素。状态效应包括正常、异常和紧急三种状态，正常是指正常运行条件下产生的环境因素；异常是指非正常运行条件下产生的环境因素，譬如设备关闭时发生环境问题的因素；紧急是指突发意外情况下紧急事件出现时的环境因素。

环境因素评价就是要找出哪些因素是重要环境因素，进而为环境管理措施的制定提供决策依据。因此，环境因素的评价是实施环境管理的重要内容，尤其是，评价方法的选择非常关键，直接关系到评价结果的科学性和有效性。环境因素评价可采用的方法有：是非判断法、综合因子打分法、专家评价法。首先采用是非判断法直接评价出重要环境因素，其次采用综合因子打分法、专家评价法评价是非判断法不能涵盖的重要环境因素。具体方法的应用如表 4-3 所示。

表 4-3　综合因子打分法

影响范围（A）	区域范围	公司范围	操作范围性
影响程度（B）	严重	一般	轻微
原料、能源消耗或污染物产生量（C）	大	中	小
发生频次（D）	持续发生	间断	偶然发生

续表

影响范围（A）	区域范围	公司范围	操作范围性
法规符合性（E）	严重超标	轻微超标	符合标准
社会关注程度（F）	社会关注	周边关注	个体关注
分　值	5 分	3 分	1 分

注：（1）A+B+C+D+E+F≥15 分，判定为重要环境因素；（2）单项评价因子得 5 分，评为重要环境因素；（3）原料或能源消耗：C+D≥7，判定为重要环境因素。

重要环境因素的识别和评价是实施环境管理体系的重要内容之一，也会直接影响到体系实施的效果，因此，在对重要环境因素进行评价时要科学、客观、谨慎。为此，需坚持以下准则：

①环境因素适用的相关法律法规和其他要求；

②公司环境方针、目标；

③对环境有严重影响、频繁发生、持续时间长的环境因素；

④高于行业资源、能源平均消耗水平的环境因素；

⑤难于降解，对环境有较大影响的环境因素；

⑥相关方抱怨、投诉或提出合理要求；

⑦过去发生过环境污染或造成较大环境影响的环境因素；

⑧考虑环境因素控制的难易程度和公司具备提供资源的能力。

5. 环境因素的管理和重要环境因素的控制策划

首先，针对一般环境因素的管理措施有：

①加强人员能力、环境意识培训；

②建立健全环境管理规章制度、有关环境保护操作规程；

③强化环境监测和日常监督检查等方法。

其次，针对重要环境因素的控制措施有：

①采用新工艺、新材料、新技术消除污染源；

②采取技术改造，新建污染治理设备（施）降低环境污染；

③制订环境目标、方案、运行控制程序或应急预案等方法。

特别是，针对重要环境因素的控制策划，首先由部门、中心/分厂针对与本单位有关的重要环境因素，提出控制的初步方案，上报生产运行部。然后，生产运行部根据各单位初步方案，提出公司重要环境因素控制措施，上报管理者代表审批后组织实施。当然，生产运行部对各单位重要环境因素的控制和管理情况进行监督检查，具体按《环境监测和测量控制程序》执行。此外，每年生产运行部组织有关部门对公司重要环境因素进行一次审核、评审，对需要更新的重要环境因素，按具体要求执行。当出现一些特殊情况时，譬如环境法律法规的具体要求发生变化时，或者重建、新建或扩建项目工程竣工后，生产运行部要在最短时间内（一般是两周之内）组织对环境因素进行识别与评价，更新重要环境因素。万方铝业公司环境因素的识别与评价流程如图4-6所示。

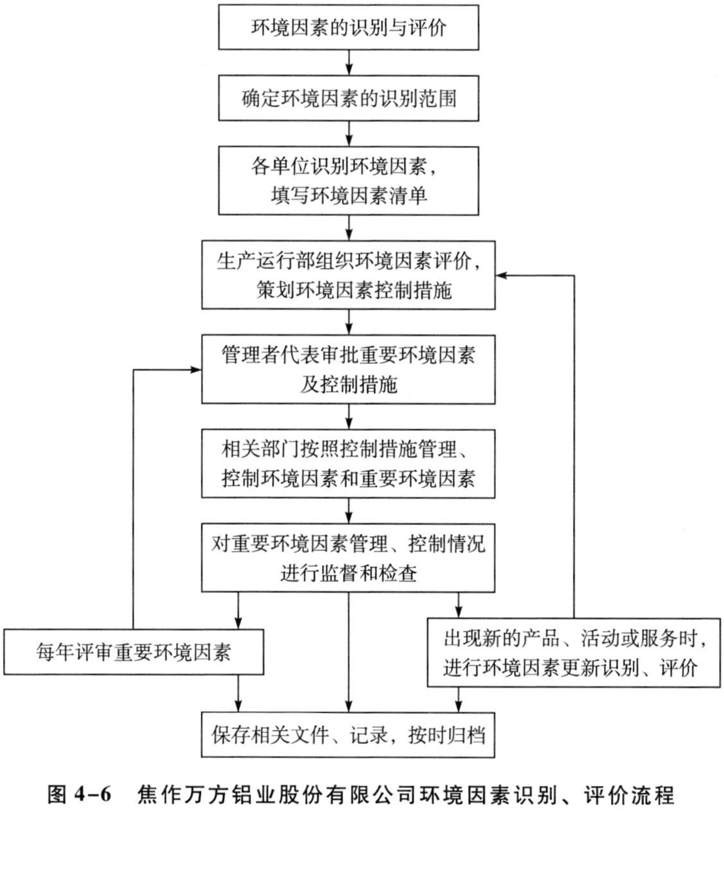

图4-6　焦作万方铝业股份有限公司环境因素识别、评价流程

六　焦作万方铝业股份有限公司环境管理的具体措施

焦作万方铝业股份有限公司在生产经营过程中，环保管理一贯坚持高标准、严要求，特别是在实施ISO14001环境管理体系之后，员工的环保意识进一步提高，环保设施、资金、技术和人力的投入力度进一步加大，环境状况日新月异，体系运行的优势不断显现。在体系实施过程中，公司制订了《环境保护管理标准》《环保教育、培训制度》《环保设施作业指导书》《环境紧急事件应急预案》等一系列环保管理制度。

根据公司的生产工艺流程和生产过程可知，生产环节中重要环境因素主要集中在电解铝生产和碳素生产过程，主要的污染类型包括大气污染物、固体废物、工业废水和厂界噪声。

1. 电解铝生产过程的环境管理措施

（1）电解过程产生的废气污染源及其治理措施。

焦作万方铝业股份有限公司电解过程产生的主要废气污染源及防治设施如表 4-4 所示。

表 4-4 焦作万方铝业股份有限公司电解过程产生的主要废气污染源及防治设施

序号	产生废气设施或工序	有无组织源	主要污染物	废气污染防治设施					排气筒数量（个）	排气筒高度（m）
				设施名称	台（套）数	工艺类型	处理能力（1000m³/h·套）	年运行时间（h）		
1	电解槽	有组织源	F^-、粉尘、SO_2	电解烟气净化系统	6	氧化铝吸附干法	1000	8760	6	60
2	氧化铝仓	有组织源	粉尘	布袋除尘器	6	干法净化	10	8760	6	30
3	电解质破碎	有组织源	粉尘	布袋除尘器	3	干法净化	10	2280	3	15
4	中频炉	有组织源	粉尘	布袋除尘器	2	干法净化	20	3120	2	15
5	压脱机	有组织源	粉尘	布袋除尘器	2	干法净化	20	3120	2	15
6	电解车间	无组织源	F^-、粉尘、SO_2	无	无	无	无	无	无	无

①电解烟气：电解槽散发的含氟烟气采用“氧化铝干法吸附工艺”净化。预焙槽电解铝时产生的烟气经烟道汇集后进入反应器并加入氧化铝粉，反应器内氧化铝粉将 HF（氟化氢）吸附，含尘烟气再进入袋式除尘器进行气固分离，回收的含氟氧化铝部分重新加入反应器内吸附 HF，剩余部分通过输送系统进入电解槽。净化后的烟气经烟囱排放，其主要污染物为粉尘、氟化物和二氧化硫。电解生产共有三个电解系列，每个电解系列均设置 2 套烟气净化设施、2 座烟囱。

②氧化铝仓废气：电解系列每套电解烟气净化系统均设置有 1 座氧化铝仓。氧化铝仓在氧化铝入仓时，从仓顶散发氧化铝粉尘至大气中，影响周边地区环境质量。每座氧化铝仓顶均设置 1 座仓顶袋式除尘器，氧化铝入仓废气经袋式除尘器净化处理后排入大气，回收的氧化铝粉尘落入氧化铝仓。

③电解质破碎废气：更换残阳极时产生的电解质块经破碎机破碎后返回电解槽回用，破碎时产生大量粉尘逸散，专门配置有 3 台袋式收尘器净化处理电解质破碎时产生的废气，净化处理后的废气经 15 米排气筒排出。

④中频炉烟气：中频炉熔炼的磷生铁液用于浇铸阳极组。磷生铁熔炼时产生烟气，采用 2 台袋式除尘器净化处理中频炉烟气，净化处理后的烟气经 2 根 15 米排气筒排出，其主要污染物为烟尘。

⑤阳极压脱废气：在使用压脱机去除残碳阳极和磷生铁时，产生粉尘逸散，现采用 2 台袋式除尘器净化处理压脱机含尘废气，净化处理后的废气经 2 根 15 米高排气筒排出。

⑥无组织烟气：电解槽产生的烟气虽经密闭电解槽集气后进入净气系统，但有少量的电解烟气从密闭罩的缝隙散发到车间内，这部分电解烟气通过扩散和热压自然通风换气，从电解车间单层结构的侧窗和车间顶部的天窗进入环境，形成无组织排放，其主要污染物为氟化物、二氧化硫和粉尘；阳极组装车间在生产过程中也有少量粉尘产生，呈无组织排放，其主要污染物为粉尘。

（2）电解过程产生的废水污染源及其治理措施。

①生产车间冷却水：生产车间冷却水主要来自整流所冷却水、铸锭冷却水和中频炉冷却水。整流所冷却水和中频炉冷却水经过冷却后循环使用；铸造车间冷却水经除油沉淀池净化、冷却塔冷却后循环使用（参见表

4-5)。

②生活污水：厂区生活污水主要为员工洗浴水、厕所冲洗水，生活污水产生量400立方米/天，生活污水进入污水处理站进行净化处理（处理能力3600立方米/天），处理后达标的生活污水全部用于厂区绿化和铝锭铸造冷却水，不外排（参见表4-5）。

表4-5　焦作万方铝业股份有限公司主要废水污染源及防治设施情况

序号	废水类型	主要污染物	产生设施或工序	产生形式（连续/间断）	废水污染防治设施					处理后去向
					设施名称	台（套）数	工艺类型	处理能力（m^3/h）	年运行时间（h）	
1	铸造冷却水	SS	铸锭机	连续	沉淀池	1	沉淀	1200	8760	作为铸造冷却水
2	中频炉冷却水	SS	中频炉	连续	沉淀池	1	沉淀	1200	3120	作为中频炉冷却水
3	整流机组冷却水	SS	整流机组	连续	沉淀池	1	沉淀	1000	8760	作为整流机组冷却水
4	生活污水	COD、Cr、BOD_5、SS、NH_3-N	厂区	连续	污水处理站	1	生物处理法	150	8760	作为铸造冷却水或厂区绿化用水

注：SS（Suspended Substance），即水质中的悬浮物。COD（Chemical Oxygen Demand）是指化学需氧量，Cr是指采用重铬酸钾（$K_2Cr_2O_7$）作为氧化剂。BOD_5（Biology Oxygen Demand）是指5日生物需氧量。NH_3-N是指废水中氨氮含量指标。

（3）电解过程产生的固体废物及防治措施。

万方铝业电解过程产生的固体废物主要有：残阳极碳块、各收尘器收集的粉尘等一般工业固体废物以及电解槽大修渣危险固废。固体废物的处理处置措施如下（参见表4-6）。

①残阳极碳块：残阳极清理过程中产生的碎阳极碳块为一般固体废物，临时堆存于熔铸车间的残阳极压脱厂房内，最终全部送碳素厂做原料使用。

②收尘器收尘：电解烟气收尘器回收的含氟氧化铝粉尘，全部返回生产流程，综合利用；氧化铝仓顶除尘器回收的氧化铝粉尘则直接落入氧化铝仓；熔铸车间中频炉除尘器和残极压脱除尘器回收的粉尘为一般固体废物，作为阳极保护还原材料使用。

③电解产生的危险废物：电解槽寿命一般在 10 年以上，电解槽大修时，产生阳极碳块、废钢、废耐火材料、填充料等固体废渣，含氟量较高，属危险废物。

2010 年 10 月，万方铝业在厂区中部建成一座电解铝大修渣“三防”临时堆场，此临时堆场占地 50 平方米，为钢筋水泥浇铸，容量为 200 立方米。2011 年 4 月，万方铝业大修渣含氟固体废物无害化处置工程开始建设，10 月底建成投入试运行，12 月 27 日通过了河南省环保厅的验收，正式运行，验收期间处理大修渣 24. 4 吨。2012 年 1 ~ 3 月底，大修渣无害化处理线共处理 90 吨大修渣，对新产生的大修渣逐步进行无害化处理。

表 4-6 万方铝业公司电解过程产生的一般工业固体废物处理方式

类型	序号	产生固体废物设施或工序	固体废物名称	类别	处理处置方式	综合利用方式
一般工业固体废物	1	残阳极压脱	残极碳块	一般废物	送碳素厂	作为预焙阳极生产原料
	2	除尘器	除尘灰	一般废物	返回生产工序	作为原料使用
危险废物	3	电解槽	大修渣	危险废物	2010 年 10 月之前送至专用渣场堆存	—
					2010 年 10 月至今，无害化处理	无害化处理后作为建筑材料

（4）电解过程产生的噪声源及防治措施。

万方铝业电解过程产生的主要噪声源为电解烟气净化系统风机、氧化铝超浓相输送系统风机、泵类、空压机等，声源强度在 85 ~ 100dB（A）。万方铝业采用消声、减振、隔声、置于室内等治理措施，减少噪声对周围环境的影响，具体噪声治理措施如表 4-7 所示。

表 4-7 焦作万方铝业股份有限公司电解过程产生的噪声及治理措施

序号	产污环节	主要污染物	治理措施
1	空压机	噪声	隔声罩、置于室内
2	各类风机	噪声	消声器、远离厂界
3	各种泵类	噪声	置于室内

（5）电解过程的生态保护措施。

万方铝业周边 1 公里范围内无自然保护区、水资源保护区、饮用水源地，公司的生产经营活动主要在厂区内进行，本身产生的污染较小，故对周边生态环境（土壤、植被、野生保护动物等）无明显影响，厂区内和厂区周围植草种树，做好了道路硬化、厂区绿化、美化工作，生态保护措施执行情况良好。

2. 碳素生产过程环境管理的具体措施

（1）碳素生产过程产生的废气污染源和治理措施。

焦作万方铝业股份有限公司碳素生产过程产生的主要废气污染源及防治设施情况见表 4-8。

①沥青熔化烟气：在沥青熔化过程中有沥青烟 B（α）P［苯并（a）芘］散发，工程采用电捕焦油器净化处理沥青烟气，净化后的废气由 1 根 20 米高的排气筒排放。

②煅烧炉烟气：煅烧工段有 3 台罐式煅烧炉，采用无外加燃料煅烧进行石油焦煅烧，煅烧炉烟气经烟道沉降+热油炉（余热锅炉）回收余热后，烟气最终分别经 45 米、65 米烟囱排放，烟气中的污染物为烟尘、二氧化硫。

③煅前破碎和煅后焦中、细碎、筛分、磨粉废气：石油焦在煅前破碎及煅后中、细碎、筛分、磨粉过程中均产生大量的粉尘，对上述扬尘点进行密闭，采用布袋除尘器进行净化，废气分别经各除尘器排气筒排放。

④混捏、配料烟气：工程混捏过程中排放的烟气中主要有沥青烟 B（α）P、粉尘，采用密闭集气罩进行捕集，碳粉吸附，吸附了焦油后的烟尘用除尘器收尘后返回工艺使用，经处理后的烟气由设置在屋顶的排气筒排放。

⑤焙烧炉烟气：阳极焙烧采用 54 室敞开式环式焙烧炉 1 台，焙烧炉烟气中主要污染物是沥青烟、氟、二氧化硫、粉尘等。烟气先进入沉降室进行预除尘，然后进入全蒸发冷却塔，冷却后进入干式电捕焦油器，净化后的烟气经 50 米高的烟囱排放。电除尘器捕集下来的焦油外售，回收的粉尘

返回工艺使用。

⑥返回料处理：对于不合格碳块和残极破碎产生的粉尘采用布袋除尘器净化后由36米高排气筒排放。

表4-8　焦作万方铝业股份有限公司碳素生产过程产生的主要废气污染源及防治设施

序号	产生废气设施或工序	有/无组织源	主要废气污染物	废气污染防治设施					排气筒数量	排气筒高度（m）
				设施名称	台（套）数	工艺类型	处理能力（m^3/h）	年运行时间（h）		
1	沥青熔化	有组织源	沥青烟	烟囱	1	电捕焦油	15000	7200	1	20
2	煅前破碎	有组织源	粉尘	布袋除尘器	1	布袋除尘	15000	6300	1	15
3	12罐煅烧炉	有组织源	烟尘、SO_2	余热锅炉烟囱	1	重力沉降	10000	8760	1	45
4	24罐煅烧炉	有组织源	烟尘、SO_2	热油炉烟囱	2	重力沉降	2×15000	8760	1	65
5	煅后破碎	有组织源	粉尘	布袋除尘器	1	布袋除尘	15000	6300	1	36
6	煅后焦中磨粉	有组织源	粉尘	布袋除尘器	1	布袋除尘	15000	6300	1	36
7	配料、混捏	有组织源	沥青烟、烟尘	碳粉吸附、袋式收尘器	1	吸附+布袋除尘	15000	6300	1	36
8	成型	有组织源	沥青烟、烟尘	碳粉吸附、袋式收尘器	1	吸附+布袋除尘	15000	6300	1	20
9	焙烧炉	有组织源	沥青烟、F、SO_2、粉尘	电除尘器、电捕焦油器、沉降池	1	干式	100000	8760	1	50
10	返回料处理	有组织源	粉尘	布袋除尘器	1	布袋除尘	15000	3600	2	36

注：根据国家对铝工业污染物排放标准（GB25465-2010）的要求，废气排气筒的最低高度不得少于15米，如果工厂排气筒方圆200米之内有建筑物，那么排气筒高度还应比建筑物高出至少3米。对照这一国家标准，焦作万方铝业有限公司的所有排气筒高度均符合或超过国标要求。

（2）碳素生产过程产生的废水污染源和治理措施。

碳素主要废水污染源及防治设施见表4-9。

①直接冷却水：直接冷却水主要为生碳块冷却用水，该废水可全部循环使用，不外排，仅以新水补充损失。

②间接冷却水：间接冷却水主要为煅烧炉接冷却水及各种设备冷却水，经降温后循环使用，不外排，以新水补充损失。

③生活污水：生活污水主要为办公室用水和厕所冲洗水，经地埋式生活污水处理后排入焦作市城市污水管网。

表4-9 焦作万方铝业股份有限公司碳素生产过程产生的主要废水污染源及防治设施

序号	废水类型	主要污染物	产生设施或工序	产生形式	废水污染防治设施					处理后去向
					设施名称	台数	工艺类型	处理能力（m^3/h）	年运行时间（h）	
1	直接冷却水	SS 石油类	成型碳块冷却	连续	冷却水道	1	直接冷却	—	6300	回用
2	间接冷却水	SS COD	煅烧炉冷却	连续	循环水池、冷却塔	1	空气冷却	480	8760	回用
3	生活污水	SS COD 氨氮	办公室、厕所	间断	地埋式生活污水处理	1	生化法	/	/	排入城市污水管网

（3）碳素生产过程产生的噪声源及防治措施。

碳素生产过程中主要噪声源为破碎机、磨机、振动筛、各类风机等，声源强度为90~100dB（A）。公司从以下几个方面采取措施减轻噪声对周围环境的影响（参见表4-10）。

①噪声源控制：设计及其工艺优选了低噪声设备的机型，从源头上控制了噪声的产生强度。

②隔声降噪：采取相应的减振技术，对于空气动力性噪声源设消声器，同时对主控室、值班室、休息室采用双层门窗和隔声性能良好的围护结构，减轻工作岗位的噪声强度。

③保持防噪距离：在车间布局上统筹安排，做到布局合理，高噪声源远离厂界，使得噪声产生源与噪声敏感点之间有足够的防噪距离。

通过采取以上的隔声、减振、降噪措施后，公司的厂界噪声较低，不会对周围环境造成噪声污染。

表 4-10　焦作万方铝业股份有限公司碳素生产过程产生的噪声治理措施

序号	产生高噪声设施或工序	主要噪声源设备	台数	降噪设施
1	破碎	破碎机	3	隔声、减振
2	筛分	振动筛	2	隔声、减振
3	磨粉	摆式磨粉机	1	隔声、减振
4	动力	风机	11	隔声、减振
5	动力	空压机	3	隔声、减振

（4）碳素生产过程产生的固废的处理处置措施。

碳素生产过程产生的废渣主要有：煅烧炉和焙烧炉大修时产生的废耐火材料、袋式除尘器收集的粉尘、电捕焦油器捕集的焦油以及碳块冷却池捞出的碳渣等，均为一般固废。固废的处理处置措施如下（参见表 4-11）。

①粉尘：袋式除尘器收集的粉尘全部回用于碳素生产。

②焦油：沥青熔化电捕焦油器收集的焦油全部外售，焙烧炉电捕焦油器收集的焦油全部外售。

③碳渣：冷却池捞出的碳渣全部回收利用，用于碳素生产。

④废耐火材料：目前，碳素厂未进行煅烧炉及焙烧炉的大修，无废耐火材料产生。以后大修产生的废耐火材料送耐火材料厂。

表 4-11　焦作万方铝业股份有限公司碳素生产过程产生的一般工业固体废物处理处置设施

类型	序号	产生固体废物设施或工序	固体废物名称	类　别	处理处置方式	综合利用方式
一般工业固体废物	1	袋式除尘器	粉尘	Ⅰ类一般废物	回用	无
	2	电捕焦油器	焦油	Ⅰ类一般废物	外售	精加工，回收化工产品
	3	冷却池	碳渣	Ⅰ类一般废物	回用	无
	4	煅烧炉、焙烧炉	废耐火材料	Ⅰ类一般废物	外售	生产耐火材料

3. 物料运输、储存过程的环境管理措施

公司物料运输、储存过程主要由两部分组成，一是生产原料的运输和储存，二是液态铝、成品铝、辅材备件等的运输和储存。

公司的生产所需的原材料氧化铝粉以及氟化盐等供应商位置相距较远，运输距离远，运输周期长，运输介质易洒落，在环境上造成尾气排放污染和道路抛洒。运输到公司后，原料以每吨一包装袋的形式进行储存，使用时还需拆包，造成投料不便以及原料浪费。为了解决原料运输和储存环境问题，公司制定了以下几点措施：

①精简供应商，优化运输线路，利用 ERP（Enterprise Resource Planning）系统优化采购计划；

②使用专用罐车进行运输，不使用一般货车；

③在每个电解车间设置超浓相流体物料输送设备，管道直接和罐车对接完成原料输送。

措施实施后，减少了运输里程和频次，达到节油减排目的，罐车运输避免道路洒落，减少了卸货、投料时间，减少了吨包袋的包装费用和原料浪费。

公司液态铝、成品铝、辅材备件等的运输和储存主要是厂内进行。电解产生高温液态铝，必须经过铝包车运输到熔铸车间进行成品铝锭的生产。成品铝在熔铸车间打捆后，运输至专用堆场储存。辅材备件主要是配送及仓库管理。这个过程的主要环境问题是厂内车辆的运输尾气排放，辅材备件超期存放产生的变质等污染。公司针对这一过程问题，一方面使用排量适中的车辆进行运输，并且对运输车辆进行改造，做到一车多用；另一方面，合理布局布置辅材备件仓库，加强材料出入库管理和保管。经过改善，减少了车辆的数量、油耗和尾气排放，缩短了配送距离和时间，减少了库存损坏，加快了物资周转。

4. 铝锭二次重融加工过程的环境管理措施

铝锭作为中间产品，主要用于客户的二次重融加工生产。客户购买公司生产的铝锭后，需要经过高温熔化才能使用，这样就造成多方面环境问题：一是加热所需的燃料消耗及燃料燃烧过程中的污染物排放；二是铝锭熔化过程中的损失及产生的污染物排放。这一过程，既消耗了能源，又造成环境的二次污染，在经济性和环保两方面都带来了影响。

本着保护环境和节约能源的目的和为客户利益着想的理念，公司对周边10公里内的客户进行液态铝销售（距离太远的话，铝包的温度会下降变成固态铝）。这一举措减少了铝锭重融过程中大量的能源消耗和污染物的排放，也是公司对外销售策略的一个创新，得到了周边客户的一致好评。

液态铝的使用好处也在公司投产的铝合金线上得以体现，直接使用液态铝进行合金生产同样避免了重融带来的环境和经济问题，同时也提升了合金产品的质量。

5. 生产过程中废铝渣的环境管理措施

废铝渣是公司电解铝生产中液态铝铸成铝锭阶段由残留在混合炉中经过拔渣产生的铝和其他杂质的混合物。未经处理的废铝渣的铝含量高达90%以上，20世纪90年代至21世纪初，这种混合物被作为废品处理掉，损失不可估量。特别是最近十几年，电解铝企业越来越认识到这种被错当成垃圾的废铝渣所含的经济价值潜力巨大，开始进行回收处理。

公司在将废铝渣当垃圾处理时，由于无序管理乱堆乱放，遇到刮风造成粉尘污染，露天堆放遇到下雨，废铝渣会产生氨气，气味刺鼻，造成环境问题，不仅如此，储存、运输、装卸这些产量巨大的废铝渣造成仓储成本、运输成本增加，工业用地被占用，而且造成装卸的设备、人力资源浪费，以及尾气污染排放等问题。这些废铝渣转手到一些小的炼铝企业或作坊后，采用原始的坩埚法提炼纯铝，会产生更大的环境污染问题，这种情况也是环保部门严令禁止的。

回收废铝渣，既可以降低废渣对环境的污染，同时还可以通过回收利用铝资源产生较大的经济价值，尤其是铝可以无限次地重复利用，回收废铝渣就是降低了生产成本。公司为了推动废铝渣的回收利用，专门成立了废铝渣回收工段，主要措施如下。

①初步回收废铝渣中的原铝。通过重新加热，使废铝渣中大颗粒的铝豆熔化成液态铝进行初步回收。

②对废铝渣进行等级分类。将经过初步回收后的铝渣投入研磨机进行研磨，通过多层振动筛对其分类。通常，将筛过后的铝渣按颗粒度分为五级，按含铝量高低依次从一级到五级。一级铝渣，颗粒较大，含铝量高达99%，初步处理即为原铝。五级铝渣含铝量不到1%，对回收铝

来说可以不考虑，但是可以用于水泥的生产或者工业净水剂聚合氯化铝的生产。

③分类产生价值，回收一级至三级铝渣，拍卖四级、五级铝渣。通过分类后，按铝含量及工艺水平进行处理，既能降低环境污染，又能够产生较高的经济回报。

公司通过对废铝渣的回收，既避免了废铝渣外流造成低级工艺处理产生的严重环境污染，减少了物流成本，同时也增加了原铝产量，降低了生产成本，取得了较大的经济效益。

七 焦作万方铝业股份有限公司环境管理的实施效果

制度的建立及环保组织机构的设置与高效运行，使得环保设施完好率达到100%，运行率超过98%，使各污染源得到了有效控制。公司坚持走科技兴企、清洁生产可持续发展之路，2007年成立了自己的监测站；2008年建成了生活污水处理站，实现了厂区内生产用水、生活用水零排放；2012年通过了清洁生产审核。

公司对影响较大的生产环节的环境因素的控制取得了明显成效，废气排放各项污染指标均达到《铝工业污染物排放标准》（GB25465-2010），各污染物排放符合总量控制指标。表4-12显示了公司部分环保设施的投入情况和环保指标的监测执行情况。

公司实施环境管理体系，对生产过程中原材料、备件、辅材等材料的采购运输、仓储、厂内配送、不合格品退回、电解铝和碳素的生产、废料处理等多项活动严格执行环保要求，促进企业各项工作的绿色发展，也使公司的管理逐步向绿色方向迈进。实施环境管理一方面能够使企业达到环境保护的要求和标准；另一方面也能起到节约资源的经济效果。下面对公司环境管理体系实施之前和实施之后的具体效果进行对比，以凸显积极开展环境管理体系工作的效果。

（1）废水治理效果。

生产环节关注的废水主要包括悬浮物、油类、氟化物、PH等。总的来说，铝电解生产的废水产生量较小，主要来自配套非封闭循环冷却用水系统废水、车间清洗废水、雨水冲刷溶解地面污物废水等，不加处理直接对外排放会对环境造成一定程度污染。

表 4-12 焦作万方铝业股份有限公司企业环保设施与环保指标

类别	产生量	环保设施名称	投入使用时间	处理方法	污染处理能力	对应生产工序及设施	主要污染物检测结果			排放量	执行标准 GB25465-2010 及标准值	是否安装自动监控设施
							主要污染物名称	处理前（mg/L）	处理后（mg/L）			
废水	50000t	公司内部生活污水处理站	2008 年 12 月	物理+生化	2100t/d	生活用水	COD 氨氮		COD<60 NH_3-N<8	0	COD<100 mg/L NH_3-N<15 mg/L	否
废气	330 亿 m^3	电解烟气净化设施	2000 年 2003 年 2006 年	干法净化工艺	480 亿 m^3	电解生产系列	氟化物 粉尘		1.7 13.5	48.9t 421.3t	<3mg/Nm^3 <20mg/Nm^3	是
固体废弃物	3500t	/	/	外销	/	生产过程		3500t	3500t（综合利用量）	/	/	
危险废物	13.3t	大修渣无害化处理	2012 年 12 月	化学法	500t/年	电解槽维修	氰化物	113.3	0.031	/	<0.5mg/L	

环境管理体系实施之前，上述污水主要是直接排放，污染不经过处理，导致周边农田、河流被污染。环境管理体系实施之后，公司一方面对冷却用水进行循环使用，另一方面对生活污水进行处理回收使用。表 4-13 是环境管理体系实施前后的污水统计数据。

表 4-13　焦作万方铝业股份有限公司污水处理比较

时间节点	污水产生量（立方米/天）	处理能力（立方米/天）	是否达标	处理后去向
实施前	400	0	否	直接排放
2008 年	400	3600	是	部分回收
2012 年	756	5760	是	全部回收
2013 年	689	5760	是	全部回收

通过表 4-13 可以看出，环境管理体系实施之前，公司内部的污水难以做到达标排放。但采取环境管理体系之后，根据体系的要求，公司投入相关污水处理设备等资源，污水的处理能力大幅度提升，并且实现了对污水的全部回收循环使用，既降低了生产成本又达到了环保要求，对比之后不难发现，实施环境管理体系后有效改善了污水治理效果。

（2）固体废弃物治理效果。

生产活动产生的固体废弃物主要包括：残极碳块、各收尘器收集的粉尘、一般工业固体废物及电解槽大修渣、煅烧炉和焙烧炉大修时产生的废弃耐火材料、袋式除尘器收集的粉尘、电捕焦油器捕集的焦油以及碳块冷却池捞出的碳渣，其中除电解槽大修渣外，其他固废为一般污染物，通常经处理后外卖。但是电解槽大修渣产生阳极碳块、废钢、废耐火材料、填充料等固体废渣，含氟量较高，属危险废物。按照环境管理体系的要求，公司投产建成了大修渣无害化处理车间。大修渣无害化处理车间投入使用后，经河南省环境监测中心监测，处理前的大修渣浸出液中氰化物浓度为 113.5mg/L，氟化物浓度为 5780mg/L；经处理后的大修渣浸出液中氰化物浓度为 0.031mg/L，氟化物浓度为 6.0mg/L，污染物浓度下降明显，大幅度低于国家危险废物鉴别标准相关要求，固体废弃物治理效果突出（参见表 4-14）。

表 4-14　大修渣无害化处理结果对比

	氰化物浓度（mg/L）	氟化物浓度（mg/L）
实施前	113.5	5780
实施后	0.031	6.0
执行标准及标准值	GB25465-2010 总氰化物浓度<0.5mg/L	GB25465-2010 总氟化物浓度<20mg/L

（3）废气治理效果。

万方铝业公司生产活动产生的大气污染物主要为铝电解烟气、焙烧烟气、沥青熔化烟气和煅烧烟气等烟尘。在公司投入环保设备设施前，电解厂房内的能见度不到 20 米。随着各项设备设施的投入和技术的应用，废气的治理效果十分明显，电解厂房目前基本无可见烟雾，能见度接近 100%。

电解共有 6 套电解烟气净化设施，每套设施配套建有 1 套烟气自动监测设施，监测数据实时上传，对污染源污染物的排放、净化设施的运行进行有效管理，确保设施有效运行，各污染因子达标排放。碳素建有 2 套焙烧烟气电捕集净化系统，煅烧工序、成型工序配套建有净化设施，按照环保管理要求，公司每季度对净化设施运行情况、污染物排放情况进行监督检测，确保环保设施有效运行、污染物达标排放。通过 2012 年和 2013 年排放情况可以看出取得了有效改善。

2012 年污染物排放情况：二氧化硫排放浓度 105mg/m^3、排放量 3305.8t；氟化物排放浓度 1.7mg/m^3、排放量 48.9t，吨铝排放 0.11kg；粉（烟）尘排放浓度 14mg/m^3、排放量 421.3t。

2013 年 1～7 月污染物排放情况：二氧化硫排放浓度 95mg/m^3、排放量 1853.1t；氟化物排放浓度 1.7mg/m^3、排放量 31.5t，吨铝排放 0.07kg；粉（烟）尘排放浓度 13.5mg/m^3、排放量 281.1t。

公司为进一步有效控制污染物的排放，及时了解污染物的排放情况，于 2010 年对电解 6 套净化设施分别建立了 6 套常规在线监测设备及 6 套特征污染因子氟化物在线监测设备，对生产过程污染物排放情况进行监控，表 4-15 为焦作市环境监测站出具的焦作万方铝业有限公司重点污染源检测报告。

表 4-15　焦作万方铝业股份有限公司烟气监测报告单

设备名称	测试时间	周期	频次	测试位置	烟气流量（$10^5 m^3/h$）	烟尘浓度（mg/m^3）	烟尘排放量（kg/h）	SO_2浓度（mg/m^3）	SO_2排放量（kg/h）	CO 浓度（mg/m^3）	氟化物浓度（mg/m^3）	氟化物排放量（kg/h）
电解三分厂（1#袋式除尘）	2013 年 2 月 18 日	—	1 次	进口	7.43	781	580	/	/	/	60.4	44.9
			2 次	进口	7.22	745	538	/	/	/	55.2	39.9
			3 次	进口	6.73	800	538	/	/	/	64.2	43.2
		—	1 次	出口	8.51	12.3（30）	10.5	107（200）	91.1	810	1.40（4.0）	1.19
			2 次	出口	8.29	12.4（30）	10.3	117（200）	97.0	800	1.31（4.0）	1.09
			3 次	出口	8.06	13.7（30）	11.0	95（200）	76.6	820	1.28（4.0）	1.03
电解三分厂（2#袋式除尘）	2013 年 2 月 21 日	—	1 次	进口	7.43	771	573	/	/	/	63.6	47.3
			2 次	进口	7.43	731	543	/	/	/	63.4	47.1
			3 次	进口	7.35	711	523	/	/	/	62.6	46.0
		—	1 次	出口	8.56	14.1（30）	12.1	84（200）	71.9	810	1.33（4.0）	1.14
			2 次	出口	8.44	12.9（30）	10.9	85（200）	71.7	800	1.32（4.0）	1.11
			3 次	出口	8.36	14.2（30）	11.9	89（200）	74.4	820	1.35（4.0）	1.13

注：括号中的数据表示现行《铝工业污染物排放标准》GB25465-2010 中规定的标准值。

数据来源：焦作市环境监测站。

以上环境监测报告显示，万方铝业通过积极实施环境管理体系，各项排污指标均大大低于现行国家标准，环境管理体系实施前后所取得环境效益是显著的。

总之，焦作万方铝业有限公司努力创建资源节约型、环境友好型企业，在生产经营过程中认真贯彻落实国家及地方政府的相关环境法规，不断创新环境管理工作思路，努力完善环境管理体系的各项工作流程，实现全年无环境污染事故。公司持续加大环境污染治理投资，2013 年公司在环保方面新增投资 5166 万元，同比上升 379.2%，环保设施运行率 100%，完好率 100%，固体废弃物综合利用率达到 98%，废水的循环综合利用率达到 96%，公司不存在环境风险，无环境违法处罚单。同时，公司享受政府提供的各类环保补助金共计 1467 万元（参见表 4-16）。

表 4-16　焦作万方铝业有限公司 2013 年度享有的政府环保补助专项资金

单位：元

环保项目	政府补助金额	环保项目	政府补助金额
碳素焙烧烟气净化环保专项补助款	93333.16	成型混捏烟气治理项目	686666.78
中水回用项目环保补助	666666.88	无效应低电压高效节能技术产业化项目	3000000.00
工业科技资金拨款	379167.02	环保局大修渣无害化处理补贴款	799999.96
财政局新项目开发奖励拨款	133653.99	环保自动监控系统政府补贴款	1044000.00
污水处理改造项目环保补贴	726190.52	财政局阴极槽技改项目奖励补贴	1000000.00
12 罐炉余热利用项目	184259.36	无效应低电压高效节能补助	3000000.00
铸造工艺热水综合利用项目	617361.13	无效应低电压节能技术国家财政拨款	1900000.00
政府节能项目奖励拨款	437651.28	以上所有项目合计	14668950.08

数据来源：根据焦作万方铝业有限公司《2013 年度上市公司公报》整理所得。

第五章
国内外环境管制政策研究

美国、欧盟和日本的环境管制政策不仅起步较早，而且发展也相对成熟和完善，在环境管理实践中起到明显的效果，下面将从环境管制政策发展历程、具体法律法规以及组织机构等方面全面系统地回顾发达国家环境管制政策的演化规律，并总结其发展特点，以期能为我国相关政策的设计和制定提供一些决策参考。

第一节　美国的环境管制政策

一　美国环境管制政策的发展历程

1. 20世纪以前美国的环境管制政策（茅于轼，1990）

这一时期，美国比较典型的环境政策是森林保护政策。19世纪80年代，森林为美国经济的发展做出了巨大的贡献。正如唐纳德·沃斯特（1999）所说："今天的人们一般都不记得，直到1870年前，美国的大部分能源和物资都来自森林。"但这也直接导致美国东部原始森林的24%被毁，到了20世纪初，这些森林资源已接近枯竭。随着美国森林不断遭到破坏所带来的严重后果以及美国人环保意识的逐步提高，美国开始重视森林资源，并于1876年通过了《美国森林保留地法》，其中关于森林保护的议案有200多项。美国科学促进会于1873年、1890年两次向国会提交议案，要求加强对森林的管理。美国国会于1891年通过了《森林保护法》，并据此建立了一批国有森林，也正是这一时期，美国确定了立法保护环境的优良传统。这一时期美国的环境管制政策尚处于零散分布的状态，多是重视自然资源的保护；美国联邦政府也没有意识到自身对环境保护的重要职责，尚未建立系统性的环境政策法律体系，多由州政府负责承担环境保护的主要职责。

2. 20 世纪初至 60 年代的美国环境管制政策

19 世纪末 20 世纪初，由于美国更加重视资源保护，美国的环境保护政策取得了更大进展。针对战后美国环境资源遭到破坏的状况，罗斯福政府采取了一系列的环保政策，并取得了一定的成绩，但这个时期的环境政策带有明显的功利主义色彩（尚学兴，2010）。在自然资源保护方面，罗斯福执政期间，土地收归国有，森林面积、自然保护区数量等都得到了大幅度增加。在环境保护政策方面，实施国家干预，倡导有节制的利用自然资源，并提倡综合环保方案，尤其是罗斯福主政期间，大量采用科学家的合理化建议。1924 年联邦政府通过了《油污染法案》，旨在控制海洋污染。1948 年通过了《水污染控制法案》，该法案规定，除了跨区域的水污染问题由联邦政府负责协调处理之外，地方水污染治理的职责由地方政府承担，公共健康服务局联合其他部门提供信息服务。

3. 20 世纪六七十年代的美国环境管制政策

美国的环境保护运动在 20 世纪 60 ~ 70 年代进入了大发展时期。20 世纪 60 ~ 70 年代是美国历史上比较特殊的时期（滕海键，2006），这一时期美国经济快速发展，社会矛盾不断加深，各种新的思想不断涌现，生态学家和知识界人士有关环境保护的著作大量问世。受这些著作的影响，加之美国不断恶化的环境形势，美国民众开始越来越热衷参与到环保运动中，这一时期环保人士主要包括环境学者、社会中上层阶级，他们通过举行游行示威、公开抗议、游说政府等多种途径表达对环保的关注以及对现有环境状况的不满。在此期间，除了大量爆发游行示威活动之外，美国民间也自发成立了数量众多的环保组织，这些环保组织对于推动和宣传美国的环境保护主义起到了重要作用（侯文蕙，2000）。在民间环保组织的推动下，美国政府逐渐开始关注环境问题，加快了环保相关法律法规的制定工作，涌现出一大批具有重要影响的环境法规，形成了一个比较系统的环境保护法律体系，改变了美国过去环境法规缺失的局面，使得美国政府的环境保护工作开始走向法制化的轨道。可以说，20 世纪 70 年代是美国环保历史上的黄金时期，在这段时间，美国制定了上百个环保方面的法律法规（杜万平，2007）。

这一时期，美国还建立了有效的环境保护和管理机构，例如：肯尼迪执政期间，建立了经济顾问委员会，负责研究与环境有关的经济问题，并向总统提出政策建议。经济顾问委员会还专门设有一个总统自然资源咨询委员会，负责向社会各界征集相关建议和意见；尼克松执政期间，建立了环境质量委员会和环境保护局等机构，对环境的污染和控制进行统一的领导和管理，改变了美国没有专门的环境管理机构的局面。

这一时期美国环境政策另一个特征就是注重全球化。美国逐步意识到重大环境问题具有跨国的特点，只有通过国家之间的合作才能解决。20 世纪 60 年代，肯尼迪号召加强气候预测，开展有关气候变化的国际合作；70 年代，美国环境政策更加关注防止空气和水源污染，更加注重国际合作，治理环境公害，防止环境污染对公众健康带来危害。其环境外交涉及诸多方面，譬如积极组建国际环保机构，通过贸易、投资及直接援助等方式主动向国际组织及外国政府提供环境援助；参与和召开全球环境问题大会，促进国际社会相关条约的签订，如在控制海洋污染、保护世界遗产和濒危动植物等方面签署了一系列国际条约；通过双边谈判解决区域性环境问题，1972 年美苏签署《美苏环保协定》，决定在空气和水源污染、北极生态系统和城市环境污染等领域开展合作，美国和墨西哥就边境河水流域污染问题达成协议，美国和加拿大通过多轮谈判最终于 1980 年签署了合作条约，解决了影响两国关系的酸雨越境污染问题。

总之，这一时期的美国环境管制政策在美国环保运动的推动下不断取得新的进展，美国民众的环保意识不断提高，美国政府的环保成绩也比较显著，“环境保护已经成为美国公共政策不可缺少的一部分”。但这一时期的环境管制政策多采用“命令—控制”模式，主要通过联邦确立全国污染物控制最低标准，然后通过规章来执行污染物的排放，对超标的污染源予以惩罚。同时通过设立环境管理机构对环境进行管制，联邦政府在环境问题中的作用随着政府权力的扩大而日益深入。

4. 20 世纪 80 年代以后的美国环境管制政策

20 世纪 70 年代，美国颁布了许多环境保护政策，但是这些以命令控制型为主要手段的环境政策，在一定程度上束缚了企业的生产经营活动，制约了社会经济的快速发展，加之 80 年代爆发的石油危机，进一步诱导了随后的反环保运动。一些产业巨头纷纷抗议，公开指责政府的环境政策是导致经济下滑的罪魁祸首。在美国西部地区，政府出于加强自然环境保护的需要出台了一系列新的土地政策，但是这些措施在一定程度上也限制了私有者对其土地的利用和开发，因此遭到了他们的反对和抨击（张慧，2002）。此外，工业组织也极力反对政府的污染控制措施，内容涉及水污染、大气污染和化学品污染，理由是政府的管制政策影响了工业发展。

面对声势浩大的反环保运动，以及相关利益集团的游说，政府在环境保护方面的态度也发生了变化，过去坚定不移地加强环境保护的决心渐行渐远，国会和法院也向反对者妥协，在此背景下，环境管制政策呈弱化态势（王韬洋，2002）。自 20 世纪 80 年代至今，先是里根总统公开反对环境保护政策，而后是 104 届国会对环境政策的压制，到布什的公开反对签署《京都议定书》，在国内环境政策上采取重开发轻保护的环境政策，不断削减环境项目的费用并放宽对自然环境的开发限制，美国的环境管制政策可以说是进展缓慢，步履维艰。

纵观这一时期美国环境管制政策的发展不难发现，美国的环境政策与美国的社会背景及总统的决策有很大关系。如里根总统大选时就不遗余力地攻击 70 年代的环境管制政策，并成为公开宣称反环境保护的总统，里根政府时期（1981～1989 年）的一大特点就是减少政府干预，让工业企业发展享有更大的自由空间，在环境领域也不例外，主要表现为削减环保机构人员和预算开支，将联邦政府的环境职能向各州地方政府转移，运用成本—收益的经济学分析方法对环境管制政策进行审核，强调市场机制在环保领域的应用等。正是由于这一系列宽松的环境管制政策，里根执政时期被美国环境史学家们称为环境管制政策的停滞阶段。此后，老布什总统（1989～1993 年）受财政赤字的拖累，以及经济低迷的压力，最终未能像其竞选期间宣称的那样做一个“环保总统”，老布什政府的环境政策取向与里根政府基本一样。在第 51 届总统执政期间，美国经济发展面临的主要问题之一仍然是减少财政赤字。此后，克林顿政府（1993～2001 年）采取的做法是通过调整经济结构、振兴美国经济，进而实现增加财政收入的目的，表现在环境保护领域就是主张通过技术创新、提高能源资源利用效率，实现可持续发展。在此执政方略的指引下，克林顿政府启用了一批热心环境事业的人士担任要职，以推行其积极的环境政策理念。但是在国际环境问题上，美国政府表面上同意了《京都议定书》中有关碳减排的标准，实际却附加了诸多条件，譬如不能限制经济发展、世界各国要共同参与等，这实际上等于美国不愿承担相应的义务。小布什执政期间（2001～2009 年），由于经济增长趋缓和能源危机，政府倾向于选择保护产业巨头和集团利益，在国际环境问题上更是表现出不合作的态度。现任的奥巴马总统（2009～2017 年）在国际社会共同应对环境问题的大背景下，调整了小布什总统时期强硬的环境外交战略，采取比较温和、务实的环境外交战略。对内，积极治理雾霾、控制烟尘排放，对外，承诺美国到 2025 年将二氧化碳排放量减少至 1980 年 80% 的水平，但一定程度上仍继续推卸美国的减排义务。

二　美国环境管制政策的法律法规

1. 基本法

受美国环境保护运动的影响，1970 年 1 月 1 日，时任美国总统的尼克松签署了《国家环境政策法》，这部法律是美国历史上第一个把环境保护作为国家基本政策的法案。该法案的主要目的体现在四个方面（彭守约，1985）：其一，明确了政府的职责与环境目标的关系，即确保环境目标的实现是政府的职能和责任所在。其二，明确了国家环境政策的法律地位和作用，即国家其他政策的内容和执行过程都应该与本法保持一致。其三，建立国家环境质量委员会，这个下设在总统办公室的委员会负责向总统提供环境方面的政策建议，这一方面保证了总统能够全面掌握本国的环境状况，另一方面也为总统的环境决策提供了咨询服务；环境质量委员会的另一项职能是协调各行政部门之间的环境影响评价活动。其四，建立环境影响评价制度，以确保政府的各个部门在采取重大的行为政策之前，必须充分考虑这些政策措施可能产生的各种环境影响，从而使国家环境政策得到有效贯彻。

2. 具体领域的环境管制政策

（1）空气污染控制政策。

1952 年，美国俄勒冈州成为第一个通过法令来控制污浊空气的州，随后 1955 年美国开始了对空气的污染防治，并通过了《空气污染控制法案》，自此联邦政府开始采取措施控制空气污染问题，此后该法案经过多次修订和补充。1960 年，针对机动车尾气造成的空气污染问题进行了一项为期 2 年的关于“机动车、空气污染和健康”的研究，并于 1965 年通过了《机动车空气污染控制法案》，该法案指出，汽车尾气大量排放是导致空气污染的重要原因，并制定了新型汽车排放标准。1967 年的《空气质量法案》要求成立跨州空气污染控制部门，加大燃油和汽车研究；建立国家级空气污染控制部门，公布空气质量标准；要求各州建立要件污染物的周边空气质量标准和达标计划。在空气污染控制方面，最主要的法律法规当属1963年制定的《清洁空气法案》，该法案提出，空气污染具有跨区域的特点，因此，一方面要求各州制订地方性的空气污染控制计划，另一方面还需要各州协调治理，加强了联邦开展空气污染研究的权力。此后多次修订，如：1966年对此进行了补充，授予各州更多的权力支持空气污染控制计划。1970年出台了更为严格的新型机动车排放标准；责令实施“州执行计划”等。1977年的修正案，制定“预防严重退化”目标；把清洁地区分为三级；颁布“最佳可用控制技术”等。1990年，部分城市实施驾驶“清洁”汽车计划；加油站使用第二代抽油泵；通过TBES计划减少189种有毒气体排放等。

（2）水污染控制政策。

水污染控制政策始于垃圾处理，1899年的《垃圾排放法案》提出不允许在航道上排放和沉淀废物。1948年通过了《水污染控制法》，1956年的《水污染控制法修正案》授权各州可自行确定合理的水质标准；引入“执行会议”的概念；联邦政府被批准资助地方建立废物处理设施，资助比例为建造成本的55%（李欣，2012）。1972年《联邦水污染控制法案》提出了联邦托管体系，以技术水平为准绳制定污水排放标准，联邦通过发放排放许可证强制执行，政府出资比例提升至建设成本的75%等。但1981年《城市污水处理厂建设补贴修正案》又将联邦资助比例减少到55%，并削减了审定的资金额度。1974年《安全饮用水法案》制定饮用水污染物最高含量，由公共部门来保护、监控和监测饮用水等。该法案于1986年和1996年两次进行修改。

（3）气候政策。

美国有关气候变化的政策与全球气候政策的演变基本是一致的。1979年美国参加了第一届全球气候会议，1990年在政府间气候变化委员会（Intergovernmental Panel on Climate Change，IPCC）上发表了一份评估报告，认为人类活动会影响气候，但存在着很大的不确定性。1992年在巴西里约热内卢举行的地球峰会上，发达国家宣称到2000年将温室气体排放量降到1990年水平；同年美国签署《联合国气候变化框架公约》（United Nations Framework Convention on Climate Change，UNFCCC）。1993年克林顿政府发表自愿的排放削减行动书，即《气候变化行动计划》。1997年美国参议院投票通过了《伯德—哈戈尔决议》，认为美国不应当接受未明确各参与方相应责任的气候协议，并要求政府对所有待签署的《京都议定书》条款进行费用和效益分析。

（4）危险废弃物与有毒物质政策。

美国关于危险废物与有毒物质的联邦政策直到20世纪80年代才逐步形成，相比空气与水污染的管制政策迟了近10年。在废弃物环境管理方面，1976年颁布的《资源保护与回收法案》就如何管理当前工业产生的污染问题进行了管制约束。1980年颁布的《综合环境响应、赔偿及责任法案》又被称为“超级基金”，主要是针对过去产生的污染提出管理办法。在有毒物质的环境管理方面，1947年出台了《联邦杀虫剂、杀菌剂和灭鼠剂法案》，后经多次修订，规定所有杀虫剂与除草剂均要进行检测，经批准方能使用；1976年出台了《有毒物质控制法案》，开发有关物质毒性的信息，授权美国国家环保局监测与控制美国所有商用化学物质；为了应对紧急情况，1986年出台《紧急计划和社区知情权法案》，宣传有关污染信息，并就有毒化学物质排入各种不同环境媒介作了控制管理规定。

（5）固体废弃物政策。

20世纪80年代后期，美国城镇固体废弃物的数量急剧上升，再加上环境主义观念的普及，美国各级政府的政策制定者和官员对城镇固体废弃物问题给予了重点关注，并制定了一系列政策。如1965年《固体废弃物处理法案》、1970年《资源恢复法案》，以及1984年的《危险及固体废弃物修正案》，这些法案明确规定联邦政府在城镇固体废弃物管理方面发挥直接作用，并对废弃物的填埋处理、周边环境等做出了详细规定，此外，这些法规还要求政府为资源回收利用技术的研发和工程建设提供专项补贴等，以鼓励回收技术的发展和加速循环利用项目在国内的推广。为了鼓励废弃物的资源回收利用，首先，要求政府机构以身作则，如总统下令要求联邦政府只能使用资源回收再生产的纸张。其次，要求政府机构严格执行废弃物回收利用的相关规定，1994年出台了《全国饮料容器重复使用和回收法案》，要求饮料容器回收率达不到70%的州对所有瓶子和易拉罐征收10美分的押金。再次，政府还非常重视从资源利用的源头做起，对生产者责任进行规定，1996年通过了《含汞可充电电池管理法规》，该法规将生产者的产品责任延伸至回收环节，不仅大大节约了资源，而且还使环境免受重金属污染。最后，在废弃物进出口方面也有明确的法律法规，如1995年出台的《城镇固体废弃物州际运输法案》。

三　美国环境管理的组织体系

美国环境管理实行联邦政府、区域环境管理办公室和州政府三级管理，且分工明确（参见图5-1）。美国的《国家环境政策法》中明确授权联邦政府负责制定环境管理的基本政策、法规和排放标准，同时对州政府负责的政策实施也予以明确规定（车国骊，2012）。

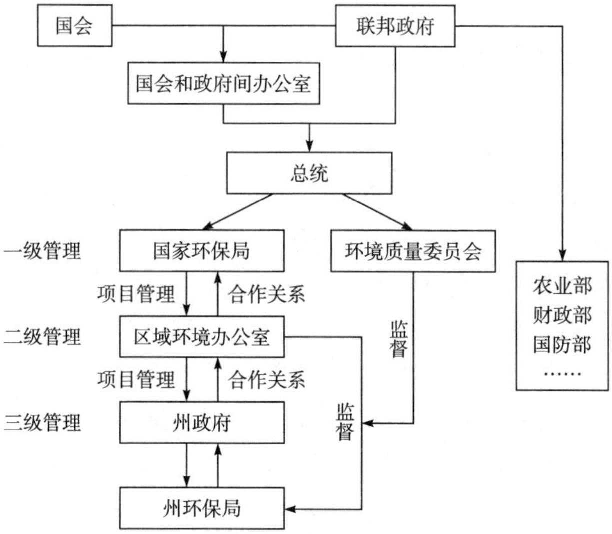

图5-1　美国环境的三级管理模式示意

美国在环境管理方面采取三级管理模式，即联邦政府、区域环境办公室和州政府，分工协作，共同致力于美国的环境管理事业（俞皓，2009；尹月香，2010）。在一级管理层面，设有环境质量委员会和国家环保局两个专门的环境保护机构，此外，联邦政府还可以通过农业部、财政部等部门的环保组织获取环境信息。美国环境管理比较有特色的地方是将全国50个州分割为10个大区管理，成立区域环境办公室，即二级管理，负责执行联邦环保局的法律法规和环境工程项目，负责监管所管辖州的环境工作。国家环境保护局和区域环境办公室主要通过经济手段，运用市场化方式，督促各州政府积极处理和解决环境问题。特别是，联邦政府针对每个州的环境情况开展了不同的环境项目，并给予经济上的资助，通过这些项目拨款，联邦政府可以对各州的环境管理起到较好的激励效果。当然，联邦政府的环保局与各州的环境管理部门是合作关系，即联邦环保局为了将各项环境政策执行到位，主要通过项目签约的形式与州政府建立伙伴关系，并负责和指导各州环境机构开展工作和环保行动，共同解决各州的环境问题。各州环保局主要依据本州的环境立法履行相应的环保职能，并对地方政府负责。

四　美国环境管制政策的特点

通过对美国各类污染问题环境管制政策的回顾，可以总结出美国环境管制政策的主要特点如下。

（1）美国环境管制政策发展迅速且具有鲜明的时代特征。

1891 年美国国会通过了《森林保护法》，自此掀开了美国环境管制政策立法的篇章。时至今日，已经发展到有《国家环境政策法》基本法和其他环境管制政策相结合的内容丰富的立法体系，已经覆盖了空气、水、气候、危险废弃物以及有毒物质、固体废弃物等生活的各个方面。但不同时代，由于每任总统的时代特征、执政方针、执政理念不同，所以每任总统任期的环境管制政策也会有所不同。譬如，里根执政时期，受经济下滑以及反环保运动的影响，多项环境管制政策被削弱，这一阶段也被称为美国环境管制政策的停滞阶段。随后的老布什则明确表示要做一个“环保总统”，并通过立法将环保措施从原来的“末端治理”转变为“源头预防”。整体而言，美国环境管制政策为其环境质量提升起到了重要作用，但不同时代的环境管制政策都反映了特定历史时期的政治与经济影响。

（2）“环保运动”与“反环保运动”共同促进了美国环境管制政策的发展。

美国经济发达，民众环保意识强，环保组织多，学生、科学家等社会各界人士都是环保运动的积极参与者。早期，他们通过各种示威活动抗议政府在环境保护方面的不作为，在一定范围内影响着政府的环境管制政策。发展至 20 世纪 60 ~ 70 年代，还出现了很多民间环保组织，他们鼓励和提倡环保活动，并积极推动环保事业的发展。在此影响下，六七十年代美国通过了数十部环保法律和上百个管制法规。这个时期，美国的反环保运动也非常盛行，发生了一系列比较有影响力的抗议游行活动。这些此起彼伏的环保运动与反环保活动将环保问题的关注焦点一次又一次地拓展开来，从只关注污染物处理到关注公共环境事业发展、环境公正等问题，并将环境问题与种族问题、环境问题与贫困地区发展联系在一起。值得注意的是，环保组织与反环保运动组织都与某些政治集团存在着千丝万缕的联系，因此，环保法案的制定以及环保机构的管理都在不同程度上受到他们的政治影响。

（3）司法独立和环境公益诉讼制度对美国环保工作的法制化进程起到了积极作用。

美国环境管制政策的立法、司法与执法系统相互独立（田春秀，2004；关丽，2008）。美国环境管制政策立法由国会制定，国会负责各项环境法律的起草、修改、制定，授权颁布法律，以及其他重要的环境事务。联邦司法部门负责对相关的法律法规进行司法解释。美国国家环保局负责环境法律法规的具体执行工作。此外，环境公益诉讼制度对加快推进美国环保工作的法制化起到了积极作用。美国早在1970年的《清洁空气法》中就对公众参与环境保护工作做出了明确的法律规定，即允许受害者通过诉讼揭发企业的环境违法行为和监督政府部门的环境不作为。此后颁布的《清洁水法》《海洋保护、研究和庇护法》等15部单行联邦环境法律中，均规定了公民诉讼条款。经过40多年的发展，环境公益诉讼制度已经成为美国公众参与制度的一项重要内容，特别是在保障公民对环境污染事件的知情、环境政策的决策制定，以及环境监管等方面发挥了重要作用。

（4）美国建立了完善的环境信息披露制度。

美国发达的信息技术和现代化管理方法为美国环境管理特别是环境信息管理制度提供了帮助。美国国家环保局和各州的地方环保局都会将环境信息及时地向公众发布，信息公布的内容涉及个人、企业，甚至政府部门。另外，公众也可以非常便捷地通过政府部门的相关网站获取有关环境信息。值得一提的是，环境信息的发布者可以是任何组织和个人，如国家环保局、环保组织、企业或地方政府等。环境信息的及时披露不仅有助于公众了解自身生存的环境质量状况，也有助于发挥公众的环境监督职能，既节省了环境监管机构的管理成本又提高了环境管理效率，同时对环境违法者也能形成无形的环境压力。

（5）美国环境管制政策手段早期以命令型为主、晚期以经济激励型为主（王丽萍，2013a）。

首先，早期的环境管制手段被称为命令控制型的管制，比如，为实现对非固定空气污染源的排放管理，1965 年美国联邦政府专门发布了《机动车空气污染管理法》，该法对新生产的汽车设置了一定标准，并规定了产品的认证、产品检测、相关零件使用、燃油管理等制度，这些都是命令控制型管制政策的具体体现。概括地说，命令控制型政策的管制采用的是基于技术和绩效的标准，管制手段不够灵活，同时也缺乏对超额完成减排降污任务企业的奖励，限制了污染控制技术的创新发展。其次，命令控制型政策的弊端在实践中逐渐被暴露，发展至晚期，美国环境管制政策手段更多倾向于运用市场化手段激励企业实现环境管理，譬如可交易的许可证制度、排污收费制度、削减市场壁垒和降低政府补贴等。经济激励型政策的特点在于，无须政府掌握每个企业的污染削减成本信息，既可高效率地将污染指标分配于各企业，同时，企业还可以从使用更为先进的污染控制技术中得到收益。因此，经济激励型管制政策能持续激发企业的技术研发投入，促进先进技术的传播和采纳，而且执行成本相对较低。

第二节　欧盟的环境管制政策

一　欧盟环境管制政策的发展历程

（1）欧盟环境管制政策形成阶段（1972～1987 年）。

随着欧洲各国经济的发展，环境污染问题也随之而来，但直到 20 世纪 70 年代，欧盟尚未形成统一的环境管制政策。早期的环境政策主要表现为各国各自制定的法令和标准，且环境治理的手段主要是通过末端治理技术，以达到保护人身安全和减少污染排放的目的。

1972 年，在斯德哥尔摩召开的人类环境会议使欧盟意识到环境污染是由于环境破坏引起的，从此欧盟开始了环境管制政策的研究制定。1973 年欧盟第一个环境计划出炉，该计划旨在将孤立分散在各国的环境政策纳入欧共体统一的范畴内进行处理，从而提升各国环境政策之间的协调性。发展至今，欧盟已经连续出台了七个环境行动纲领，目前正在执行第七个环境纲领，每个行动纲领都有特定的目标和任务。环境行动纲领的原则对指导成员国的立法具有重要意义，但对各国没有法律约束力（邝杨，1998）。

（2）欧盟环境管制政策发展阶段（1987～1992 年）。

1987 年《单一欧洲法》生效标志着欧共体环境管制政策进入了新的

发展阶段。《单一欧洲法》授权共同体为完善共同市场发布环境法规，为欧共体环境立法提供了依据。1990 年，欧洲理事会发表了《都柏林宣言》，授予共同体在解决成员国以及世界性环境问题方面更多的权力。从 20 世纪 80 年代《单一欧洲法》的签订到 90 年代《马斯特里赫特条约》的缔结，通过成员国的共同努力和不断积累，欧共体一共颁布了 100 多项环境政策法令，使欧共体的环境政策得到了大量补充和完善（王淑贞，2009）。

（3）欧盟环境管制政策可持续发展阶段（1993 年至今）。

受国际社会可持续发展思想的影响，1992 年签署的《马斯特里赫特条约》（也称欧洲联盟条约，Treaty of Maastricht）明确提出，加强环境保护是欧盟的重要任务之一。随后，欧盟制订了第五个环境行动计划，该计划提出了“可持续发展理念”，改变了环境政策的重点，更加强调公司和个人的环境责任，环境保护政策的制定由“自上而下的道路”转向“自下而上的道路”。第五个环境行动计划的提出标志着欧盟环境管制政策开始迈入可持续发展阶段。欧盟委员会为实现环保目标开始利用市场的力量，如丹麦政府为了保护环境，要求啤酒必须装在特定的瓶子里出售，并且要回收这些瓶子，而且这一做法还得到欧盟委员会的认可（徐士英，2001）；德国为了减少包装废弃物，在产品包装上分别贴有不同的标志，其一，包装上印有返回箭头标志，说明这类包装是生产企业负责回收，并向客户返还押金；其二，包装上印有绿色圆点标志，说明这类包装材料是可循环利用的，由厂家或第三方组织负责回收；其三，印有 Pfandfrei 标志，则消费者要为这类包装物的使用和处理支付费用。德国先进的包装技术和管理经验已经获得欧盟的认可，并于 1994 年成为欧盟包装准则。总之，可持续发展已经深入欧盟经济社会发展的各个方面，环境优先原则和实现更高层次的可持续发展成为欧盟未来发展的原则。

二　欧盟环境管制政策的法律法规

1973 年欧盟开始了共同环境管制政策，发布了第一个环境行动计划，包含外部和内部环境政策，外部政策保护世界范围的环境，内部政策保护欧盟本土环境，但共同目的都是为了保护欧盟内部环境。此后，欧盟一体化组织不断完善相关环境法律法规（蔡守秋，2002）（参见表 5-1）。

表 5-1 欧盟环境管制政策的法律法规

法律名称	时 间	主要内容
《有关危险品的分类、包装和标签的指令 67/548 号》	1967 年	统一各国有关危险物品的分类、包装和标签。
《有关机动车允许噪声声级和排气系统的指令 70/157 号》	1970 年	机动车噪声和排气系统标准。
《控制机动车辆主动点燃式发动机气体污染物的措施 70/220 号》	1970 年	汽车尾气排放标准。
《控制车用柴油机污染物排放的措施 72/306 号》	1972 年	柴油机车排放标准。
《欧盟第一个环境行动计划》	1973 年	欧共体的环境政策应该在统筹各国的基础上做出，不能各自为政，相互独立。
《单一欧洲法》	1987～1992 年	确定欧共体环境政策的三大目标。
《欧盟第五个环境行动计划》	1993～2000 年	提出“可持续发展理念”，强调公司和个人的环境责任，环境保护由“自上而下的道路”转向“自下而上的道路”；开始利用市场的力量保护环境。
《欧盟第六个环境行动计划》	2002～2012 年	围绕可持续发展的环境目标提出具体的政策措施，涉及环境法规的有效执行、公民环保意识的培育、可持续发展理念在其他政策决策中的体现等。
《欧盟 2020 能源发展战略》	2007 年	通过能源战略努力实现欧盟提出的气候变化政策目标，到 2020 年能源利用效率将提高 20%，可再生能源消费比重将提高 20%，温室气体排放量将减少 20%。
《海洋战略框架指南》	2010 年	人类要减少对海洋环境的干预，促进海洋资源得到合理的开发和利用，以实现欧盟整体环境的改善。
《生态创新行动计划》	2011 年	加快成员国的生态创新进程，推动各项创新技术进入市场，提高资源利用效率和实现环境保护的目标。目前正积极推进环境技术认证试点。
《欧盟 2050 低碳经济战略》	2011 年	在 2050 年将温室气体排放量减少 80%～95%。
《资源效率路线图》	2011 年	围绕 2050 低碳战略目标的实现提出具体的技术改革路径。
《欧盟第七个环境行动计划》	2012 年	大力发展低碳经济，加快绿色经济建设步伐，推动整个欧盟向可持续、低碳型经济转型。

三　欧盟环境管制的组织体系

欧盟由多个成员国组成，内设有环境总司（全称为环境、核安全和民事保护总司），下设6个司，主要职责是为欧盟环保项目提供财政支持，提高欧盟环境保护政策的水平，调查处理非政府机构或公民的投诉，监督成员国实施环保法规，代表欧盟参加环保领域国际会议等。除环境总司外，农业司、能源和交通总司以及渔业总司也都有部分与环境事务有关的工作。

欧洲环境局（The European Environment Agency，EEA，也称欧洲环境署）于1993年正式成立，它是一个独立的法定机构，由成员国推荐的一些科学人士组成。其职能是检测、分析欧洲环境，为成员国提供环境信息，帮助成员国评估其环境措施的有效性，并定期发布欧洲环境状况报告。

各成员国政府及其地方当局在欧洲环境政策制定、执行等方面扮演重要角色。它们一方面将欧盟的环境政策、法令等进行内部化，并保障欧盟环境目标的定期完成；另一方面，对欧盟环境政策的效果进行测评，并通过一定途径反馈到欧盟委员会，进而影响下一步的环境政策。

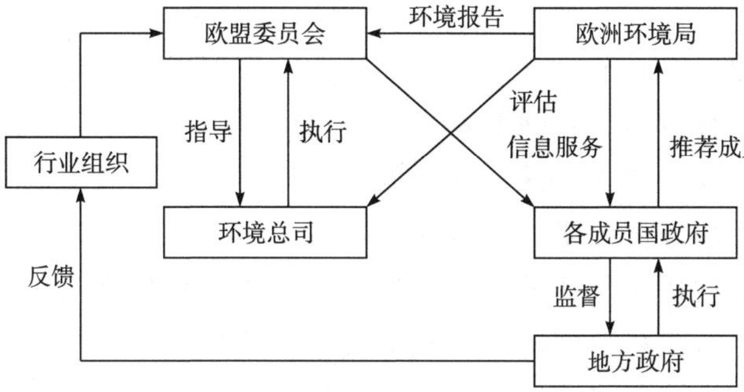

图5-2　欧盟环境管理的组织体系

四　欧盟环境管制政策的特点

随着欧盟一体化进程的不断推进和公众环境保护意识的日益提高，欧盟的环境管制政策从早期各自为政的环境管理发展到后来的欧盟整体化的环境方案，从早期片面的工业治理发展到后来的全面环境保护，从早期的被动防污行动发展到后来的积极预防战略，综观欧盟的环境管制政策呈现出以下特点。

(1) 欧盟的环境管制政策随欧盟一体化进程的逐步推进而不断完善。

自1952年“欧洲煤钢联营”到1993年的《欧洲联盟条约》的正式生效，再到2004年欧盟的第五次大规模扩张，以及后来罗马尼亚、保加利亚和克罗地亚等国的加入，欧盟从最初的法、德、意、荷等6个国家发展至目前的28个成员国，随着欧盟一体化的不断深化，欧盟成员国之间在环境领域的合作也在逐步推进。20世纪50年代，环境保护还仅仅停留在环保主义者的呼吁阶段，并未成为欧盟一体化组织决策的优先考虑因素，因此，这一时期的欧共体也没有形成统一的、独立的环境政策。进入60年代以后，随着环境问题的日益突出，成员国开始意识到，在环境领域的合作不仅有利于保护本国的自然环境，而且也会关系到一国的经济利益和战略利益，于是出现了欧盟最早的环境政策法规，如1967年《有关危险品的分类、包装和标签的67/548指令》、1970年《有关机动车允许噪声声级和排气系统的70/157指令》等。1972年通过了欧共体第一个环境政策框架，即《第一个环境行动计划》(1973~1976年)，此后，理事会分别于1977年、1983年、1986年、1993年和2002年通过了第二个至第六个环境行动计划，并在第六个行动计划即将结束之际(2012年11月)提出了《第七个环境行动计划》，目前《第七个环境行动计划》正在执行。在组织机构方面，直到1989年底，专门负责环境问题的机构——欧洲环境署终于获得成立，这是欧盟的一个独立机构，负责为成员国提供环境信息和环境监测网络。经过几十年的发展，欧盟的环境政策从各自为政转变为共同决策，从关注单一的工业污染问题转变为关注整个社会的全面发展，从消极治理转变为积极应对，从单一国家的环境问题向全体成员国甚至全球环境问题转变。欧盟的每一个环境计划都由内部和外部环境政策组成，内外政策各有侧重，二者相辅相成，最终目标都是服务于欧盟经济社会的全面发展。

(2) 欧盟的环境管制政策越来越强调公司和个人的环境责任。

欧盟的环境管制政策由“自上而下”逐步转向“自下而上”。1993年欧盟发布了执行《21世纪议程》的《第五个环境行动计划》，在前四期行动计划的基础上提出了“可持续发展理念”，开始着重加强市场的力量以实现环保目标。在此思想指导下，欧盟环境管制政策的理论依据更加科学，管制手段也非常健全，如“污染者负担”理论、征收排污费、补贴、建立排污权交易市场、押金制、执行保证金、建立资源利用节约机制等，都是基于市场机制的环境管制政策，体现了欧盟环境政策的改革方向是放弃命令式的刚性约束，采用更多的市场化、协商式的经济激励型管制措施。与此同时，欧盟还大力推动环保事业的发展、建立环保产业链等。如欧盟为了履行在联合国气候变化大会上的承诺，制定了减排限额标准，鼓励企业投资节能环保项目，鼓励传统能源企业向新能源业务加速拓展；采用先进的“碳足迹”管理模式，鼓励工业企业降低资源消耗、减少二氧化碳排放；通过环境标识或标志，引导消费者购买环境友好型产品；将能源、环保基础设施等交由大型专业化公司运营，以规模化经营来降低成本；甚至在某些城市，开始利用众筹建立城市地标和公共设施，让民众有更多的机会参与环保活动，充分发挥民众的“环保主人翁”作用。

（3）欧盟的环境管理体制体现了可持续发展的先进理念。

环境与经济社会的发展紧密相连，因此，欧盟委员会认为将环境因素全面融入其他政策是十分必要的。譬如，成员国 2000 年签署通过的《尼斯条约》中将与环境有关的贸易政策谈判权让渡给欧盟委员会，以便使委员会享有更大的环境决策权力；2007 年修订的欧盟《宪法条约》中规定，欧盟的宗旨是从经济社会和环境角度实现欧洲的可持续发展，可见，欧盟的可持续发展理念已经从单纯的欧盟成员国扩大至整个欧洲地区；在制宪大会上，环境委员玛戈特·瓦尔斯特伦（Margot Wallstrom）提出，政策设计阶段建议进行“可持续性影响评价”（Sustainability Impact Assessment），即在政策制定的初级阶段就要对政策的可持续性进行预评估，并对一系列重要政策进行评价分析，进一步反馈至下一步的政策制定。总之，欧盟的环境政策不仅注重欧盟自身的环境问题，而且将关切扩展至欧洲乃至整个全球的环境问题，如世界气候变化等。欧盟的环境政策措施不仅局限于环境政策本身，而且还将其他经济活动政策产生的环境影响考虑在内，既注重政策的短期执行效果，又兼顾政策的长期效应，体现了欧盟先进的国际环保理念。

第三节 日本的环境管制政策

一 日本环境管制政策的发展历程

（1）20 世纪 60 年代公害对策时代。

二战后，日本政府实施了“经济高速增长”战略，以机械、钢铁、石油、化工等为代表的现代产业快速发展，但却忽略了对环境造成的危害，导致资源消耗巨大，造成了严重的环境污染，到 20 世纪 60 年代后半期，日本已成了闻名于世的公害大国（沈惠平，2003）。在此背景下，公害问题成为日本各界关注的焦点问题之一，并陆续形成了一系列政策措施。1965 年日本政府设立了公害审议会，1967 年通过了《公害对策基本法》（汤天滋，2007），确立了政府公害对策的基本原则，并将大气污染、水污染、土地污染、噪声、震动、地基下沉及恶臭确定为 7 项公害。1970 年底，在反公害运动的推动下，日本国会通过了由日本内阁公害对策部提出的包括《公害对策基本法》修正案在内的 14 项法律，为日本应对公害提供了制度保障。

（2）20 世纪 70 年代环境保护观念兴起时代。

随着国际和国内环境问题的变化，20 世纪 70 年代初，日本环境管制政策的目标从防止公害发生扩展到了保护自然和生活环境。1972 年，日本政府自然环境行政管理从重点保护一定地区的景观转变为保护全国的自然环境，并制定了保护自然的基本法，即《自然环境保护法》。联合国环境规划署在 1977 年提出了《日本环境政策评价》的报告，对执行《公害对策基本法》取得的成绩给予了很高的评价，但同时提出要“创造更舒适的环境”的问题（翟羽伸、李玉琴，1995）。因此，为了“创造更舒适的环境”，日本政府环境管制政策从“防治公害”向“环境保护”转变，并采用了更加广泛、更加先进的科学技术，观念也从狭隘、消极地解决和防治环境公害转变到更宽广、更长远的环境保护上来。这一时期，日本为达到防止产生公害的目的，借鉴了美国在建设计划之前进行环境影响评价的经验，把环境评价制度化。同时，为了解决能源不足的问题，日本通产省工业技术院于 1974 年制订了以新能源开发为中心的“阳光计划”，1978 年制订了以节能技术为中心的“月光计划”（马超，2005），希望通过这些计划的实施，实现经济发展与环境保护的双赢。

（3）20世纪80年代突出全球性环境问题时代。

20世纪80年代，臭氧层破坏和气候变暖等全球性环境问题引起了国际社会的广泛关注，世界环境与发展委员会于1987年发表了题为《我们共同的未来》的报告，提出了可持续发展的方针，联合国于1992年召开了环境与发展大会，主要探讨防止地球变暖及防止地球大气臭氧层破坏等问题，突出“地球环境”的思想。受此影响，日本制订了消减使用氯氟烃的法律和计划。随着对环境问题的重视，1989年日本提出了“地球环境开发技术”的研究计划。为了解决持续发展、能源和环境问题，日本政府将“阳光计划”“月光计划”“地球环境开发技术计划”三者合为一体，以加快开发革新技术的步伐。

（4）20世纪90年代实施可持续发展战略时代。

由于国内资源比较匮乏，日本比其他任何一个国家都更懂得可持续发展的重要性。20世纪90年代，日本的环境管理观念从经济优先转变为经济与环境兼顾，并加速制定相关的法律法规，如《节能法》《环境基本法》《再循环法》等。此外，提出建设可持续发展社会的目标等。

（5）21世纪进入循环型社会战略时代。

进入21世纪，日本的环境管制政策发生了一些变化。2000年日本政府确定将建设循环型社会作为日本经济社会发展的总体目标，并颁布了《循环型社会基本法》。在《环境白皮书》中，开始考虑到环境保护在经济发展中的重要地位，提出了“环境立国”的新战略。2004年5月，环境大臣小池百合子提出了“环境革命”的概念（刘长庚，2009）。围绕循环型经济社会建设目标，日本政府出台了一系列相关措施，譬如鼓励开展节能减排技术的研究与开发，并在项目推广方面给予投资支持；调整经济结构和能源结构；加强环保教育与宣传，提高全民的环保意识等。现在，日本民众眼里几乎没有“废物”，因为几乎所有的东西都可以实现循环利用。

二　日本环境管制政策的法律法规

（1）基本法。

从20世纪50年代到20世纪末，日本共出台了三部基本法，分别是1967年的《公害对策基本法》、1972年的《自然环境保护法》，以及在二者基础上合并形成的1993年的《环境基本法》，它们主要是针对不同时期日本的环境问题，其中60年代的基本法主要出发点是治理日本经济高速增长造成的环境公害，70年代的基本法主要是防止自然环境遭到破坏，90年代的基本法旨在治理城市生活污染、森林和农地环境保护功能退化，应对全球环境问题。由此可见，三个基本法充分体现了日本各个时代的具体特点。

（2）其他环境法律体系。

除了《环境基本法》外，日本还制定了一些环境管制政策法律，它们一起构成了日本的环境政策法律体系。最早形成也是最完备的就是污染法，涉及大气、水、噪声和振动、恶臭、土壤以及其他公害等，主要有《大气污染防治法》《湖沼水质保护特别措施法》《水质污染防治法》《噪声控制法》《恶臭防治法》《关于防治农用土地土壤污染的法律》《农药控制法》《关于化学物质审查及制造的法律》。此外，在保护自然环境方面，也制定了一系列法律法规，在《自然环境保护法》中规定了自然环境保护的基本方针和原则，针对公园、都市绿地、鸟兽保护、森林、历史风土地域以及具有较高价值的建筑物和古遗迹等也都有详细的法律法规。此外，日本还根据国际环境条约，制定了一些国内环境法，如根据《全球气候大会公约》制定了《地球变暖推进法案》，该法案把防止全球气候变暖作为国民的一项义务来规定。

地方自治团体还可以结合本地环境特征，在国家法律法规范围内制定地方自治团体条例，这些地方性法规是对国家有关法律法规的有益补充和完善，一定程度上还可以作为国家法律法规的试验版。

（3）污染费用负担和救济等方面的法律。

日本不仅对有关环境污染防治的责任和义务进行立法，而且还针对环境纠纷过程中的具体处理、费用和损害救济问题进行了立法（萨日娜，2006），形成了有关污染防治费用和损害救济的法律（参见表5-2），从而使日本环境保护更具可操作性。

表5-2　有关费用负担和救济等方面的法律

类　别	法律名称	主要内容
公害防治事业费	《公害防治事业费企业负担法》等	造成公害的单位承担部分费用，中央和地方政府的财政负担部分费用。

续表

类　别	法律名称	主要内容
污染损害救济费用	《关于公害造成健康受害者补偿法》等	如果企业无法证明其具有免除责任，那么被起诉的企业都将承担连带责任。如果损害单位无偿还能力，则由地方政府负责偿清赔付。
公害纠纷费用	《公害纠纷处理法》	发生公害致害的纠纷时，由公害审议会按法律进行调节、仲裁。损害单位对诉讼受害人进行的赔付，同样适用于那些未诉讼的受害者。

三　日本环境管理的组织体系

20世纪60年代以前，环境管理工作由内阁各省分管，并无专门的环境管理部门。1970年7月，成立了公害防治总部，它直接听命于首相；设立了“中央公害等调整委员会”，专门处理公害引发的环境纠纷，隶属于首相官邸。1971年1月，根据《环境厅设置法》的规定成立了环境厅，这标志着日本结束了过去分散的环境管理体系，其管理职责也进一步扩大，譬如增加了环境厅对自然环境的保护职能；2001年6月，环境厅晋升为环境省，即环境管理机构成为中央部级单位，其主要职责是预防和处理公害事件，保护自然和生态环境，以及与环境保护相关的其他工作。环境省在全国设置了7个派出机构，每个派出机构都配备有专门的职员，他们直接对环境省负责（夏光，2000）。除环境省外，日本的其他部级单位，如国土交通省、农林水产省等也都在各自的职责范围内履行相应的环境职能。

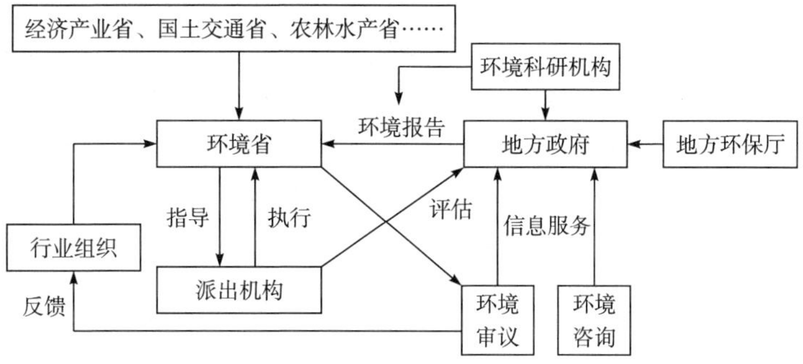

图5-3　日本环境管理的组织机构

日本地方政府在环境管理方面发挥着重要的作用，其工作大多都走在中央政府的前面，所制定的环境标准一般都比中央政府严格或超前。地方环境管理部门由地方政府设立，它们也只需对本地政府负责即可，主要是对本地环境质量进行保护和监测，制定相关的政策措施；指导新开发项目的环保工作，以及开展科学研究等。此外，地方政府还成立有环境咨询、环境审议、环境科研机构，它们为地方环境政策的制定提供决策建议和决策依据，监督工业企业对环境法规的执行情况。此外，地方政府也可以根据需要设立环境派出机构（徐士英，2001）。

四　日本环境管制政策的特点

日本在较短的时间内实现了从“公害岛国”向全球先进环境岛国的转变，日本诸多的环境管理实践经验值得全球学习和借鉴。概括起来，日本的环境管制政策呈现以下特点。

（1）日本的环境管制理念经历了从消极的应对环境公害向积极的环境防治转变的过程。

二战结束以后，饱受战争创伤的日本为了尽快恢复经济，开始了不惜一切代价的高速发展战略，在此计划激励下，日本迅速成为世界第二大经济体。与此同时，在20世纪50～60年代，日本发生了多起骇人听闻的环境公害事件（孙磊，2012），如1961年四日市的哮喘病事件、1968年日本北九州市的米糠油事件、1953～1956年熊本县的水俣病事件，以及1955～1972年富山县神通川流域的骨痛病事件。这一系列恶性事件与日本政府“重经济发展、轻环境保护”的执政理念紧密相关。这些事件的爆发也促使日本政府不得不应对工业污染问题，开始加强环境立法，如1965年日本政府设立了公害审议会，1967年通过了《公害对策基本法》（国家的环境基本法），但这一基本法仍是在“经济发展优先”的立法思想下制定的。在此背景下，日本国内的水污染、大气污染和固体废弃物处理问题等依然严重。20世纪70年代以后，联合国人类环境会议全体会议在斯德哥尔摩召开，国际社会对保护环境的认识日渐成熟和深入，可持续发展理念在日本深入人心，日本开始加强环境保护工作，从原先的防治公害事件向积极的保护自然和生活环境转变。譬如1972年日本政府制定了《自然环境保护基本法》，并且保护自然环境的含义从单纯的保护自然景观扩展到保护全国的自然环境，将“创造更加舒适的环境”作为其环保目标。迈入21

世纪以来，日本政府更加强调环境在经济发展中的重要地位，提出了“环境立国”的新战略，并制订了具体的战略方案，其宗旨是实现经济增长与环境保护同步，呼吁全社会甚至世界各国重视环境保护，而不是以牺牲环境为代价追求经济发展。

（2）日本民众强烈的节能环保意识推动了环境政策的快速发展。

日本民众对环境管制政策的参与积极性很高，尤其是 20 世纪 50 年代发生环境公害事件以后，极大地刺激了公众的环保意识，公害发生地迅速发展了大量的民间环保团体和组织。环保团体或组织的主要力量是当地居民，与此同时，专家学者的积极协助为环保运动提供了强有力的理论指导，从而进一步增强了环保运动的科学性和针对性。他们通过向地方政府建言献策、向议会请愿、集体游行和向公众呼吁等方式，使日本政府的环保政策发生了重要改变，成为推动日本环境质量改善、监督企业节能减排、督促政府签订有关环保协议的重要社会力量。此外，日本民众根深蒂固的节能环保意识也是助推日本环境政策积极发展的重要因素。日本政府通过提高能源价格、发展循环经济等措施不断提升民众的能源危机感，培育了日本民众节能环保的生活方式。譬如 1998 年以来日本开始在家电、汽车等行业实施“领跑者制度”，大大降低了能耗标准，促进了节能技术的研发和推广使用。此外，在日本民众眼中，没有“废品”的概念，因为几乎所有的废弃物经过细致的垃圾分类管理和先进的资源回收利用技术之后，都可以转化为经济效益，改善国民的生活。

（3）日本的环境法律体系比较健全和完善。

日本的环境法律体系比较完善，既有防治环境污染方面的立法又有污染处理方面的法规。日本有关环境的法律是由《环境基本法》为基础框架构筑起来的，除《环境基本法》外还有《污染（公害）法》《自然环境法》等，其内容涉及环境领域的各个方面。此外，日本的环境法律体系中还有一些与国际接轨的法律，如有关臭氧层、海洋污染、濒危物种、温室气体等方面的法律。譬如日本于 1988 年制定了《管制特定物质以保护臭氧层的法律》，20 世纪 80 年代日本参加了《濒危野生动植物物种国际贸易公约》，1992 年参加了巴黎《保护世界文化和自然遗产公约》，1997 年加入了马德里《〈南极条约〉环境保护议定书》等。特别是，日本不仅就污染防治做出了立法规定，还就污染处理事件的相关费用和负责部门都有相应的说明，从而有助于保证各项政策措施的落实到位，为环境保护提供了立体化的制度保障。如《公害防治事业费企业负担法》《关于与公害防治事业有关的国家财政特别措施的法律》《关于公害造成健康受害者补偿法》《公害纠纷处理法》等，对公害防治引发的费用、公害对居民健康造成损害的救济费用以及公害赔偿纠纷的处理部门和相关费用都做出了明确具体的规定，大大提高了环境政策的执行效率。

（4）日本的环境管理体制经历了一个从无到有、由弱到强的发展过程。20 世纪 60 年代以前，日本的环境管理工作由分布于各省的内阁成员管理，并没有专门的环境管理部门。1963 年在首相官邸设立了用以协调各省环境管理工作的“协议会”，此后，公害防治总部、中央公害调整委员会和环境厅相继成立，并将环境厅升级为中央部级单位，其他部级单位也都赋予了部分环境监管职能。总之，日本环境管理机构的职责不断明确，功能不断完善，地位也在逐渐提升，工作范围也越来越广泛。

第四节　中国的环境管制政策

一　中国环境管制政策的发展历程

根据史料记载，我国有关环境防治的法规可以追溯至商朝。但古代历史时期的环境法规更多是统治阶级的思想体现，我国古代的思想家、政治家等也为各时期环境政策的制定提供了理论武器。但纵观我国环境管制政策的发展，直到新中国成立以来，才真正步入正轨，因此，下面着重就新中国成立以来我国的环境管制政策进行回顾与总结。通过回顾我国环境政策的发展历程，我们可以看出，在不同的发展阶段我国有不同的环境政策（参见表 5-3），据不完全统计，与环境相关的法律法规有 100 多项，形成了相对完善的环境管制政策体系。概括起来，大致可分为以下三个阶段（吴获，2006）。

第一阶段，新中国成立以后至改革开放初期，这是我国环境管制政策的起步阶段。新中国成立之初，由于国内经济和工业处于一穷二白的境地，包括环境政策在内的各类管理规章制度都比较缺乏。我国于 1972 年参加了在瑞典首都召开的第一次世界性人类环境会议，之后开始认识到国内环境问题同样也需要谨慎对待，正是在这一背景下，我国于 1973 年在北京召开了第一次全国环境保护会议，出台了国内第一个环保文件——《关于保护和改善环境的若干规定》，从此开启了中国环境管理的新篇章。纵观这一时期的环境管理工作可以看出，环境管制政策以行政干预为主，命令控制型政策是主要采用的管制方式。这些政策曾经对环境保护做出了卓越的贡献，但是它主要采取末端处理的污染控制，企业几乎没有自主权，一直处于被动状态，在企业看来，这种政策只会给他们增加成本，降低竞争力，因此很多企业都是消极应对。譬如，企业为了满足国家的排污达标制度，可以通过稀释排污浓度的做法蒙混过关。

第二阶段，改革开放以后至 20 世纪 90 年代末，随着国际社会可持续发展理念的提出，以及对国内环境实践的不断总结，环境管制政策转向以市场机制为主，市场激励型政策是主要采用的管制方式，环境政策的制定依据更加合理和科学。例如我国的排污费制度、排污许可权制度、废物的循环利用政策、清洁生产政策等。排污收费制度从早期的超标排放收费向浓度和总量相结合、排污收费和超标排放相结合转变。

第三阶段，21 世纪以来，随着公民环保意识的不断成熟，以及我国市场经济体制的深化改革，环境管制政策注重发挥企业与公众的作用，在原有政策体系的基础上增加了自愿型环境管制工具，也称商业与政府合作型环境政策。通过政府和企业之间合作的方式，代替了命令控制型的强制做法，政府或机构给广大市民提供更多的关于企业的环境信息，可以将更多的企业纳入环境自我管束中。这样企业有了更多的自主权，有利于激发企业创新，在环保的同时，提高企业的竞争力。

表 5-3 我国主要的环境管制政策

环境管制政策	政策来源	政策类型
环境技术标准	各类污染物排放标准不一。例如：《工业“三废”排放试行标准》（GBJ4-73）于 1974 年实施，后来不断修订；《大气环境质量标准》（GB3095-82）于 1982 年 8 月实施，后来不断修订；《工业企业厂界噪声标准》（GB12348-90）于 1991 年实施，后来不断修订；《大气污染物综合排放标准》（GB16297-1996）于 1997 年实施，现行有效；《污水综合排放标准》（GB8978-1996）于 1998 年实施，现行有效。	命令控制型
环境影响评价制度	1989 年《环境保护法》。	
“三同时”制度	1973 年《环境保护法》。	
限期治理制度	1979 年《环境保护法（试行）》。	
关停并转制度	1996 年国务院发布《关于环境保护若干问题的决定》。	

续表

环境管制政策	政策来源	政策类型
排污费	现行的排污收费标准是2003年提出的，2014年9月，国家发改委、财政部和环保部联合印发《关于调整排污费征收标准等有关问题的通知》，通知要求各省区在2015年6月底前完成排污收费标准调整。	市场激励型
排污权交易	1994年开始试行，目前尚未全国推广。	
押金返还制度	20世纪60～70年代，现在较少使用。	
环境费（环境税）	1992年开始研究和试点，预计2016年出台，将环境费改为环境税。	
环境补贴（环境保护补助资金）	1989年国家环保部和财政部联合下发《关于加强环境保护补助资金管理的若干规定》，该办法于1990年起执行。	
自愿环境协议	1993年首次推出环境标志，开创了我国全民环保的新时代；1996年引入ISO14001环境管理体系标准，将国际环境管理与国内环境管理相结合；2003年创建“国家环境友好企业”活动，标志着我国企业自愿环境管理正式实施。	自愿型
环境信息披露制度	国家环保总局于2007年公布《环境信息公开办法（试行）》（国家环保总局令第35号），该办法自2008年5月起实施。国家环保总局于2008年公布《加强上市公司环境保护监督管理工作的指导意见》〔环发（2008）24号〕，该办法自2008年5月起实施。	
环境认证	2003年国家环保总局设立了环境认证中心。	

资料来源：根据我国环境管制政策相关资料整理。

总之，环境管制政策在维护和改善我国环境质量方面发挥了积极作用。从化学需氧量、二氧化硫、氨氮这三类主要污染物的排放来看（参见表5-4），2014年上半年的排放量较2013年同期都有不同程度的下降，但是各类污染物均有个别省市还没有得到彻底的遏制，譬如：海南、西藏和青海省区的化学需氧量排放不降反升；海南和青海的氨氮排放量不降反升；海南、西藏、甘肃、宁夏、新疆和新疆建设兵团的二氧化硫排放量反弹幅度比较大；西藏、新疆和新疆建设兵团的氮氧化物排放量也呈现不同程度的上升。在国家将上述污染物作为政府约束性指标进行严格管制的当前，仍有个别地区没有严格履行职责，尤其是海南，除氮氧化物外其他三类污染物的排放均呈增加态势，反映出这些地区的环境管制还存在明显的漏洞或疏忽，应引起有关部门的高度重视。

表 5-4　2014 年上半年全国各地区主要污染物排放情况

单位：万吨，%

地区	COD 排放量		NH_3-N 排放量		SO_2 排放量		NO_x化物排放量	
	2014 年上半年	同比	2014 年上半年	同比	2014 年上半年	同比	2014 年上半年	同比
全　国	1172.2	-2.26	122.5	-2.67	1037.2	-1.87	1099.5	-5.82
北　京	9.07	-2.22	0.95	-5.95	3.83	-5.43	7.89	-7.59
天　津	11.13	-3.25	1.34	-1.64	10.4	-4.05	14.42	-10.67
河　北	64.78	-2.66	5.24	-3.41	62.55	-7.14	79.69	-7.03
山　西	23.35	-2.72	2.79	-2.05	64.57	-3.51	55.58	-8.01
内蒙古	43.29	-1.62	2.61	-2.43	70.29	-1.57	70.82	-4.02
辽　宁	61.99	-5.19	5.13	-5.18	50.39	-1.55	44.29	-9.47
吉　林	37.15	-2.61	2.64	-3.19	18.25	-4.55	28.42	-2.5
黑龙江	72.37	-2.14	4.37	-4.48	22.81	-5.67	37.32	-5.09
上　海	11.55	-3.31	2.39	-3.86	9.06	-8.02	18.39	-6.65
江　苏	56.84	-3.19	7.22	-3.19	49.41	-3.37	68.77	-6.54
浙　江	37.42	-3.29	5.33	-3.48	29.41	-3.7	37.48	-7.51
安　徽	45.5	-1.21	5.19	-1.11	25.98	-0.53	44.9	-6.29
福　建	32.56	-2.53	4.62	-1.55	19.1	-0.52	23.54	-4.62
江　西	36.89	-1.08	4.39	-2.37	26.8	-1.39	27.87	-4.11
山　东	91.91	-1.81	8.18	-1.87	86.78	-0.7	85.08	-6.63
河　南	67.92	-2.72	7.22	-4.5	63.93	-2.42	73.36	-9.21
湖　北	52.32	-1.79	6.18	-2.19	31.32	-1.35	29.17	-7.47
湖　南	63.74	-0.4	8.03	-1.52	33.77	-0.26	27.7	-3.45
广　东	84.41	-2.84	10.46	-3.02	38.52	-2.18	60.81	-5.28
广　西	37.19	-1.61	4.2	-0.02	21.56	-1.4	22.38	-7.35
海　南	9.94	1.29	1.16	1.51	1.87	6.99	4.59	-3.64
重　庆	19.36	-3.92	2.54	-3.07	27.69	-2.11	18.37	-3.42
四　川	62.44	-0.98	6.79	-1.55	40.06	-3.42	32.57	-5.18
贵　州	16.63	-4.12	1.91	-3.58	50.59	-1.11	26.28	-8.98
云　南	26.88	-2.71	2.91	-2.5	31.98	-2.52	24.49	-5.15
西　藏	1.4	4.48	0.17	-	0.23	9.95	1.96	2.44
陕　西	25.09	-3.5	2.99	-3.58	42.47	-0.94	36.51	-7.79
甘　肃	19.26	-1.16	1.94	-1.73	32.48	2.06	21.43	-6.25

续表

地区	COD 排放量		NH_3-N 排放量		SO_2 排放量		NO_x 化物排放量	
	2014 年上半年	同比	2014 年上半年	同比	2014 年上半年	同比	2014 年上半年	同比
青　海	5.16	1.16	0.48	0.46	7.70	-3.56	6.73	-3.77
宁　夏	11.3	-1.39	0.84	-3.76	20.49	0.66	20.02	-9.29
新　疆	28.57	-0.81	2.04	-2.8	36.35	6.19	39.99	8.25
新疆兵团	4.8	-1.45	0.27	-0.19	6.54	27.84	8.67	37.8

数据来源：根据国家统计局资料整理所得。

在国家环境管制政策的倡导和约束之下，无论地方政府还是企业，对污染治理和环境保护工作越来越重视，在环境治理方面的投入也在大幅度增加。2013 年全国用于环境治理的投资为 9516.5 亿元，占当年 GDP 的比重为 1.67%，其中：城镇环境基础设施建设投资总额为 5223.0 亿元，工业污染环境治理投资总额为 867.66 亿元，当年完成环保验收项目投资总额为 3425.8 亿元（参见表 5-5）。

表 5-5　2001～2013 年全国环境污染治理投资完成情况

单位：亿元，%

年份	当年完成环保验收项目投资	城镇环境基础设施建设投资	工业污染源治理投资	环境污染治理投资总额	占 GDP 比重
2001	336.4	655.8	174.5	1166.7	1.06
2002	389.7	878.4	188.4	1456.5	1.21
2003	333.5	1194.8	221.8	1750.1	1.29
2004	460.5	1288.9	308.1	2057.5	1.29
2005	640.1	1466.9	458.2	2565.2	1.39
2006	767.2	1528.4	484.0	2779.6	1.28
2007	1367.4	1749.0	552.2	3668.6	1.38
2008	2146.7	2247.7	542.2	4936.6	1.57
2009	1570.7	3245.1	442.7	5258.4	1.54
2010	2033.0	5182.2	395.5	7610.7	1.67
2011	2112.4	4557.2	444.36	7114.0	1.50
2012	2690.4	5062.7	500.5	8253.6	1.59
2013	3425.8	5223.0	867.66	9516.5	1.67

数据来源：根据国家统计局网站资料整理所得。

从企业的环保意识形态来看，面对越来越严厉的环境管制政策以及消费者对环境友好型产品需求的日益增加，国内一些大型企业开始深刻反思发达国家环境管制的经验教训，对环境管制与企业竞争力之间的关系认识逐渐发生了转变，甚至一些大型企业从被动地接受政府的环境管制政策转变为主动地实施积极的环境管理战略，这些企业通过执行严格的环境标准和生产绿色产品在实践中逐渐赢得了广阔的市场。以中华环保联合会2006年开始推出的“环境友好企业”荣誉称号为例，截至2012年，全国已有100多家企业获此殊荣。这些企业在实践过程中，积极响应国家的“节能减排号召”，坚持“环境友好”的发展理念，积极探索，多方努力，成为我国努力建设环境友好型、资源节约型社会的企业典范（参见表5-6）。

表5-6 2012年中华环保联合会授予的“环境友好”企业名单

公司名称	主营业务	公司名称	主营业务
大同煤矿集团大地选煤工程有限责任公司塔山选煤厂	选煤工程	唐山开滦赵各庄矿业有限公司选煤厂	选煤工程
冀中能源峰峰集团有限公司九龙矿	煤炭开采	开滦能源化工股份有限公司吕家坨矿业分公司选煤厂	选煤工程
冀中能源峰峰集团有限公司九龙矸石热电厂	热力发电	开滦集团公司钱家营矿业分公司选煤厂	选煤工程
冀中能源峰峰集团有限公司薛村矿	煤炭开采	冀中能源峰峰集团有限公司邯郸洗选厂	煤炭洗选
山东华聚能源股份有限公司	能　源	深圳妈湾电力有限公司	电力生产
冀中能源峰峰集团有限公司马头洗选厂	煤炭洗选	深圳市广深沙角B电力有限公司沙角B火力发电厂	火力发电
开滦集团公司唐山矿业分公司选煤厂	选煤工程	唐山开滦林西矿业有限公司选煤厂	选煤工程
开滦能源化工股份有限公司范各庄矿业分公司选煤厂	选煤工程	长庆油田分公司第一采气厂	油气开采
河北峰煤焦化有限公司	煤化工	深圳市能源环保有限公司	电力行业
绥中发电有限责任公司	煤炭发电	山东圣阳电源股份有限公司	铅酸蓄电池

资料来源：http：//news. xinhuanet. com/fortune/2012-02/16/c_ 111534130. htm。

二 中国环境管制政策的主要问题

我国的环境管制政策虽然可以追溯到很早的历史，但早期发展相对缓慢，改革开放以后，才进入政策建立健全的快速发展期。回顾改革开放以来我国的环境管制政策与环境发展状况，不难发现，我国环境管制政策在制定与实施过程中还存在以下几个方面的问题。

（1）我国的环境管制政策制定多采用的是自上而下的方式，政府是环境管制政策的主要制定者和执行者，相比而言，企业和公众在环境政策制定过程中都处于被动地位，参与方式比较单一、参与渠道不畅通。受计划经济体制的影响，以及社会经济发展水平和居民环保意识的限制，长期以来，公众、企业和社会组织习惯于游离在政策决策之外，结果导致政策制定缺少社会基础，在政策执行过程中遇到的社会阻力较大，降低了政策的预期效果。譬如排污权交易制度，政府在20世纪90年代就开始研究试点，时至今日，企业参与的积极性仍然不高。

（2）我国环境管制政策并没有真正体现环境优先的发展原则。我国是一个拥有十几亿人口的发展中国家，加之新中国成立之初我国的工业基础薄弱、物质财富短缺等诸多现实问题，导致我国长期以来坚持以经济建设为中心的基本发展战略，全国各地，包括各级政府都把追求经济发展作为第一要务。虽然我国的环境法规定，环境效益与经济效益、社会效益并重，但与发达国家明确提出的“环境优先原则”相比，还存在一定差距，这也直接导致了在实践中我国各地盲目追求GDP增长，而忽略了环境保护的粗放式经济增长模式。直到2006年编制“十一五”规划纲要时，才将节能减排等环境保护工作作为政府考核的约束性指标体系，“十二五”规划进一步扩大了约束性指标的范围，反映了我国在环境保护方面正逐步走向环境优先原则。

（3）我国环境管制政策对公众参与缺乏必要的保障机制。我国虽然在1993年关于环境影响评价制度中就明确了公众参与的重要性，并指出公众通过听证活动参与环境评价，此后，在多种法规中对公众参与环境政策做出过重要阐述，但公众参与的实际进展非常迟缓。为此，2015年4月，国家环保部开始着手向全社会征集关于《环境保护公众参与办法（试行）》的征求意见稿，这种制度性保障来的有些晚了。在保障公众、单位或组织参与环境管理方面的工作一直未能得到有效贯彻，政府部门未能对此给予高度重视，集中表现为以下三个方面。第一，教育宣传和思想工作做得不够扎实。相关的宣传教育活动较少，社会力量对此的认识不够深刻，尚未形成全民环保、共同环保的社会习惯。第二，环境信息获取的渠道不畅。我国对企业环境信息的披露缺乏有效的制度，除上市公司外多数企业的披露行为主要是基于自愿原则完成，这就造成信息披露不完整、不充分。第三，我国对环境违法行为举报的奖惩机制不健全。由于对举报人缺乏有效的保护和适当的奖励，社会力量对环境违法的监管作用比较有限，无法对违法违规企业或单位构成威慑作用。

（4）命令控制型环境政策不仅数量较多，而且一直占据主导地位。相比之下，市场激励型环境政策所占比重较少，且发展历史较短，运用不够充分，这一点与发达国家相比，还存在不少差距。从我国使用的主要环境管制手段和政策措施来看，虽然近些年市场激励型和自愿型环境管制方式开始蓬勃发展，但原有的行政干预手段仍然有效，并且仍占主导地位。以排污权交易为例，发达国家的实践证明，作为一种市场激励型环境管制政策，排污权交易制度既能有效保护环境，又能节省管理费用，符合环境管制政策的发展趋势。但是，排污权交易在国内却迟迟得不到推广，从开始试点工作到现在，已经20多年过去了，仍处于探索阶段，一些省市虽然取得了一定成绩和效果，但纵观交易事件来看，仍以政府牵线搭桥为主，企业自愿参与的不多，且各地的交易机制不一，交易价格悬殊，尤其是缺乏法律保障，使得排污权交易制度难以在国内全面开花结果。

（5）我国环境管制政策执行效果欠佳，环境污染治理缺乏足够的资金保障。21世纪以来，我国环境污染治理的资金投入在GDP中的比重虽然稳步提升，但由于我国环境污染问题的历史欠债较多，使得环境治理的资金缺口仍然较大。以2013年为例，全国共投入环境污染治理资金9516.5亿元，占当年GDP的比重为1.67%，只有内蒙古自治区的污染治理投资额超过500亿元，为506.8亿元，海南、西藏、青海和宁夏4个省区的污染治理投资额尚不足100亿元，分别为26.6亿元、28.3亿元、36.7亿元和72.4亿元（参见表5-7）。

表 5-7 2013 年全国各地环境污染治理投资情况

单位：亿元，%

地区	环境污染治理投资总额	城镇环境基础设施建设投资	工业污染源治理投资	当年完成环保验收项目投资	占 GDP 比重
全国	9516.5	5223.0	867.7	3425.8	1.67
北京	433.5	404.5	4.3	24.8	2.22
天津	191.3	90.9	14.8	85.6	1.33
河北	490.0	316.1	51.2	122.7	1.73
山西	337.2	204.7	55.6	76.9	2.68
内蒙古	506.8	324.5	62.7	119.6	3.01
辽宁	347.6	206.6	27.7	113.3	1.28
吉林	105.4	55.7	9.4	40.3	0.81
黑龙江	298.5	200.0	20.7	77.8	2.08
上海	187.6	77.0	5.2	105.4	0.87
江苏	881.0	509.9	59.4	311.7	1.49
浙江	390.4	156.5	57.7	176.2	1.04
安徽	506.0	319.8	41.3	144.9	2.66
福建	282.9	137.0	38.4	107.5	1.30
江西	239.6	182.3	15.5	41.8	1.67
山东	848.0	528.4	84.3	235.3	1.55
河南	288.1	157.4	44.0	86.7	0.90
湖北	252.7	154.5	25.2	73.0	1.02
湖南	233.9	167.2	23.4	43.3	0.95
广东	351.9	60.9	32.5	258.5	0.57
广西	217.8	135.3	18.3	64.2	1.52
海南	26.6	12.5	3.5	10.6	0.85
重庆	173.3	111.4	7.9	54.1	1.37
四川	234.0	119.4	18.8	95.7	0.89
贵州	109.7	66.8	19.6	23.3	1.37
云南	197.1	35.7	23.9	137.5	1.68
西藏	28.3	1.5	1.0	25.8	3.50
陕西	221.7	141.1	41.8	38.8	1.38
甘肃	176.2	82.1	18.2	75.8	2.81
青海	36.7	20.5	3.0	13.2	1.75
宁夏	72.4	27.8	16.5	28.0	2.82
新疆	318.7	203.4	22.0	93.3	3.81

数据来源：根据国家统计局数据资料整理所得。

从环境污染治理投资占当地 GDP 的比重来看，全国仍有 7 个省市的投资比重尚不足 1%，它们分别是吉林、上海、河南、湖南、广东、海南和四川。从国际经验来看，我国环境污染治理资金在当年 GDP 中的比重仍然偏低（参见图 5-4）。2013 年我国环境污染治理投资额在 GDP 中所占比重已经是历史最高水平，然而，日本在 1974 年这一比例就达到 1.7%，1975 年更是高达 2%，美国为 2%，德国为 2.1%。此外，我国的环境治理投资包括用于城市环境绿化以及城镇公共基础设施的建设投资（如燃气、集中供热等项目），如果扣除这一部分，我国环境投资的比重还要更低。从发达国家的环境治理经验来看，当治理投资占 GDP 的比重在 1% ~1.5% 时，环境恶化的趋势可以得到控制，当这一比例提升至 2% ~3% 的水平时，环境质量才能得到较好的改善。据此推出，我国环境治理投资与环境质量改善所需资金之间还存在较大缺口，我国需要继续加大环保投资力度。

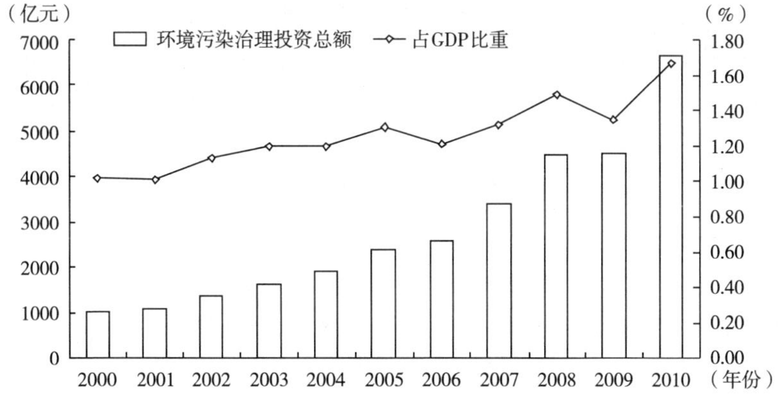

图 5-4　2000 ~2010 年我国环境污染治理投资及其在 GDP 中所占比重

三　中外环境管制政策的对比分析

发达国家在污染治理和环境保护方面一直走在世界前列，它们建立了非常完善的环境管制政策体系，目前环保政策已经融入其政治、经济和社会发展等各个领域，政府也将可持续发展目标纳入国家发展战略，并且通过立法手段将其法制化。下面对中外环境管制政策的具体方面作一详细对比，为下一步完善和改进我国环境管制政策提供一些经验借鉴和启示（王丽萍，2014）。

1. 环境管制政策的制定

由于国家体制的原因，发达国家已经形成了环境立法的优良传统，其环境管制政策的制定多是“自下而上”的推动型，公民在环境管制政策制定中发挥着巨大作用，且效率较高。而我国的环境管制政策大多是“自上而下”型的，制定主体多是人大和政府，广大群众在政策制定中发挥的作用比较有限。今后我国环境政策的制定应采用自上而下和自下而上相结合的双重推动机制，既重视政府的管制作用，又重视社会团体、个人、市场的力量，保障人民群众通过社会组织参与环境治理的权利，创新环境政策的决策方式，增强社会发展活力，提高环境治理水平。此外，党和国家领导人有关环境保护的重要讲话或文件虽然不是法律条款，却具有法律效力，今后要进一步强化党的相关政策在环保法律政策中的体现，确保政策的连续性。

2. 环境管制政策的内容

发达国家环境管制政策经过几百年的发展与完善，内容已相当成熟，而我国的环境管制政策虽然历史悠久，但真正与现代社会接轨只有几十年的历史，虽然也制定了很多环境管制政策，但单项政策的环境保护力度明显不够，政策之间缺乏协调性。因此，可以借鉴美国的《环境政策法》，从整体上协调环境政策与政治、经济和社会之间的矛盾，使行政机关把对环境价值的考虑纳入决策过程，改变行政机关过去忽视环境价值的行政决策方式，多制定一些具有经济性、技术性和前瞻性的法律法规，增强行政干预的程序性、规范性，减少“政策缺位”与“政策错位”现象的发生。

3. 环境管制政策的手段

早期发达国家的环境管制途径多是命令控制型的，但随着人们对环境问题认识的不断深入，发达国家更多倾向于市场化的环境管制途径，更加注重发挥非政府组织在环境保护中的重要作用。而我国由于受计划经济体制的影响，早期的环境管制手段多是命令控制型的，虽然环境经济手段在国内环境政策中所占的比重越来越大，并已成为大势所趋，但整体上力度还是不够，手段偏少。今后要逐步减少行政命令方式，多采用市场方式实施环境管制政策，学习欧盟建立排污权交易市场、实行押金制和执行保证金、建立资源利用节约机制等，同时大力推动环保事业的发展、建立环保产业链等。

4. 环境管制政策的执行

第一，地方政府仍然存在牺牲环境获得经济增长的做法。中央政府提出了经济发展和环境保护并重、可持续发展、科学发展等诸多观点，但受经济发展、市场机制等影响，地方政府目前奉行的仍然是经济发展优先的原则，与环境保护相比，地方政府更加注重 GDP，粗放式的经济增长模式仍然随处可见，结果造成了很多环境污染事件。第二，地方政府充当环境违法事件的保护伞。虽然我国环境保护实行的是地方政府负责制，很多环境事件也触犯了政策法规，但由于地方政府的不尽责，许多事件最后不了了之，或者考虑到污染企业多为当地的财政、就业大户，地方政府也多是睁一只眼闭一只眼，造成了“有法不依”，政策执行不到位。第三，简政放权是今后环境管理改革的方向。发达国家的司法权相对独立，而我国的司法执行自由裁量权较大，受人的意志影响比较大，如何让司法部门更加独立地行使司法权，确保司法公正是今后要解决的一个重点问题。此外，今后还要协调中央和地方两个管理主体的积极性；简化政府所直接操作的环境管制程序，放弃那些费时费力的行政措施，使政府从环境政策执行的“当事人”转变为“仲裁者”，从“运动员”转变为“裁判员”，进一步强化企业、个人、社会的义务和权利。

5. 环境管制政策的监督

发达国家已建立了一系列配套的保障措施，以监督环境管制政策的有效实施，相比之下，我国环境管制政策的监督机制比较缺失，导致政策不作为现象比较突出。今后我国可以在以下两个方面学习发达国家。第一，设立具有较强独立性的监督机构。我国虽然制定了很多环境管制政策，但缺少对这些环境管制政策实施过程的监管，为此，我们可以学习美国建立大区域制度，学习德国建立联席会议制度，强化这些机构的监督职能，确保环境管制政策落实到位。第二，建立公众参与监督体制。为保护公民的环境权益，可以仿效“职业打假”制度，建立环保职业打假制度，设立高额奖励，鼓励公众监督，包括监督污染企业的环境违规行为和政府机关的环保不作为等，同时要建立制度对处于弱势地位的举报人给予保护，对于泄露举报人信息的相关人员要予以重罚，对于失职或者徇私舞弊的政府工作人员处以重罚。

6. 环境管理组织

虽然我国的环境管理机构和工作人员总数居全球前列，但在基层却缺少正规的环保组织，而且地方环境保护机构多接受上级环保部门和当地政府的双重领导，尤其是在人事任免、经费使用、物质基础等方面，环保机构的“乌纱帽”受地方政府的影响很大，造成了地方环保部门监管无能力、执行无动力等诸多问题。为此，可借鉴发达国家的环保机构垂直管理经验，各级环保部门应完全实现纵向管理，在人、财、物上都彻底独立于地方政府之外，成为与检察院、法院一样的相对独立于地方政府的机构，使之获得较大的独立自主权，同时也要加大对其考核检查力度，不能走形式、走过场。对地方政府应赋予更大的环境监管责任，中央要加强对地方政府的监督、协调和服务。从微观上，可以学习美国建立环境检察官制度，学习日本建立企业环境联络员制度，强化企业作为环境管制的主体和责任人，确保环境管制政策得到落实。

7. 环境管制政策的宣传

发达国家比较注重对国民的环境宣传教育，譬如，美国 1971 年就颁布了《环境教育法》，在日本和欧盟，公民的环境保护意识也非常强烈。相比较而言，由于经济发展落后和教育不到位，我国公民的环保意识一直较弱，对环境问题的认识比较单纯，对环境危害的“忍耐性”较强或“容忍度”较高，环境风险的评估能力普遍落后，公民对环境事业和环保监督的参与积极性长期欠缺，社会公众的环境责任感长期缺位，即使环境污染触动了自己的利益，也不积极采取行动维护自己的利益。为此，应学习发达国家，制定一部真正的环境教育法，加强对国人环境保护的宣传与教育，努力营造全民参与、人人有责的环境保护氛围。

概括来看，我国不同时期的环境管制政策各有差异，总体上是连续向前发展的，但与发达国家先进的管理理念、完善的管理体制和协调的政策体系相比，我国环境管制政策还存在不少差距。

第六章
环境政策模拟

第一节　环境 CGE 模型概述

CGE 模型是可计算的一般均衡（Computable General Equilibrium）模型的简称，常用于与经济相关的政策分析和经济评价，目前国内外学者已经广泛运用 CGE 模型研究经济、能源和环境等问题（李创，2012）。

一　环境 CGE 模型的产生与发展

环境 CGE 模型是基于经济学中瓦尔拉斯（Walras）的一般均衡分析思想，综合考虑环境与经济系统之间的相互关系而建立的环境与经济协调发展的定量分析模型。环境 CGE 模型将环境与经济系统作为研究对象，通过对传统 CGE 模型进行结构调整，纳入资源和环境核算账户，因此，环境 CGE 模型秉承了 CGE 模型的可计算性与一般均衡特征。

环境 CGE 模型的特点是在 CGE 模型的基础上将土地、水等自然资源作为初级要素纳入生产模块，将环境污染治理成本（如森林税、碳税、污水治理成本等）纳入生产方程，实现了在环境和自然资源治理成本变动时，对各部门乃至整个研究区的环境、经济的影响评价，从根本上解决了环境—经济系统的失衡问题。

环境 CGE 模型在实践中的应用研究取得了丰富成果，特别是 20 世纪 90 年代以来，世界环境问题备受关注，全球都在积极探索经济发展与减排降污同步实现的环境管制政策。在这一背景下，环境 CGE 模型因其能较好地模拟分析环境管制政策的实施效果及其对经济社会的影响，开始受到关注，并很快成为政策制定和政策研究者的有力分析工具。20 世纪 90 年代初，环境 CGE 模型进入迅速发展阶段，这一时期的学术研究主要是以西方发达国家为背景，研究内容集中在《京都议定书》框架下的全球温室气体减排、各个国家和地区的不可再生资源的利用、环境经济与贸易等方面。代表性成果有：Dufournaud et al. （1988）最先将污染物排放和治理行为引入CGE模型中，进而构建了环境CGE模型。此后，Bergman（1993）也在前人的基础上构建环境CGE模型来评估空气污染治理政策的效果。O'Ryan et al. （2005）建立了环境CGE模型研究燃料税对智利经济的影响。此外，随着技术的不断进步，世界上最大规模的GTAP模型（Global Trade Analysis Project）也广泛地用于研究环境政策的效果和影响。例如Babiker et al. （2001）运用GTAP模型，量化分析了开展国际范围内的排污权交易对社会福利的影响。

中国的环境CGE模型大约开始于20世纪90年代后期，李善同和翟凡（1997）基于经合组织的CGE模型，建立了能用来评估分析能源与贸易政策、经济增长等诸多方面的动态环境CGE模型。樊明太等（1998，1999）构建了中国的环境CGE模型，从贸易自由化角度对环境经济政策进行了分析。此后，不少学者构建了综合描述经济与环境间相作用关系的CGE模型，定量模拟分析了不同的环境调控政策对社会经济系统的影响。事实表明，环境CGE模型在分析和评估环境政策实施效果方面能发挥较好的科学量化分析功能。

二 环境CGE模型的类型

从环境问题的嵌套视角，环境CGE模型结构分为以下四种类型。

第一类是应用扩展型，在标准CGE模型的基础上另外增加一个外生的环境处理模块，对传统CGE进行扩展。这方面的代表人物主要有Royd et al. （1991）、Blitzer（1992）、Conrad & Schroder（1993）等。

第二类称为环境反馈型，这类模型在构建过程中通过增加环境因素变量以体现环境对经济的影响，如将环境污染的治理成本纳入生产函数（Jorgenson et al.，1990）、将清洁舒适的环境因素纳入效用函数（Bergman，1993）、将环境质量对生产率的影响反映到生产函数中（Gruver & Zeager，1994）。

第三类是函数扩张型，这类模型充分注意到环境对经济系统的反作用，并把这种影响通过修正传统函数表达式的方式得以反映，即在生产函数中增加污染控制行为或污染治理技术的新变量，其中比较有代表性的成果是 Nestor 等（1995）在投入产出分析中增加了环境污染税和污染控制处理流程，用于模拟污染税率变动对德国经济的影响以及动态刻画大气污染的削减过程。

第四类通常被称为结构衍生型，这类模型对传统的 CGE 结构进行了修正，主要是增加了环境控制部门，并假定这一部门的运作方式与原有的其他生产部门相同。这方面的代表性成果有 Xie & Saltzman（1996）推出的模型，模型中除了生产和消费部门，还另外增设了一个污染削减部门。

三　环境 CGE 模型的研究领域

现阶段，CGE 模型在环境保护领域的应用研究，一般都集中在不可再生能源的利用、温室气体排放、污染防治等方面。总结现阶段的研究成果，环境 CGE 模型的研究主要涉及碳排放、污染调控和节能等政策分析领域。

方向一：碳减排政策分析。

碳减排政策一直是环境政策领域的重要议题之一，很多专家学者对此开展了大量工作（汪鹏，2013），如 Goulder（1995）评估了美国的碳税政策产生的经济影响，Farmer & Steininger（1999）模拟分析了澳大利亚的减排成本，Gottinger（1998）对比分析了欧盟的减排标准、排污权交易和碳税政策对欧盟经济的影响，Dessus & O' Connor（2003）研究了几类常见污染物减少的共生效应和控制温室气体对公众健康的影响。

中国学者对碳减排政策的研究兴于近几年，因碳税被认为是有效碳减排政策工具之一，所以大部分研究集中于碳税方面。胡宗义和刘亦文（2010）、李娜等（2010）建立了分析中国碳税政策的动态 CGE 模型，前者着重模拟和分析低碳经济对中国整体经济发展的影响；后者则从低碳经济政策对区域发展格局演进的影响进行分析。另外还有不少学者构建 SAM 表定量分析碳税征收与二氧化碳减排问题。金凤（2010）利用碳税征收 CGE 模型分析了碳税的征收对二氧化碳减排及对我国经济的影响。刘小敏和付加锋（2011）针对我国 2020 年单位 CDP 的二氧化碳排放总量下降的目标，利用 CGE 模型的宏观平衡和政策分析能力，估计我国 2020 年碳排放量目标执行难易程度；二者结论相似，碳税的征收对减排效果明显，不同之处是前者采用遗传算法求解，后者采用常用的 GAMS 软件（The General Algebraic Modeling System）运行结果。赵涛和秘翠翠（2011）设置六种不同情形的差别税率分析了碳税政策变化对我国经济的影响。另外还有一些研究者利用 CGE 模型分析碳税循环政策对能源结构调整的作用。

方向二：污染调控政策分析。

国内学者在污染调控政策方面的研究主要集中在大气污染、水域污染及氮磷污染物排放等方面。杨宏伟、宛悦和增井利彦（2005）、王德发（2006）均在空气污染领域构建了可计算一般均衡模型进行研究，前者侧重于宏观角度评价空气污染引发的健康损害对国民经济的影响；后者主要通过研究大气污染分析能源税征收的劳动替代效应。夏军和黄浩（2006）利用 CGE 模型分析了海河流域水污染，通过分析水污染治理部门和其他经济部门间的投入产出关系，研究结果表明海河流域水污染比较严重，水污染控制显得尤为迫切。吴锋和邓祥征等（2010，2011）分别针对鄱阳湖流域、乌梁素海流域的氮磷排放物做了研究，前者综合考虑了人口、技术进步、经济增长等因素与氮磷排放之间的关系，提出了氮磷分期调控策略；后者在两种水质目标下，设计了 4 种氮磷排放物调控策略，分别探讨其对江西省和全国其他地区经济增长的影响。

方向三：节能政策分析。

随着能源价格的上升、能源供给紧缺的凸显，对能源问题研究的迫切性越来越强。分析目前的文献，主要集中在这几方面：征收能源税的影响、能源的利用效率与节能政策的应用。魏巍贤（2009）、杨岚等（2009）建立模型研究了征收能源税对经济、环境各部门的影响，前者侧重于定性分析，研究了征收不可再生能源从价资源税，降低重工业出口退税及调整经济结构等政策工具对宏观经济的影响，认为节能减排的一个有效途径是征收化石能源从价资源税，但因其对宏观经济将造成较大的负面影响，因此征收必须要结合各种形式的补贴；后者侧重定量研究，分析我国实施能源税对能源、经济和环境及各生产部门的影响。查冬兰和周德群（2010）构建了分析能源效率影响的可计算一般均衡模型，研究了不同种类能源效率提高 4% 对能源消费的影响，结果表明能源效率回弹效应在我国显著存在。夏传文和刘亦文（2009）构建了一套有效的地区能源评估体系来反映地区现有节能政策对能源节约的程度，用以评价和修正各项节能政策。此外，还有学者从环境税、绿色贸易方面研究相关节能政策对经济的影响。

方向四：水资源问题分析。

在水资源问题研究方面，以中国为背景的研究比较多，主要集中在水资源配置、水价问题、水污染等方面。Hatano et al.（2006）、Feng et al.（2007）从水资源配置方面进行研究，前者针对中国黄河流域的水资源分配问题建立了一个8个省的多区域CGE模型；后者把中国分为北京和国内其他地区两个区域，研究了南水北调对中国经济的影响，并把北京作为南水北调的主要受水地区进行研究；邓群等（2008）也基于北京市投入产出表建立水资源经济CGE模型，该模型从水价和水量的角度进行研究，利用GEMPACK软件包，对北京市水资源经济政策进行了模拟和分析，该定量分析结果为制定和实施水资源政策提供了决策参考及模拟平台。在水价问题方面，严冬和周建中（2010）从水价改革的影响方式方面进行了分析，赵永（2010）构建了黄河流域微观与宏观相结合的水模型进行模拟，秦长海（2012）等则讨论了投入产出分析技术下的水资源影子价格问题。陈雯等（2012）在水污染角度做了研究，系统地构建了湖南省水污染税征收的CGE模型，模拟分析了征收水污染环境税对湖南经济的长期和短期影响，以及水污染税征收对不同行业的产出和各类污染物排放量的影响。此外，还有很多学者从水与政策决策、水市场和水权交易方面进行了研究分析。

第二节　环境CGE模型的建模原理

CGE模型指的是用一组方程来描述多个机构和市场之间的相互作用，并且在一系列的约束条件下求出方程组的解，它们的经济学含义就是市场均衡时的价格与数量，以达到模拟某一政策变化所带来的直接与间接影响的目的。环境CGE模型在CGE模型的基础上融入了资源环境要素，耦合了不同产业的产出与资源环境之间的关系，通过建立数学模型来实现环境、经济系统的均衡分析，通过定义目标政策变量，模拟分析外生变量发生不同幅度变动的情况下，市场再次均衡时的经济环境状况，进而量化分析和评价环境政策或经济政策可能的实施效果。

环境CGE模型包含内生变量、外生变量和各类参数，模型的构建其实就是区分外生变量和内生变量的过程。外生变量由外部因素（主要是政策因素）决定，它能影响经济系统中的其他变量却不受经济体系内部因素影响，它的变化导致模型其他部分随之变化，例如研究碳税政策对国民经济的影响时，碳税税率就是外生变量。内生变量在经济体系内通过相互的作用，使经济系统达到一个均衡状态，在此过程中，产出量、价格等因素发生了变化，模型达到均衡时内生变量的值就是最优解，例如模型中的产出价格、产出量就是内生变量。环境 CGE 模型的参数是指根据模型结构、方程与函数的具体形式确定的值，例如模型中的资本与劳动力之间的替代弹性、企业对居民的转移支付占企业收入的比例。

一 环境 CGE 模型的基本结构

本研究构建的环境 CGE 模型借鉴了 David Roland-Holst & Dominique van der Mensbrugghe（2009）建立的一个用于中国政策分析的 CGE 模型，该模型是世界银行与我国国务院发展研究中心共同开发的，由于它紧密结合我国国情，因此在国内享有很高的参考价值。本研究根据问题需要做了相应的调整，譬如原模型分为生产、收入分配、国内最终需求、贸易、国内贸易和运输费用、商品市场和宏观闭合七个模块，生产模块采用四层嵌套的常替代弹性函数（Constant Elasticity of Substitution，CES）描述。本研究构建的环境 CGE 模型则分为六个模块：生产模块、收入和需求模块、贸易模块、价格模块、均衡模块和碳排放模块，生产模块采用两层嵌套的 CES 函数，将产出分解为总中间需求和增加值束，增加值束又分解为对劳动力和资本的需求。下面对本研究建立的模型基本结构作一介绍。

（1）经济主体的行为决策。

本模型采用 David Roland-Holst & Dominique van der Mensbrugghe 构建的环境 CGE 模型中的四种经济主体，即居民、政府、企业和国外。居民、政府、企业在国内市场中有紧密的联系，企业是商品的生产者和供应者，居民和政府是商品的需求者和购买者，除了市场经济行为之外，政府对企业和居民、企业对居民还有转移支付，国外通过进出口贸易与国内市场进行联系。

对于居民消费者，假设他们是价格接受者，并且在各自的预算约束下达到效用最大化。居民的效用函数采用斯通—盖利（Stone-Geary）函数来描述，假设不同商品可以部分替代，使得居民最终需求是线性支出函数（Linear Expenditure System，LES）。居民消费部分采用 Stone-Geary 与 CES 函数双层嵌套的结构来构建。第一层描述居民的总需求，它是不同复合商品的 Stone-Geary 函数；第二层运用 CES 函数对复合商品进行描述，它是进口商品与国内商品的复合。

对于政府，将其功能概括为税收、购买、储蓄以及转移支付四种，并最小化其成本，政府将一部分税收收入通过社会福利等方式转移给居民和企业，另一部分税收用于政府采购，最后剩余的部分用作储蓄。本研究在构建低碳经济政策模型中，外汇收支差额即为国外储蓄。国内政府收支差额为政府储蓄，若为负数则表明财政赤字。

对于企业，生产采用嵌套的 CES 函数描述，并假设各生产部门的规模报酬不变。其生产决策包括投入决策和产出决策两部分。在企业的投入决策中，为了达到利润最大化的目标，生产者需要通过组合不同生产要素的投入来尽可能的降低成本。根据 Armington 假设：增加值是不同生产要素的 CES 函数，并假设不同要素之间可以部分替代，生产投入的商品是国内商品和进口商品通过 CES 函数复合而成的，且两种商品之间可以部分替代。投入决策函数第二层，用 CES 函数来描述部门的产出水平，是增加值和各种复合商品的复合投入。用常替代弹性转换（Constant Elasticity of Transformation，CET）函数来描述产出决策，在企业利润最大化的限制条件下，企业采用不同出口量和内销量的份额的销售组合来达到此目的。参考 Horridge et al.（2005）所做的结构图并结合实际，这里构建的环境 CGE 模型的生产决策结构如图 6-1 所示。

（2）商品及要素市场。

本模型假设一种生产活动只生产一种商品，模型中有三种基本商品：国内产销的商品、进口商品和出口商品，所有其他商品均用基本商品的加总函数来表示；国内总产出一方面用于国内消费，另一方面用于满足国外需求，即出口；国内需求通过国内供应和进口来满足，用 CET 函数描述。本模型假设只有资本和劳动两种生产要素，并假设资本市场和劳动力市场完全均衡，要素市场采用 CES 函数形式，基本要素是资本和劳动的 CES 函数。商品市场和要素市场结构参考生产决策图。

（3）国际贸易市场。

在国际市场上，假设中国的出口数量不会影响商品的国际市场价格，即中国市场价格的接受者，出口需求弹性趋于无穷大，随着国际出口价格的上升而下降。如果某种商品不出口，则全部转到国内市场销售。

对于进口供给，采用阿明顿（Armington）假设，即国产商品与进口商品之间存在不完全替代关系，采用 CES 函数将二者复合。此外，将进口商品的国际价格视为外生变量，我国是其价格的接受者。在国际价格水平

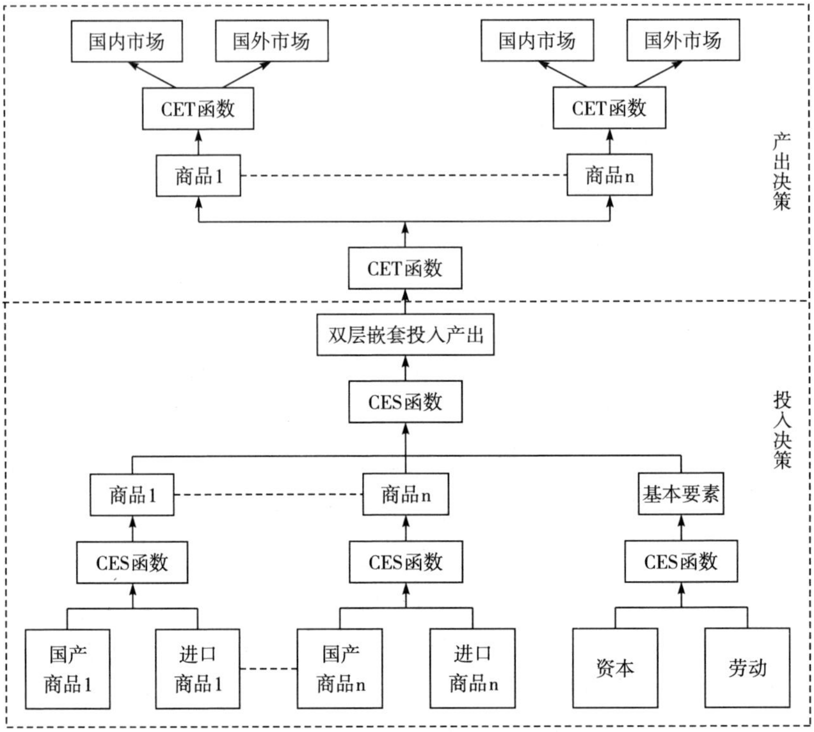

图 6-1 环境 CGE 模型的投入和产出决策

下，进口供给具有无限弹性，完全由国内需求和贸易均衡状况决定（郑玉歆、樊明太，1999）。

（4）宏观均衡。

CGE 模型是基于一般均衡理论，对经济系统中的所有变量之间的经济联系及其均衡条件进行描述。经济系统处于相对平衡状态，一般应包括要素市场、产品市场、居民收支、政府收支和国际市场等各系统的均衡。其中：考虑到生产要素包括劳动力和资本两种要素，因此，要素市场均衡时表示所有生产要素的供需都实现了均衡，即劳动力市场的供需基本相等、资本市场的供需也基本相等；产品市场均衡要求整个经济系统中商品的供应量和总需求基本相等；居民收支均衡一般通过调节工资率和资本回报率进而调整劳动和资本来达到均衡状态；政府收支均衡是指政府的收入和支出相等，一般情况下，税率是外生给定的数值，因此政府收入可以确定，政府支出不确定，用政府储蓄或赤字来达到政府收支均衡；国际收支均衡是指进出口贸易与国外储蓄之间的平衡。

CGE 模型的均衡问题也即闭合问题，实质是区分系统的外生变量和内生变量的过程。宏观闭合设计模型的外生宏观要素，主要闭合原则如下：①私人的投资内生，由各类储蓄率决定；②政府的经常性和资本性支出规模外生；③国际贸易的需求规模外生；④存货变动外生；⑤贸易余额外生，实际汇率使国际收支平衡。

二 环境 CGE 模型中变量的设定

环境 CGE 模型所涉及的变量可分为两大类：外生变量和内生变量。

（1）外生变量的设定。

一般而言，外生变量的数值是在模型计算之前人为设定的，外生变量的设置主要根据研究内容和研究目的的需要（周建军、王韬，2002）。本研究过程中的外生变量如表 6-1 所示。

表 6-1 模型中的外生变量（20 个）

变量名	变量含义	变量名	变量含义
KS	资本总供应量	GT	政府对国外支付
LS	劳动力总供应量	GD	政府债务收入
te	企业所得税率	GF	政府国外收入
th	个人所得税率	FK	企业国外的投资收益
sr	居民储蓄率	HK	居民的资本收益
er	汇率	TR_{gh}	政府对居民的转移支付
tm_i	进口关税税率	$tavp_j$	第 j 个部门的生产税税率
SF	国外储蓄额	WPM_i	第 i 种进口商品的世界价格
XG	政府消费总额	WPE_i	第 i 种出口商品的世界价格
tx	出口补贴率	DST_i	第 i 种商品存货的变化

（2）内生变量的设定。

内生变量即因变量，是指不受外界政策变化影响的变量，它们一般随经济系统内部因素变化而发生相应的改变，譬如市场经济系统中的价格、国际市场中汇率等变量，都是典型的内生变量。本研究涉及的内生变量如表 6-2 所示。

表 6-2 模型中的内生变量（36 个）

变量名	变量含义	变量名	变量含义
XP_j	第 j 个部门的产出	YE	企业收入总额
PM_i	第 i 种进口商品的国内价格	YG	政府收入总额
PX_i	第 i 种商品的最终生产成本	SE	企业总储蓄
XM_i	国内对商品 i 的进口需求	SG	政府总储蓄
ND_i	中间投入需求	SH	居民总储蓄
PND_i	中间投入需求价格	PD_i	国内需求的国内价格
VA_i	增加值束需求	XD_i^d	国内市场对国内商品 i 的需求
PVA_i	增加值束需求价格	ES_i	第 i 种商品对国际市场的供应量
PE_i	第 i 种出口商品的国内价格	XD_i^s	第 i 种商品对国内市场的供应量
R	资本的平均价格	K_i	资本要素需求
W	劳动力的平均价格	L_i	劳动要素需求
XAC_j	居民对 j 部门的商品需求	GI	对各部门的总投资
XAG_j	政府对 j 部门的商品需求	TI	总投资
XAI_j	对 j 部门商品的投资需求	PP_i	税后产出价格
XA_i	对 Armington 商品的需求	PC_i	第 i 种商品的 CET 合成价格
PA_i	第 i 种商品的 Armington 合成价格	XAP_{ij}	投入产出矩阵
YH	居民收入总额	C	碳排放总量
YD	居民可支配收入总额	GDP	名义国民生产总值

三　环境 CGE 模型中参数的设定

环境 CGE 模型中的参数主要包括函数的份额参数、消耗系数、各种比率和各类替代弹性，本模型为了衡量碳排放量，还引入了化石燃料的碳排放系数，模型中的参数如表 6-3 所示。

表 6-3　模型中的参数（20 个）

参数名	参数含义	参数名	参数含义
a_j^{nc}	第 j 部门对中间投入总需求的 CES 份额参数	a_i^g	政府对第 i 种商品需求占政府总消费的比例
a_j^{va}	第 j 部门对增加值束需求的 CES 份额参数	a_i^i	对第 i 种商品的投资占总投资的比例
a_j^k	第 j 部门对资本需求量的 CES 份额参数	a_i^d	第 i 种国内商品需求量的 CES 份额参数
a_j^l	第 j 部门对劳动力需求量的 CES 份额参数	a_i^m	第 i 种进口商品需求量的 CES 份额参数
a_i^h	居民对第 i 种商品的需求占总消费的比例	a_i^s	第 i 种国内商品国内供应的 CES 份额参数
a_{ij}	第 j 个部门对 i 种商品的直接消耗系数	a_i^{es}	第 i 种国内商品出口的 CET 份额参数
β	企业对居民的转移支付占企业收入的比例	λ	居民的资本收入占总资本收入的比例
σ_i^x	第 i 种国内商品出口与国内供应之间的替代弹性	σ_i^p	总中间需求和增加值束之间的替代弹性
σ_i^v	资本与劳动力之间的替代弹性	σ_i^m	第 i 种进口商品与国内商品之间的替代弹性
a_i^{dst}	第 i 种商品的存货在总产出中所占的比例	ω_k	第 k 种化石燃料的碳排放系数

环境 CGE 模型参数估计的确定方法主要有两种（沈丹英，2007）：其一是计量经济学方法，采用该方法确定参数时，首先要收集大量有关该参数的时间序列数据，然后在计量经济学的统计检验假设条件下，采用统计回归方法求出参数的估计值，它适合于在历史数据比较完善的情况下进行参数估计；其二是校准法，指利用 ESAM 和外生弹性值确定模型中其他参数的过程，由于 ESAM 是用价值量来表示账户间的交易值，为了分离价格和数量，通常把商品和要素的价格设为“1”，这样，在确定基期价格后，便可以得到所有商品和要素的实际数量，结合模型的相关方程进一步估算，又可以导出模型中的其他参数值，此方法主要适合于环境 CGE 模型中各种比率和份额参数名义值的确定。

理论上来说，在没有任何外生变量加入的情况下，运行环境 CGE 模型应当能够生成与基期一致的均衡数据集，因此，模型的大部分参数都可以运用环境社会核算矩阵中的数据，通过校准法计算得到。然而，模型中还有部分参数，如商品间的替代弹性、消耗系数等，不能运用校准法得到，而需要借助其他文献的研究成果确定。

（1）替代弹性系数的确定。

环境 CGE 模型中最为关键的参数是模型的相关弹性值（郭正权，2011）。本研究中需要确定的替代弹性系数主要是生产函数、Armington 函数和 CET 函数中各种替代弹性系数。三者之中，生产函数的替代弹性最为关键，它的大小代表了各种投入要素或产品之间的相互替代难易程度，也从一开始决定了模型函数的精准度。如果设定生产函数替代弹性大，这就意味着企业可以根据外界政策来重新选择各种投入品的多少，且这种调整的成本不大，从而推出外部环境对经济系统的干扰相对较少（宣晓伟，2003）。由此可见，生产函数的替代弹性决定了各种外部政策冲击对整个经济系统所产生的影响。

很多学者对生产函数的替代弹性进行了研究（赵永，2011），他们对弹性系数的估计采用的主要方法是计量经济学方法，如 Arrow et al.（1961）用成本最小化的限制条件对制造业 CES 生产函数的替代弹性进行了估计；Berudt 利用两种估计方法、五种不同的资本品价格测量方法、六种不同的函数形式，对替代弹性进行研究，结果显示，在实证估计过程中，不同的函数形式、不同的数据结构以及各式各样的数据测量方法，都会导致估计的弹性系数出现较大差异，因此，在实际应用过程中应该对这些敏感性因素加以重视（黄卫来，1998）。此外，还有一些专家学者对 Armington 函数和 CET 函数的替代弹性进行了研究，结果发现，它们与生产函数一样，弹性系数的变化也较大。国内学者也对此进行了较多的研究，如贺菊煌（2002）、谭显东（2008）等。本模型中替代参数确定主要参考了学者有代表性的研究结果，具体详见表 6-4、表 6-5、表 6-6。

表 6-4 生产函数替代弹性

参数类型	农业	重工业	轻工业	交通	建筑业	第三产业	煤炭	石油	天然气	火电	低碳能源
σ_i^v	0.30	0.30	0.30	0.30	0.30	0.30	0.30	0.30	0.30	0.30	0.30
σ_i^p	0.80	0.80	0.80	0.80	0.80	0.80	0.80	0.80	0.80	0.60	0.80

注：根据研究需要，本书将全国 42 个工业行业部门合并为 11 个部门，下同。

表 6-5　Armington 函数替代弹性

参数类型	农业	重工业	轻工业	交通	建筑业	第三产业	煤炭	石油	天然气	火电	低碳能源
σ_i^m	3. 00	3. 00	3. 00	2. 00	2. 00	2. 00	3. 00	3. 00	3. 00	1. 10	1. 10

表 6-6　CET 函数替代弹性

参数类型	农业	重工业	轻工业	交通	建筑业	第三产业	煤炭	石油	天然气	火电	低碳能源
σ_i^x	4. 00	4. 00	4. 00	4. 00	4. 00	3. 00	4. 00	4. 00	4. 00	0. 50	0. 50

（2）各比率和份额参数的确定。

环境 CGE 模型中生产函数、Armington 函数、CET 函数的份额参数、消耗系数、各种比例值，一般根据基期的 ESAM 中转移支付的数据，结合对应账户的总投入或总产出，可以直接推导计算出这部分参数的值。例如生产函数中的份额参数和直接消耗系数可以通过 ESAM 中的数据核算得出；CES 函数和 CET 函数中的份额参数通过 ESAM 中的数据结合模型的方程计算求得。本模型中所用的份额参数值具体如表 6-7 所示。

表 6-7　份额参数值

参数类型	农业	重工业	轻工业	建筑业	交通	第三产业	煤炭	石油	天然气	火电	低碳能源
a_j^l	0. 903	0. 196	0. 339	0. 418	0. 127	0. 318	0. 229	0. 020	0. 103	0. 045	0. 063
a_j^k	0. 041	0. 672	0. 505	0. 422	0. 765	0. 528	0. 631	0. 841	0. 801	0. 896	0. 863
a_j^{nc}	0. 201	0. 247	0. 085	0. 126	0. 221	0. 019	0. 443	0. 671	0. 426	0. 627	0. 512
a_j^{va}	0. 449	0. 389	0. 649	0. 566	0. 421	0. 852	0. 205	0. 076	0. 219	0. 095	0. 159
σ_i^v	0. 703	0. 614	0. 717	0. 942	0. 831	0. 845	0. 786	0. 598	0. 578	0. 998	0. 998
σ_i^p	0. 297	0. 386	0. 283	0. 052	0. 169	0. 155	0. 214	0. 402	0. 424	0. 001	0. 001
σ_i^v	0. 255	0. 406	0. 407	0. 222	0. 381	0. 283	0. 306	0. 288	0. 242	0. 001	0. 001
σ_i^v	0. 745	0. 594	0. 592	0. 778	0. 619	0. 717	0. 694	0. 712	0. 758	1. 000	1. 000

（3）二氧化碳的排放系数。

二氧化碳排放量的计算，主要是计算各种能源的排放系数，目前国内外关于这方面的研究也不少，本模型主要采用 2008 年国际能源署 *International Energy Statistics* 的数据，通过我国三种化石能源的二氧化碳排放量与能源的实际消费量来计算，具体结果如表 6-8 所示。

表 6-8　三种化石能源的二氧化碳排放

类　型	二氧化碳排放量（万吨）	能源需求量（亿元）	二氧化碳排放系数（吨/万元）
煤　炭	513986	12531.91907228	41.01414931
石　油	96863	31674.95668158	3.05803102
天然气	1306	3391.34493569	0.38509795

注：二氧化碳排放量来自 2008 年国际能源署 *International Energy Statistics* 的统计资料，能源需求量为社会核算矩阵中化石能源部门的总需求实物量。

四　环境 CGE 模型中模块的设定

这里构建的环境 CGE 模型主要包括 6 个模块，分别是生产模块、收入和需求模块、价格模块、贸易模块、均衡模块和碳排放模块，下面依次对各个模块展开详细说明。

（1）生产模块。

①模块说明。本模型假定只有劳动力和资本两种基本要素的投入，并假定所有部门的技术都呈现规模报酬不变的特性。在每一个层次上的可替代程度由替代弹性决定。

②方程描述：

$$ND_i = a_j^{nc}\left(\frac{PX_i}{PND_i}\right)^{\sigma_i^p} XP_j \tag{6-1}$$

$$VA_i = a_j^{va}\left(\frac{PX_i}{PVA_i}\right)^{\sigma_i^p} XP_j \tag{6-2}$$

$$L_i = a_j^{l}\left(\frac{PVA_i}{W}\right)^{\sigma_i^v} VA_i \tag{6-3}$$

$$K_i = a_j^{k}\left(\frac{PVA_i}{R}\right)^{\sigma_i^v} VA_i \tag{6-4}$$

$$\underset{L_i, K_i}{Min} W \cdot L_i + R \cdot K_i \tag{6-5}$$

$$XAP_{ij} = a_{ij} \cdot ND_i \tag{6-6}$$

生产函数用 CES 函数表示，它决定了对中间投入的总需求 ND 及增加值束 VA 的需求，方程（6-1）表示中间投入总需求，它与部门对中间投入总需求的 CES 份额参数 a_j^{nc} 、总中间需求和增加值束之间的替代弹性 σ_i^p 、商品的最终生产成本 PX_i 、中间投入需求价格 PND_i 及部门的产出 XP_j 有关；方程（6-2）表示增加值束需求，它与部门对增加值束需求的 CES 份额参数 a_j^{va} 、总中间需求和增加值束之间的替代弹性 σ_i^p 、商品的最终生产成本 PX_i 、增加值束需求价格 PVA_i 及部门的产出 XP_j 有关。

同时增加值束需求通过嵌套的 CES 函数分解为劳动和资本两种要素，对于劳动力和资本的需求分别用方程（6-3）和方程（6-4）表示。

方程（6-5）定义了增加值层生产企业成本最小化的表达式，方程（6-6）是投入产出矩阵，它决定了各个部门对不同商品和服务的中间需求量。

（2）收入和需求模块。

①模块说明。收入主要包括三个部分：居民收入、政府收入和企业收入。居民收入包括劳动收入、资本收入、政府转移支付、企业转移支付和国外收入五部分；政府收入包括生产税、企业所得税、居民所得税、关税、政府的债务收入和政府的国外转移收入；企业收入是各部门资本回报之和。

需求主要包括居民消费、政府消费、企业生产的中间投入使用、投资需求和对外出口。居民的消费需求用扩展的线性支出系统（Extended Linear Extenditure System，ELES）进行描述；政府消费、投资需求按照总支出的相应比例确定；中间通过生产函数确定。居民消费、政府消费、各个部门中间需求及投资需求由进口品和国内产品所组成的阿明顿（Armington）合成商品按相应的比例进行供给。

②方程描述：

$$YH = \sum_i W \cdot L_i + \lambda \sum_i R \cdot K_i + TR_{gh} + \beta(1 - te) \cdot YE + HF \tag{6-7}$$

$$YD = (1 - th) \cdot YH \tag{6-8}$$

$$U(XAC_1, \ldots, XAC_n) = \sum_{j=1}^{n} XAC_j^{a_i^h} \tag{6-9}$$

$$\sum_{j=1}^{n} XAC_j \leqslant YD$$

$$YG = \sum_i tavp_j XP_j PX_i + th \cdot YH + te \cdot YE + \sum_i tm_i XM_i PM_i + GF + GD \quad (6\text{-}10)$$

$$YE = (1-\lambda)\sum_i R \cdot K_i - FK \quad (6\text{-}11)$$

以上5个方程定义了居民、企业、政府的收入，方程（6-7）表示居民的收入，方程（6-8）表示居民的可支配收入，它是居民收入减去个人所得税后的净额；方程（6-9）定义了居民的效用函数，在收入的约束下效用最大化；方程（6-10）定义了政府的收入；方程（6-11）定义了企业的收入。

$$XAC_j = a_i^h \frac{YD(1-sr)}{PA_i} \quad (6\text{-}12)$$

$$XAG_j = a_i^g \frac{XG}{PA_i} \quad (6\text{-}13)$$

$$XAI_j = a_i^i \frac{GI}{PA_i} \quad (6\text{-}14)$$

$$XA_i = \sum_j XAP_{ij} + XAC_j + XAG_j + XAI_j \quad (6\text{-}15)$$

$$DST_i = a_i^{dst} \cdot XP_j \quad (6\text{-}16)$$

以上5个方程定义了对Armington合成商品的总需求，方程（6-12）表示居民对商品的需求，方程（6-13）表示政府对商品的需求，方程（6-14）表示投资对商品的需求，$\sum_j XAP_{ij}$ 表示各个部门对商品的中间需求，它们构成了对合成商品的总需求 XA_i ，即方程（6-15）所示；（6-16）表示国内商品存货的增减变动量。

$$SH = sr \cdot YD \quad (6\text{-}17)$$

$$SG = YG - TR_{gh} - XG - GT \quad (6\text{-}18)$$

$$SE = (1-te)(1-\beta) \cdot YE \quad (6\text{-}19)$$

$$S = SH + SE + SG + er \cdot SF \quad (6\text{-}20)$$

以上4个方程分别定义了居民储蓄、政府储蓄、企业储蓄以及总储蓄。方程（6-17）表示居民储蓄由居民储蓄率可支配收入决定；方程（6-18）表示政府储蓄是收入与其支出之间的余额，其中政府支出包括对居民的转移支付、政府消费及对国外的支付三部分；方程（6-19）表示企业储蓄是企业总收入减去企业所得税和对居民的转移支付后的余额；方程（6-20）

表示总储蓄是居民、政府、企业和国外储蓄 $er \cdot SF$ 之和。

（3）贸易模块。

①模块说明。国际贸易模块在 CGE 模型中占有重要的地位，国际贸易包括进口贸易和出口贸易，国内市场对国产商品和进口商品有需求，国内商品对国内市场和国外市场有供应；假设国内商品和进口商品部分替代，国内商品出口与国内供应也是部分替代，采用 Armington 假设，用 CES 方程来描述进口行为，用 CET 方程来描述出口行为。

②方程描述：

$$XD_i^d = a_i^d \left(\frac{PA_i}{PD_i}\right)^{\sigma_i^m} XA_i \tag{6-21}$$

$$XM = a_i^m \left(\frac{PA_i}{PM_i}\right)^{\sigma_i^m} XA_i \tag{6-22}$$

$$XD_i^s = a_i^s \left(\frac{PD_i}{PP_i}\right)^{\sigma_i^x} XP_j \tag{6-23}$$

$$ES_i = a_i^{es} \left(\frac{PEX_i}{PP_i}\right)^{\sigma_i^x} XP_j \tag{6-24}$$

前两个方程表示国内市场对国内生产商品及进口商品的需求量，方程（6-21）表示对国内生产商品的需求量，方程（6-22）表示对进口商品的需求量，假设两种商品不能完全替代，用 σ_i^m 表示进口商品与国内商品之间的替代弹性。

后两个方程表示国内生产商品对国内市场和国外市场的供应量，方程（6-23）表示对国内市场的供应量，方程（6-24）表示对国外市场的供应量，假设两种商品不能完全替代，用 σ_i^x 表示国内商品出口与国内供应之间的转换弹性。

（4）价格模块。

①模块说明。模型中的所有价格均为相对价格，这些价格之间除通过各种嵌套 CES 或 CET 函数相互联系之外，还通过各种税收或补贴相互联系。

②方程描述：

$$PVA_i = \left[a_j^l W^{1-\sigma_i^v} + a_j^k R^{1-\sigma_i^v}\right]^{\frac{1}{1-\sigma_i^v}} \tag{6-25}$$

$$PND_i = \sum_j a_{ij} PA_i \tag{6-26}$$

$$PA_i = [a_i^d PD_i^{1-\sigma_i^m} + a_i^m PM_i^{1-\sigma_i^m}]^{\frac{1}{1-\sigma_i^m}} \tag{6-27}$$

以上 3 个方程定义了增加值束价格、总中间需求价格、Armington 合成价格，其中：方程（6-25）表示增加值束价格，它是资本和劳动价格的 CES 函数合成价；方程（6-26）表示总中间需求价格，它由消耗的 Armington 合成商品的比例确定；方程（6-27）表示国内需求的国内价格与进口商品的国内价格的 Armington 合成价格。

$$PX_i = [a_j^{nc} PND_i^{1-\sigma_i^p} + a_j^{va} PVA_i^{1-\sigma_i^p}]^{\frac{1}{1-\sigma_i^p}} \tag{6-28}$$

$$PP_i = (1 + tavp_j) PX_i \tag{6-29}$$

方程（6-28）定义了生产商品的单位成本，它是增加值束价格 PVA_i 与中间需求价格 PND_i 的 CES 函数合成价；方程（6-29）表示各部门生产的产出价格，即商品单位成本加上生产税后的税后价格。

$$PC_i = [a_i^s PD_i^{1+\sigma_i^x} + a_i^{es} PM_i^{1+\sigma_i^x}]^{\frac{1}{1+\sigma_i^x}} \tag{6-30}$$

方程（6-30）定义了国内商品的国内销售价格与出口价格的 CET 合成价格。

（5）均衡模块。

①模块说明。均衡模块描述了市场出清条件下环境—经济系统必须满足的宏观闭合条件，即在条件价格机制下，所有的要素和商品市场都达到均衡。模型中的均衡包括产品市场均衡、要素市场均衡、政府收支均衡、投资储蓄均衡以及国际收支的均衡，共五个均衡（鞠超，2011）。产品市场的均衡假定产品的总供给等于总需求；要素市场的均衡假定劳动力市场和资本市场分别达到供需平衡；政府收支均衡假定政府的收入减去支出等于储蓄或财政赤字；投资与储蓄之间的均衡指总投资等于总储蓄；国际上收入和支出均衡。

②方程描述：

$$XD_i^d = XD_i^s \tag{6-31}$$

$$\sum_i K_i = KS \tag{6-32}$$

$$\sum_i L_i = LS \tag{6-33}$$

$$SG = YG - XG - TR_{gh} - GT \tag{6-34}$$

$$TI = S \tag{6-35}$$

$$TI = GI + GD + \sum a_i^{dst} \cdot DST_i \tag{6-36}$$

$$\sum_i WPE_i \cdot ES_i + SF = \sum_i WPM_i \cdot XM_i + FK + GF + HF \tag{6-37}$$

方程（6-31）定义了国内市场商品供给和需求的均衡；方程（6-32）和方程（6-33）分别表示资本市场和劳动力市场要素需求和供给量相等；方程（6-34）表示政府储蓄等于政府收入总额减去政府消费总额、对居民的转移支付和对国外的转移支付后的余额；方程（6-35）定义了投资和储蓄之间的均衡，总投资和总储蓄分别由方程（6-36）和方程（6-20）定义；方程（6-37）定义了国际上收支均衡。

（6）碳排放模块。

①模块说明。目前，我国没有统计关于碳排放量的监测数据，但是碳排放的多少与所消耗的化石能源的数量直接相关，而后者的数据非常容易获取，因此对于碳排放量的测算，可以由化石燃料的投入量或燃烧量估算得出。碳排放模型主要将石油、煤和天然气三种产生碳排放的化石燃料纳入模型。

本模型碳排放的计算公式主要参考了徐国泉（2006）等学者提出的碳排放量分解模型中的计算公式，该算法已经得到众多专家学者的认可，具有较高的可靠性。

②方程描述：

$$C = \sum_{k=1,2,3}^{3} \omega_k (XP_k + XM_k - ES_k) \tag{6-38}$$

$$GDP = \sum_i (W \cdot L_i + R \cdot K_i + tavp_j \cdot XP_j \cdot PX_i + tm_i \cdot WPM_i \cdot XM_i - tx \cdot PE_i \cdot ES_i) \tag{6-39}$$

方程（6-38）定义了碳的总排放量，从产出和进出口角度考虑，碳的总排放量由消耗三种化石燃料按各自的碳排放系数确定，其中 ϖ_k 为第 k 种化石能源的碳排放系数。

方程（6-39）定义了名义 GDP 的计算方法，名义 GDP 由增值额加总得到，具体包括名义增值额 $\sum_i (W \cdot L_i + R \cdot K_i)$、间接税 $\sum_i (tavp_j \cdot XP_i \cdot PX_i)$、进口关税 $\sum_i (tm_i \cdot WPM_i \cdot XM_i)$，但要扣除出口补贴 $\sum_i (tx \cdot PE_i \cdot ES_i)$。

五　环境 SAM 的编制

社会经济核算矩阵（Social Accounting Matrix，SAM）是对一个社会系统中微观和宏观账户进行详细表述的核算体系。SAM 在投入产出表（Input-Output table，IO 表）的基础上增加了居民、企业和政府等非生产性账户，以二维表的形式将经济主体、生产要素和生产部门联系起来。它全面地记录了一定时期内某一区域各个经济主体间的交易数额，细致地刻画了生产部门间和非生产部门间各自以及相互之间的经济联系。目前 SAM 在世界上已经被人们广泛采用，已有几十个国家建立了本国的 SAM。它已成为求解 CGE 模型的标准数据，同时也为 CGE 方程的参数标定提供了重要的依据。在 SAM 的基础上，其经济主体和产业部门均可以按照研究需要进行划分。下面对本模型使用的环境 SAM 的基本结构和数据编制过程进行介绍。

（1）环境 SAM 的基本结构。

环境 SAM 二维表中主栏与宾栏中的账户相同，根据需要设定和划分相应的账户。横行上的数字代表相应账户的收入，竖列上的数字代表相应账户的支出，国外账户恰恰相反。每个单元格中的数字代表其所在列账户对其交叉行所在账户的支付额，最终各账户收支平衡。环境 SAM 可以表示为：

$$X = \{x_{ij}\}, \ i = 1, \ldots, n; \ j = 1, \ldots, n \tag{6-40}$$

其中，n 为矩阵的维数，也是 SAM 二维表中的账户数，x_{ij} 表示从账户 j 支出到账户 i 的支出额。根据收支平衡原则，则有：

$$\sum_{i=1}^{n} x_{ik} = \sum_{j=1}^{n} x_{kj}, \ k = 1, \ldots, n \tag{6-41}$$

下面对表 6-9 中 8 个账户的组成分别进行解释。

“商品”账户核算各种商品的供应来源和使用（闫珺，2013）。账户的行方向反映国内各机构和世界其他地区购买或使用各种商品的情况，是对“生产活动”的中间投入、各经济主体的最终使用以及出口进行核算，行的总和构成对各种商品的总需求；账户的列方向表示本国或国外各种商品的来源，国内生产活动的供给和进口（包括进口环节税收）构成了国内市场的总供给。

表 6-9　开放经济环境 SAM 结构

项目		商品	活动	要素		部门			资本	国外	汇总
				劳动	资本	居民	企业	政府			
商品			中间需求			居民需求		政府消费	投资	出口	总需求
活动		总产出									总产出
要素	劳动	劳动增加值								要素出口收入	要素收入
	资本	资本增加值									
部门	居民			劳动收入	资本收入		转移支付	转移支付		转移支付	居民收入
	企业				资本收入						企业收入
	政府	关税	间接税费			所得税	直接税				政府收入
资本						居民储蓄	企业储蓄	政府储蓄		国外储蓄	总储蓄
国外		进口		要素进口支出							外汇支出
汇总		总供给	总成本	要素总支出		居民支出	企业支出	政府支出	总投资	外汇收入	

资料来源：杜伟：《云南省税收 CGE 模型的研究及应用》，云南财经大学学位论文，2012。

“活动”账户核算生产者的生产活动，与“活动”对应的是投入产出核算中的生产部门，反映中间投入的生产关系。账户的行方向表示生产活动的收入来自各种不同商品的供应，行的总和构成生产活动的总产出；账户的列方向表示生产活动的投入，即向“要素”和“商品”账户支出以获得中间投入和要素投入，并且还需向“政府”账户支付生产税，列的总和构成生产活动的总成本。

“要素”账户核算各种要素的收入和要素收入在要素提供者之间的分配。账户的行方向反映各要素从生产活动中获得的要素报酬，即各生产部门进行生产活动所产生的增加值，反映初次分配；账户的列方向则描述的是要素收入在生产要素提供者即机构间的分配，包括工资和企业的资本性收入（赵永，2011）。

“居民”账户包括三个部分的收入：要素账户支付的工资、企业和政府对居民的转移支付；居民账户的支出包括所缴纳的个人所得税、对商品需求的支付，剩余部分转化为居民储蓄。

“企业”账户的收入来自资本投入的总回报；企业的支出包括对居民的转移支付和支付的企业所得税，剩余部分转化为企业储蓄（鞠超，2011）。

“政府”账户的收入来自间接税、企业所得税、居民所得税、进口关税及对国外账户的补贴；政府账户的支出包括政府购买、对企业和居民的转移支付，剩余部分转化为政府储蓄。

“资本”账户核算社会的总资本来源和使用。账户的行方向反映各机构的资本来源于储蓄和机构间的资本转移，包括居民储蓄、政府储蓄、企业储蓄和国外储蓄；投资储蓄账户的支出是利用其收入形成对各生产部门的投资。

“国外”账户核算与国外有关的交易国，国外账户的收入来源于商品的出口收入、商品出口退税；账户的支出主要为对国外商品进口的支出，进出口差额构成国外储蓄。

由以上对环境 SAM 的描述可知，环境 SAM 将要素、生产部门和各经济主体紧密联系在一起，为经济系统中各主体间的相互联系提供了一个全面细致的核算框架。环境 SAM 中各账户的收支是相互平衡的，在这个均衡的经济状态下，账户的平衡意味着收支相抵，供需平衡。环境 SAM 中包含投资储蓄平衡、政府财政收支平衡和国际贸易收支平衡三项重要的宏观经济平衡关系。

（2）环境 SAM 的编制方案。

目前，在 CGE 模型中所使用的基础数据，一般以国家或者地区的投入产出表为基础编制。“2007 年投入产出表编制方案”和“中国 2007 年投入产出表部门分类解释及代码”中有对投入产出表对产业的划分和详细的解释说明。2007 年中国投入产出表中为 42 个一级部门与 135 个二级部门，本研究侧重在环境管制政策对我国宏观经济及相关行业的影响，环境管制政策的重点在于降低能源消耗和减少碳排放，因此依据碳排放和化石能源的情况将 42 个一级部门合并划分为 11 个部门（曹荣，2013）。

表 6-10　中国 2007 年宏观社会核算矩阵

单位：亿元

项目		商品	活动	要素		居民	企业	政府	资本		国外	收入合计
				劳动力	资本				固定资产投资	存货变动		
商品			552815.15			96552.62		35190.92	105435.87	7343.97		797338.53
活动		723317.96									95540.99	818858.96
要素	劳动力		110047.30									110047.30
	资本		117477.79									117477.79
居民				110047.30	8979.60		27695.71	7276.13			2952.86	156951.60
企业					110121.49							110121.49
政府		7585.98	38518.72			3185.58	8779.25				-12.62	58056.91
投资储蓄	固定资产投资					57213.40	73646.53	15466.04			-33546.13	112779.84
	存货变动								7343.97			7343.97
国外		66434.58			-1623.30			123.82				64935.10
支出合计		797338.53	818858.96	110047.30	117477.79	156951.60	110121.49	58056.91	112779.84	7343.97	64935.10	

表 6-11　2007 年宏观社会核算矩阵数据来源说明

单位：亿元

行	列	数据来源	账　户	原始数据
1. 商品	2. 活动	2007 年投入产出表	中间投入合计	552815.15
	5. 居民	2007 年投入产出表	居民消费支出合计	96552.62
	7. 政府	2007 年投入产出表	政府消费支出	35190.92
	8. 投资	2007 年投入产出表	固定资本形成总额	105435.87
	9. 存货	2007 年投入产出表	存货增加+其他	7343.97
2. 活动	1. 商品	2007 年投入产出表	总产出-出口	723317.97
	10. 国外	2007 年投入产出表	出口合计	95540.99
3. 劳动力	2. 活动	2007 年投入产出表	劳动者报酬	110047.30
4. 资本	2. 活动	2007 年投入产出表	固定资产折旧+营业盈余	117477.79
5. 居民	3. 劳动力	2007 年投入产出表	劳动者报酬	110047.30
	4. 资本	《中国统计年鉴 2008》	资金流量表“住户部门”财产收入来源	8979.60
	6. 企业	—	SAM 表的平衡值	—
	7. 政府	《中国财政年鉴 2008》	包括价格补贴、政府对居民的利息支付、就业支付和社会保障，其中： 政府对居民的利息支付为 1040.62 亿元， 就业支付和社会保障为 5447.16 亿元， 价格补贴依据 1994～2006 年数据推算，为 788.35 亿元。	7276.13
	10. 国外	《中国统计年鉴 2008》	在国际收支平衡表中，“其他部门”差额为 388.33 亿美元，依据 2007 年末汇率 1 美元=7.604 元（人民币）。	2952.86

续表

行	列	数据来源	账　户	原始数据
6. 企业	4. 资本	—	SAM 表的平衡值	—
7. 政府	1. 活动	2007 年投入产出表	生产税净额	38518.72
	2. 商品	《中国财政年鉴 2008》	进口货物的关税、消费税以及增值税总额	7585.98
	5. 居民	《中国财政年鉴 2008》	个人所得税	3185.58
	6. 企业	《中国财政年鉴 2008》	决算中“企业所得税”	8779.25
	10. 国外	《中国统计年鉴 2008》	在国际收支平衡表中，“经常转移”中的“各级政府差额”为-16596万美元，折合人民币为-12.62 亿元。	-12.62
8. 固定资产投资	5. 居民	资金流量表（2007）	居民储蓄	57213.40
	6. 企业	—	SAM 表的平衡值	—
	7. 政府	—	SAM 表的平衡值	—
	10. 国外	—	SAM 表的平衡值	—
9. 存货变动	8. 固定资产投资	2007 年投入产出表	存货增加 + 其他	7343.97
10. 国外	2. 商品	2007 年投入产出表	投入产出表中的货物进口额为 74020.56 亿元，减去关税、进口产品消费税及增值税后为 66434.58 亿元。	66434.58
	4. 资本	《中国统计年鉴 2008》	国际收支平衡表中经常项目“投资收益差额”为-213.48 亿美元，折合人民币为-1623.30 亿元。	-1623.30
	7. 政府	《中国统计年鉴 2008》	政府对国外的“对外援助”+支付给国外的借款利息支出	123.82

本研究划分后的11个部门依次为：农业（农林牧渔服务业），重工业（有色金属矿采选业；非金属矿采选业及其他矿采选业；非金属矿物制品业；化学原料和化学制品制造业；化学纤维制造业；有色金属冶炼及压延加工业；黑色金属冶炼及压延加工业；交通运输设备制造业；通用设备制造业；专用设备制造业；电气机械和器材制造业；计算机、通信和其他电子设备制造业；铁路、船舶、航空航天和其他运输设备制造业；汽车制造业；开采辅助活动；造纸及纸制品业；废弃资源综合利用业），轻工业（纺织业；纺织服装、服饰业；皮革、毛皮、羽毛及制品和制鞋业；医药制造业；农副食品加工业；食品制造业；酒、饮料和精制茶制造业；木材加工及木、竹、藤、棕、草制品业；家具制造业；印刷和记录媒介复制业；烟草制品业；水的生产和供应业；金属制品、机械和设备修理业），建筑业，交通运输业（交通运输业、仓储业和邮政业），第三产业（信息传输、计算机服务和软件业；批发零售业；住宿餐饮业；房地产业；租赁和商务服务业；金融业；科学研究、技术服务和地质勘查业；水利、环境和公共设施管理业；居民服务和其他服务业；卫生、社会保障和社会福利业；文化体育和娱乐业），煤炭（炼焦业、煤炭开采和洗选业），石油（石油开采业；石油及核燃料加工业），天然气（燃气生产和供应业），火电（电力、热力生产和供应业），低碳能源（水电、核电及其他电力供应业）。

其中，为了研究高碳部门与低碳部门在低碳环境管制政策下能源需求量的变化和对碳减排的贡献，将电力部门划分为高碳能源部门与低碳能源部门，高碳能源部门主要是指火力发电，而低碳能源部门主要指风能、太阳能、水能、生物能、地热能和海洋能等储量大、污染低、可永续利用，并有利于可持续发展的清洁能源产业。

六 环境CGE模型的宏观闭合规则

环境CGE模型的均衡问题也即闭合问题，实质是区分系统的外生变量和内生变量的过程。为了研究某一实际问题，往往需要将原本统一的整体划分为系统内部和系统外部，系统内部的变量单纯是由经济因素影响而自行变化的变量，称之为内生变量或非政策性变量，而在系统外部由非经济体系内部因素决定的变量叫作外生变量。所谓宏观闭合，也是对CGE模型中变量进行内生与外生的区分。在环境CGE模型中，由于变量的个数多于方程个数，因此宏观闭合就是去掉哪些等式，选择哪些变量作为外生变量的问题。斯恩（Sen）证明，在一个封闭的经济系统中，在投资水平和政府支出水平一定的情况下，利润优化和保持充分就业不能同时实现，因此，若要保证模型解的一般均衡和解的唯一性就必须选择破坏一个均衡条件，即要在四项均衡中做出合理的取舍，而不同的取舍形成不同的宏观闭合规则，一般分为以下四种（王磊，2010）。

（1）凯恩斯（Keynes）闭合：该闭合规则是建立在凯恩斯假设条件之下的，即在商品市场上市场供给出现过量而市场需求明显不足，在要素市场中，劳动力供给大于劳动力需求，即劳动力存在失业现象。由此看出，该闭合规则是在保证产品市场均衡、政府收支均衡和投资均衡的基础上，牺牲了劳动力市场均衡。这也意味着，该闭合规则是把劳动力的失业率或就业率视作外生变量受政府的政策影响，其他变量都是内生变量，由经济系统根据供需进行调节。

（2）金汉森（Johansen）闭合：把政府开支当作内生变量，总投资水平是外生给定，以政府预算结余或赤字来填补投资与储蓄的差额。该闭合保证了生产者利润最大，保证了劳动力市场、政府预算均衡，舍弃了投资与储蓄的均衡。

（3）新古典（Neoclassical）闭合：是 CGE 模型比较静态分析中最常用到的闭合方式，反映了新古典学派储蓄决定了总投资的假设。它把投资水平当作内生变量，政府开支水平当作外生变量，保证了劳动力市场、要素市场和投资与储蓄的均衡，牺牲了政府预算均衡。

（4）科多润（Kaldorian）闭合：把投资水平和政府开支水平作为外生变量，通过调节生产各要素来达到整个模型的均衡，在 CGE 模型求解过程中，工资率不一定等于劳动生产率的边际值。该闭合保证了劳动力市场、投资与储蓄以及政府预算均衡，舍弃了要素市场均衡。

综上所述，不同的闭合规则，很大程度上决定了模型的结果，因此，选择合理的宏观闭合方式对模拟结果影响很大。由于本文研究的是征收碳税对国民经济以及各部门的影响，故选用金汉森（Johansen）宏观闭合规则，牺牲了投资与储蓄的均衡，将政府开支作为内生变量来达到整个模型的均衡。

七　环境 CGE 模型的开发

环境 CGE 模型的计算分为三个步骤：求解策略的制订、求解算法的执行和求解技术的应用。求解策略是指通过只考虑某些重要的均衡条件尽可能降低模型的复杂程度，建立一组数值化的非线性方程组。求解算法是指求解非线性方程组的计算技术，目前常规的求解算法主要有不动点算法、Tatonnement 算法和 Jacobian（雅可比）算法。随着计算机技术的发展，求解软件中的典型算法 GAMS 软件中 MINOS 的求解器和 GEMPACK 软件包中的线性多步法逐渐被广泛应用（李彤，2000）。求解技术是指模型求解所借助的计算机软件及硬件技术，因为环境 CGE 模型是由几十个甚至几百个方程构成的方程组，人工求解难度太大，只能运用计算机技术求解。因此，围绕 CGE 模型求解的软件研究成为近些年的研究热点之一，并取得了丰硕成果，有常用的通用数学建模系统（Generalized Algebraic Modeling System，GAMS）、一般均衡数学编程系统（Mathematical Programming System for General Equilibrium，MPSGE）、一般均衡建模工具包（General Equilibrium Modeling PACK，GEMPACK），利用这些软件进行求解，可以大大降低求解的工作量，节约时间。其中，GAMS 软件具有应用范围广、求解结果准确、容易操作和兼容性好等特点，得到广泛使用。本研究也采用 GAMS 软件进行求解，下面将对 GAMS 软件及利用该软件构建 CGE 模型的步骤做简要介绍。

（1）GAMS 软件介绍。

GAMS 软件是世界银行在 20 世纪 80 年代开发的，能够系统化地输出文件，具有很强的非线性规划求解能力，特别适合求解大型的、复杂的经济数学模型。由于该软件采用近似于标准的代数定义语言，研究者能够较容易地将模型的数学表达转换为 GAMS 语言，另外，还具有很强的差错功能，这些强大的求解功能都极大地推进了 GAMS 软件的发展。该软件的集成开发界面比较简明有序，方便研究者根据不同研究目的编写相应的程序，并不断进行调试和优化（参见图 6-2）。

GAMS 软件的应用优势主要有以下几个方面（周建军，2004）。

①GAMS 软件包含了多种求解器，如针对线性优化（LP）问题的求解器、针对非线性优化（NLP）问题的求解器、针对整数规划（ILP）和混合规划（MLP）的求解器等。在求解时，研究者可以根据各种类型的实际问题选择不同的求解器，并且在不同求解器之间的转换也非常方便。

②GAMS 软件语言简单易用，建模系统本身具有良好的特性，能简明地和准确地描述不同特征的建模对象。另外，编程语言具有通用性，可以

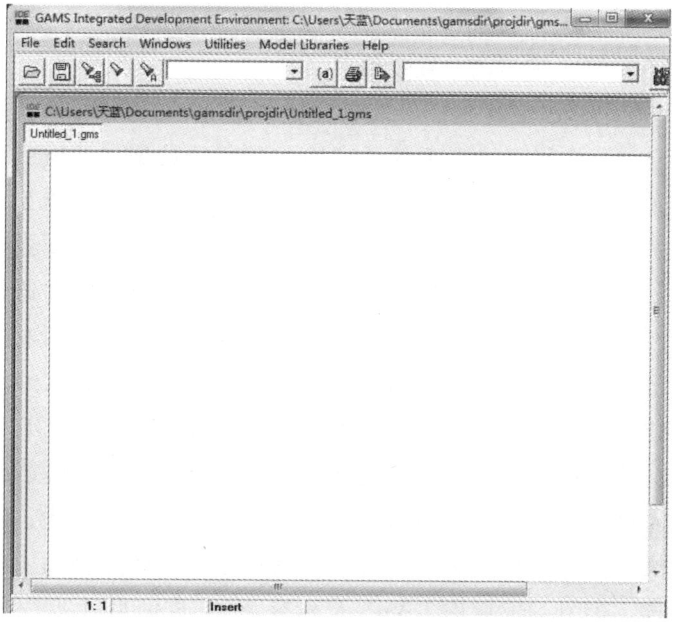

图 6-2　GAMS 软件的集成开发界面

用比较简明的语言来描述，有一定编程经验的操作者，利用 GAMS 系统比较容易上手。

③GAMS 软件容易操作，系统内部有各种算法、现成的模块，方便集中建模，研究者可以在模型结构设定、模拟计算及结果分析等方面获得很大便利，减少大量重复工作，并节省大量时间。

④GAMS 软件输入输出比较灵活，需要输入的文件形式与模型描述的数学语言比较相似，容易被识别和掌握。运行结果显示所需等待时间短，节约了人力和精力，而且运算结果的输出文件格式多样化，Excel 文件或者文本形式方便存储和调用，形式简明易懂，不需要另外解释说明。

⑤GAMS 具有很强的自动生成功能，方程的描述和约束条件一次性输入系统，系统具有自动识别功能，可以选择留下有用的约束条件，排除不必要的约束。而且具有记忆功能，在遇到类似问题时可以自动引用相关约束条件，减少不必要的重复劳动。

⑥GAMS 易于细节修改，因为输入的模型描述独立于算法，因此方便修改在后续模型的调试和运行求解过程中遇到的错误。同时研究者可以根

据GAMS系统指出的错误及其类型，快速找到解决方法并进行相应调试（刘玉桐，1998）。

（2）环境CGE模型的开发步骤。

GAMS有一套语言规则，研究者在进行模型程序编写时首先要完成模型的标定，即按照该规则下的语言输入基期的数据、外生变量值、模型方程和参数值等，之后才能调用求解器求解模型，进行政策模拟、模型检验以及敏感性分析。利用GAMS软件编写求解程序的步骤概括为以下几部分：①定义模型中的集合和索引，这些集合中的元素通常是不同生产部门、不同类型要素、不同要素生产活动等，它们分别对应于模型的不同变量、变量组及其下标；②加载基期数据等一些可以外生给定的数据，包括ESAM的输入和平衡；③对参数进行初始化，CGE模型包括三类参数：基期数据、外生给定的数据（如进出口关税率）、校准得到的参数；④对模型的内生变量和外生变量进行定义和初始化；⑤对模型的各个模块进行声明和定义；⑥对模型进行定义，选择合理宏观闭合规则和求解器。表6-12是用GAMS开发环境CGE模型计算程序的一般结构。

表6-12 环境CGE模型计算程序的一般结构

序号	功　能	具体操作
1	定义集合（Sets）	集合声明 列出集合名称
2	定义参数（Parameters）	参数声明 列出参数
3	定义变量（Variables）	变量声明 列出变量
4	定义方程（Equations）	方程声明 建立方程表达式
5	读取社会核算矩阵	
6	赋值	参数赋值 弹性系数赋值 变量初始化 其他参数标定
7	定义模型（Model）	

续表

序号	功　能	具体操作
8	确定闭合规则	选择闭合规则 确定外生变量
9	求解模型	
10	结果显示和输出	

在利用 GAMS 软件求解时，还需要经过语法编译检查、一致性检验和价格齐次性检验等三层检验（曹立伟，2012），它们分别能起到以下作用。第一层是语法编译检查，GAMS 软件能提供较强的语法查错服务，然后按照系统提示完成编译修正工作。第二层是一致性检验，它是在完成了第一层的检验之后进行的。所谓一致性检验就是指基于模型运算所得的内生变量值与 SAM 数据进行对比，如果二者一致就通过一致性检验，否则就不能通过该检验。在使用 GAMS 软件时，是否通过一致性检验可以通过输出的 Walras 变量值得以体现，如果 Walras 等于零，则通过检验，否则就是不通过。此外，如果 CGE 模型的方程结构存在问题或者 SAM 账户本身设计不平衡，那就不可能通过一致性检验，这就需要重新审核建模方程和 SAM 账户。第三层是价格齐次性检验，主要是通过调整某个价格因子使其发生倍数变化，然后观察其他价格因子是否也发生同样倍数的变化，如果是，则通过价格齐次性检验，否则就是不通过，以此来检验需求函数、生产函数等的设定是否科学。如果未能获得价格齐次性检验，则需要对原有 CGE 方程进行重新审核。

最后求得的结果用 Display 命令显示出来，或者用 GDX 工具输入 Excel、Word 等文件中。整个模型的开发流程如图 6-3 所示（张松磊，2010）。

第三节　环境 CGE 模型的碳税政策模拟

碳排放是泛指温室气体排放的总称，控制碳排放是应对气候变化的重要途径，世界各国都在积极努力。2007 年 12 月，联合国气候大会发布了控制碳排放的草案，即“巴厘岛路线图草案”，该“路线图”对温室气体排放较多的发达国家提出了明确目标，要求其在 2020 年之前将温室气体排

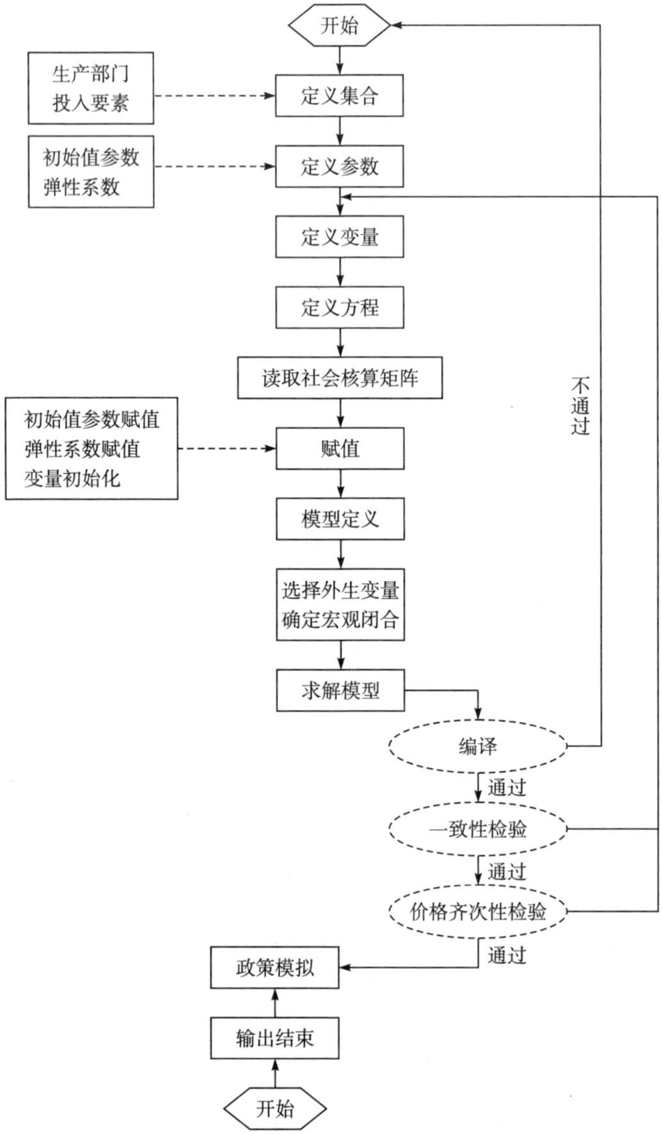

图 6-3 利用 GAMS 软件开发 CGE 模型流程

放量在 1990 年的基础上减少 25% ~40%。我国作为碳排放大国之一，在 2009 年的哥本哈根世界气候大会上提出温室气体的减排目标：到 2020 年实现国内单位 GDP 碳排放量比 2005 年减少 40% ~45%。在此种国内外背景下，如何合理利用化石能源、减少碳排放量、优化产业结构、促进社会各行业健康有序发展，进而实现我国宏观经济的可持续发展，协调能源、经济、环境三者关系已成为政界、商界和学术界共同关注的焦点。

基于以上背景，本研究采用可计算的一般均衡模型，分别研究了五种碳税税率下，碳税政策对主要宏观经济、能源消费、各部门生产和碳减排的影响，据此为我国碳税政策设计提供参考（李创，2014a）。

一 碳税政策

所谓碳税是指对二氧化碳排放进行征税，以此来达到减少二氧化碳排放、应对气候变化的目的。由于化石能源是二氧化碳的排放大户，因此，在实践过程中碳税的征收主要是对煤、石油、天然气等化石燃料产品按其碳含量的比例进行征税，以实现减少一次性能源消耗和控制二氧化碳排放的效果。碳税征收起源于 20 世纪 90 年代的欧洲国家，芬兰是第一个实行碳税的国家，于 1990 年推出，税率为 1.62 美元/吨二氧化碳。此后，意大利、荷兰、丹麦、德国、瑞典、挪威、英国和瑞士等国家相继开征碳税或气候变化相关税（杨姝影，2011）。从世界各国碳税征收实践来看，在征税对象、税率设计以及征收环节上各有不同。碳税作为有效控制碳排放的市场化手段之一，正日渐被各国政府采纳，而我国的碳税政策正处于研究试验阶段。

理论上来讲，碳税的征税对象应该以碳的真实排放量作为计税依据，但由于目前碳排放量的监测问题，在技术上不便于操作，而且征管成本较高，这一方法不太现实。因此，实践中，根据不同燃料的含碳比率推算出可能的排放量，采用估算代替实测的思路进行征收。从碳税税率的计征标准来看，多采用从量税，这主要是因为碳排放的多少直接影响到其对环境的损害程度，故本研究也采用从量税。从征收环节看，由于征收碳税的目的旨在控制企业的碳排放，减少能源消耗和促进能源消费结构的转型，因此在生产环节征收比在消费环节征收更有利于源头控制和税收的管理，故本文的碳税主要针对生产环节征收。

目前，国际上关于碳税征收尚未形成统一的税率，例如，2005 年，丹麦的碳税税率约为 12.1 欧元/吨碳，同期英国煤炭的碳税税率为 7 欧元/吨碳，天然气和电力每吨分别征 13 欧元和 14 欧元；2008 年，芬兰的碳税税率接近 20 欧元/吨碳，瑞典约为 40 美元/吨碳，日本的碳税税率为 2400 日元/吨碳（约为180元人民币/吨碳）（周剑，2008）。从我国碳税的研究看，财政部提出了短期的碳税税率为10元/吨碳，长期的碳税税率为40元/吨碳，姚昕和刘希颖（2010）通过建立模型研究认为最优的碳税税率为18.28元/吨碳，接近环保部提出的20元/吨碳。

一方面，碳税能有效降低能耗、减少排放，这也是各国强力推行碳税政策的主要原因，但另一方面，碳税也增加了企业成本和居民支出，特别是发展中国家，这些负面影响又成为实施碳税政策的阻力。鉴于我国既是发展中大国，又是世界上二氧化碳排放总量和增量最大的国家，因此，如何适时适度推出我国的碳税政策就成为众人关注的焦点问题之一。概括起来，现有研究成果主要分三个方面。其一，碳税征收实践的研究。如周剑和何建坤（2008）分析了北欧5个国家的碳税征税实践，为我国碳税税制设计提供了参考。崔景华（2011）从碳税引入方式、课税主体、课税环节、税率和税收用途等方面为我国碳税制度的设计提供了思路。张晓盈和钟锦文（2011）在分析了碳税的CO_2减排效应、经济增长效应、能源消费效应和收入分配效应之后，就我国碳税的税制要素、开征时机、计税依据、税率水平、减免返还机制和税种协调等问题提出了见解。苏明和傅志华等（2009）就我国开征碳税的理论基础、必要性、可行性，以及征税原则和目标，税制要素设计以及其他制度的规定等进行了详细阐述。其二，碳税税率的设计。如姚昕和刘希颖（2010）基于消费者福利最大化的考虑，分析了在经济增长约束下的我国碳税税率政策，并测算了其宏观经济影响。李岩岩和赵湘莲（2011）以石化行业为对象，采用灰色理论，模拟分析了高、中、低三种税率下该行业的产值、能耗和减排成本的变化情况。此外，国家发改委和财政部课题组提出，碳税在起步的时候，每吨二氧化碳排放征税10元，到2020年，碳税的税率可提高到40元/吨。环保部规划院课题组则建议，每吨二氧化碳排放征税20元，到2020年可以征收50元/吨。其三，碳税政策的经济影响。如魏涛远等人（2002）基于可计算的一般均衡模型分析得出，征收碳税有利于控制温室气体排放，但对我国经济增长会带来负面效应。李永刚（2012）定量分析了我国开征碳税对收入分配、经济增长和居民税负的影响。

税率问题是非常敏感的，也是整个碳税政策的关键和核心内容之一，税率过高对企业的影响肯定较大，因此，综合国际经验以及国内的研究成果，结合我国的经济背景，本研究拟将税率分别设置为10元/吨碳（财政部提出的短期税率）、20 元/吨碳（环保部提出的税率）、40 元/吨碳（财政部提出的长期税率）、180 元/吨碳（参考日本的税率）、300 元/吨碳（参考瑞典的税率，按照 2007 年底人民币对美元汇率为 1 ：7.3 进行估算），分别针对这 5 种碳税税率进行政策模拟，分析不同税率对我国主要宏观经济指标、各部门产出和价格、碳排放及能耗的影响。

二　碳税政策的模拟分析

鉴于本研究主要是分析对三类化石能源——煤炭、石油和天然气征收碳税后，碳税政策对宏观经济、部门活动和能源消费的影响。因此，依据碳排放的情况将 42 个一级部门合并划分为 11 个部门，进而构建一个包含能源、碳税、社会各部门的环境 CGE 模型。

（1）碳税对宏观经济指标的影响。

基于中国 2007 年投入产出表编制了我国环境 CGE 模型的社会核算矩阵，在 GAMS 软件中进行计算分析，计算结果如表 6-13 所示。

表 6-13　不同碳税税率对宏观经济指标的影响

宏观经济指标变化率（%）	碳税税率（元/吨）				
	10	20	40	180	300
GDP	-0.040	-0.096	-0.145	-0.501	-1.039
居民收入	-0.097	-0.207	-0.344	-1.257	-2.253
企业储蓄	-0.060	-0.108	-0.276	-0.835	-1.514
政府收入	0.188	0.405	0.599	1.556	3.295
进口总额	0.083	0.175	0.264	0.831	1.502
出口总额	-0.047	-0.127	-0.194	-0.462	-0.805

表 6-13 反映的是不同碳税税率对我国主要宏观经济指标的影响，由表中数据可知，随着碳税税率的逐渐升高，对宏观经济造成的负面影响也逐渐增加。随着碳税税率由每吨 10 元上升至每吨 20 元、40 元、180 元和 300 元，GDP 分别下降 0.04%、0.096%、0.145%、0.501% 和 1.039%。

从居民收入来看，碳税税率越高，居民收入越少。这是因为，本文考虑的是生产环节征税，由于碳税税率的上升势必会造成石油、煤炭及天然气等化石燃料的产出价格升高，能源价格的上升通过市场价格传导机制扩散至各个行业，进而这些行业的产品产出价格也会升高。居民的消费支出随着产品价格的上涨而增加，结果表现为居民收入减少。

从政府和企业角度来看，一方面，政府征收碳税增加了财政收入，这使得政府总收入增加；另一方面，碳税税率的上升使企业的负担增加，在企业其他支出不变的情况下企业储蓄会相应减少。

从进出口来看，碳税税率的上升增加了企业的生产成本，进而导致国内商品的价格上涨，因此国内和国外消费者对国内生产商品的总需求相应下降，结果使得总出口下降、总进口上升。但具体到不同的部门，其进出口的增减情况并不相同，有的部门进出口数量增加，有的部门进出口数量减少，这主要与该部门对化石燃料的依赖程度以及商品的国内外价格差有关。

（2）对部门影响的分析。

征收碳税后，化石能源的购买价格上涨，会导致生产成本的增加。由于不同部门的化石能源投入量在总投入中所占的比重不同，不同部门的各级生产函数、生产要素的替代弹性也不相同，会导致不同部门对化石燃料的需求量不同，因此，有必要分析碳税征收对各部门的生产与价格、能源消耗及碳排放的具体影响。表 6-14 分析了在碳税税率为 20 元/吨碳、40 元/吨碳、180 元/吨碳的情况下，不同生产部门的产出量及产出价格受到的影响。表 6-15、表 6-16 分析了在 10 元/吨碳、20 元/吨碳、40 元/吨碳、180 元/吨碳、300 元/吨碳 5 种税率下各部门二氧化碳排放量和排放强度的变化。表 6-17、表 6-18、表 6-19 分析了在以上 5 种税率下不同生产部门对煤炭、石油、天然气需求量的变化。

①对部门产出及价格的影响。从表 6-14 中数据看出，随着碳税的提高，所有行业的产出价格都有不同程度的上涨，主要原因是：征收碳税导致企业生产成本增加，其中消耗化石能源比较大的煤炭、火电、石油、天然气等部门价格上升幅度比较大；而消耗化石能源比较少的第三产业、农业、低碳能源、轻工业等部门的价格上升幅度比较小；建筑业、交通运输、重工业的价格上升幅度居中。进一步分析显示，碳税税率由每吨 20 元上升至每吨 40 元、180 元时，火电价格升幅最大，分别为 4.95%、21.45%，其次是煤炭，其价格涨幅分别为 5.73%、20.14%。与此同时，煤炭、火电、重工业、石油、天然气等部门的产出水平呈明显下降，交通运输业、建筑业的产出水平也略有下降，而农业、第三产业、轻工业和低

碳能源等部门的产出水平并不受此影响。究其原因，可以从碳排放、需求弹性、供需平衡和产业结构调整四方面分析。第一，由于各部门在生产环节的碳排放量存在较大差异，碳税征收对碳排放大户，如煤炭、天然气、石油、火电等部门的成本影响较大，企业将碳税附加成本通过商品价格转嫁给消费者，结果表现为其产出价格都有明显的上升。第二，这些碳排放大户要么是与民生息息相关的行业，如天然气，要么是为其他行业提供能源或原料的行业，如煤炭、石油和火电，它们的需求弹性小，可替代性不强，因此，对这些行业征收碳税会间接地带动其他行业的生产成本、产出价格出现不同程度的上涨，进而导致物价普遍上涨。第三，从供需平衡原理来看，商品价格上涨会抑制其消费，因此，碳排放大户因其商品价格的上涨导致消费量减少，进而表现为产出水平都有不同程度的减少。作为传统化石能源的替代产品，低碳能源的需求会因化石能源消费的减少而增加。第四，顺应国家宏观经济政策的调整，各地区纷纷加快产业结构调整，加大对高耗能、高污染行业的监管力度，同时，加强对新兴能源、第三产业的扶持力度，因此，这些行业的产出水平不仅不会下降，反而会持续增加。

表 6-14　不同碳税税率对部门产出与价格的影响

经济部门（%）	碳税税率（元/吨）					
	20		40		180	
	产出量	价格	产出量	价格	产出量	价格
农　业	0.297	0.213	0.591	0.457	2.213	1.722
重工业	-1.343	0.887	-2.759	2.097	-8.863	8.379
轻工业	0.488	0.324	1.102	0.695	4.892	2.377
交通运输	-0.583	0.647	-1.354	2.930	-4.583	9.380
建筑业	-0.343	0.470	-0.796	1.076	-2.529	4.030
第三产业	0.411	0.170	0.849	0.390	3.093	1.310
煤　炭	-4.954	2.540	-8.406	5.730	-32.813	20.140
石　油	-1.263	1.642	-2.904	3.040	-8.905	12.940
天然气	-1.087	1.040	-2.977	3.583	-8.836	12.707
火　电	-1.421	2.420	-2.253	4.950	-5.396	21.450
低碳能源	0.010	0.214	0.016	0.498	0.023	0.645

②对部门二氧化碳排放量及排放强度的影响。碳税征收的最终目的在于减少二氧化碳排放，降低温室气体效应。为此，本书分析了在 10 元/吨、20 元/吨、40 元/吨、180 元/吨、300 元/吨等 5 种碳税税率下各部门二氧化碳排放量的变化情况（参见表 6-15）。

表 6-15　不同碳税税率对部门二氧化碳排放量的影响

经济部门（%）	碳税税率（元/吨）				
	10	20	40	180	300
农　业	-2.343	-5.574	-7.957	-10.669	-20.681
重工业	-3.988	-9.609	-16.284	-21.5863	-30.221
轻工业	-4.818	-8.509	-12.844	-17.088	-26.927
交通运输	-3.445	-8.595	-15.106	-23.244	-69.343
建筑业	-1.203	-2.997	-4.079	-5.843	-18.279
第三产业	-2.245	-4.307	-7.928	-9.145	-19.385
煤　炭	-9.378	-17.245	-25.046	-33.861	-79.569
石　油	-1.030	-2.075	-2.996	-4.094	-11.957
天然气	-3.983	-6.493	-10.353	-15.929	-46.736
火　电	-4.203	-8.955	-14.107	-19.309	-32.385
低碳能源	0.000	0.000	0.000	0.000	0.000

表 6-15 反映了不同碳税税率水平下各部门二氧化碳排放情况的变化，由表中的结果分析可知，所有部门二氧化碳的排放量都有一定程度的下降，对化石能源依赖性强的部门，其二氧化碳排放量的下降比例也较大，其中煤炭、火电、重工业、天然气、交通运输业二氧化碳排放量的下降幅度最明显，其次是轻工业、农业、第三产业、建筑业、石油、低碳能源部门。

碳排放量与生产量密切相关，为了综合考虑二氧化碳排放与生产水平的变化情况，本书通过计算各部门二氧化碳排放强度（即各部门二氧化碳排放量与其生产总值的比），以揭示某产业在一段时期内单位 GDP 的二氧化碳排放量（参见表 6-16）。

表 6-16　不同碳税税率对部门二氧化碳排放强度的影响

经济部门（%）	碳税税率（元/吨）		
	20	40	180
农　业	-3.5266	-4.37272	-3.00934
重工业	4.527956	4.598031	2.290003
轻工业	-5.04637	-5.63463	-2.73048
交通运输	-4.79785	-5.99235	-3.98424
建筑业	-1.48697	-1.71437	-1.37234
第三产业	-2.34373	-3.74689	-1.98998
煤　炭	4.108498	3.246827	1.032943
石　油	4.087452	1.048319	0.391398
天然气	63.13793	4.730905	1.905181
火　电	18.89549	10.46049	4.164923

考虑到低碳能源行业的碳排放量极低，碳排放指标值几乎为零，所以这里也就不需要再计算其二氧化碳排放强度指标。因此，表 6-16 的计算结果只显示 10 个部门，在所研究的 10 个部门中，各部门的二氧化碳的排放强度变化比较复杂。其中，交通运输业、轻工业、农业、第三产业和建筑业的二氧化碳排放强度呈现不同程度的递减，且在税率为每吨碳 40 元时下降幅度最大，其他 5 个行业均在税率为每吨碳 40 元时下降幅度最大。然而，石油、煤炭、天然气和火电行业的二氧化碳排放强度却呈上升趋势，且在税率为每吨碳 180 元时上升幅度最小。这一研究结果启示我们，不同部门对同一税率的反应不一，因此，碳税税率应在综合考虑不同部门的能源消耗、生产规模等因素基础上制定。

③对部门能源消耗量的影响。由表 6-17 中数据可知，随着碳税税率的上升，基本上所有部门对煤炭的需求量都有较大幅度的下降，碳税税率越大，下降幅度越大。在 11 个部门中，由于重工业、煤炭和火电这三个部门与煤炭能源联系非常紧密，它们的煤炭需求量下降较其他行业大；农业、轻工业、交通运输、建筑业等部门下降幅度次之；低碳能源部门由于几乎不涉及煤炭消耗，因此需求量没有变化。

表 6-17 不同碳税税率对部门煤炭消耗量的影响

经济部门（%）	碳税税率（元/吨）				
	10	20	40	180	300
农　业	-9.515	-12.242	-16.493	-24.515	-36.515
重工业	-10.524	-13.136	-16.986	-24.858	-37.183
轻工业	-8.355	-11.258	-15.942	-22.279	-34.847
交　通	-9.270	-12.017	-16.179	-24.196	-35.486
建筑业	-9.024	-12.179	-16.973	-23.153	-35.792
第三产业	-8.758	-11.249	-15.942	-22.619	-34.184
煤　炭	-10.128	-14.213	-17.378	-25.172	-38.659
石　油	-8.483	-11.317	-15.695	-22.449	-34.476
天然气	-8.128	-11.379	-15.695	-22.365	-34.717
火　电	-10.747	-14.406	-16.782	-25.118	-37.759
低碳能源	0.000	0.000	0.000	0.000	0.000

表 6-18 不同碳税税率对部门石油消耗量的影响

经济部门（%）	碳税税率（元/吨）				
	10	20	40	180	300
农　业	-0.473	-0.649	-0.871	-1.462	-2.143
重工业	-0.028	-0.089	-0.105	-0.255	-0.508
轻工业	0.540	0.962	1.332	2.553	3.818
交　通	-0.989	-1.634	-2.062	-3.415	-5.183
建筑业	-0.858	-1.732	-2.436	-3.983	-5.852
第三产业	0.052	0.094	0.143	0.197	0.266
煤　炭	-4.241	-8.176	-12.236	-23.294	-31.609
石　油	-1.329	-2.311	-3.942	-9.485	-16.504
天然气	-1.294	-2.957	-4.256	-9.419	-17.026
火　电	1.858	2.367	3.259	9.248	16.427
低碳能源	0.000	0.000	0.000	0.000	0.000

分析表 6-18 中数据可知，碳税税率的上升对不同部门石油需求量的影响不一，重工业、煤炭、交通运输、建筑业、石油和天然气等部门对石油的需求量有不同程度下降，尤其是煤炭、石油和天然气这三个部门下降幅度较大；交通运输、建筑业、农业等部门下降幅度次之；轻工业、火

电、第三产业需求量有一定上升；低碳能源部门的石油需求量没有变化。

表 6-19　不同碳税税率对部门天然气消耗量的影响

经济部门（%）	碳税税率（元/吨）				
	10	20	40	180	300
农　业	-0.536	-0.844	-1.016	-1.951	-3.117
重工业	-0.322	-0.517	-0.935	-1.570	-2.306
轻工业	0.241	0.573	0.627	0.984	1.279
交　通	0.382	0.522	0.749	1.045	1.621
建筑业	-0.435	-0.644	-0.979	-1.664	-2.557
第三产业	0.227	0.453	0.778	1.249	2.219
煤　炭	-3.253	-7.182	-13.295	-22.214	-30.658
石　油	-1.439	-2.258	-3.948	-10.145	-16.874
天然气	-1.294	-2.957	-5.256	-9.419	-18.026
火　电	1.372	2.535	3.776	8.526	15.558
低碳能源	0.000	0.000	0.000	0.000	0.000

分析表 6-19 中数据可知，各部门天然气需求对碳税税率的反映不尽相同，农业、重工业、煤炭、建筑业、石油和天然气部门对天然气的需求量有一定幅度的下降，其中煤炭、石油和天然气三部门下降幅度较大，建筑、重工业等部门下降幅度次之；交通运输、轻工业、火电和第三产业这些部门对天然气的需求量随着碳税税率的上升而增加；低碳能源部门的天然气需求没有变化。

究其原因，与我国当前的能源消费结构密切相关。煤炭在我国一次性化石燃料消费中占 70%，居主导地位，因此，当碳税税率上升时，除低碳能源部门外，几乎所有部门对煤炭的需求量都有所下降。此外，考虑化石能源间的替代性，轻工业、火电、第三产业在对煤炭需求量降低时，对石油和天然气需求量增加。交通运输业的能源需求主要表现为石油消耗，当碳税税率上升时，对石油的需求量一部分被天然气所替代。

（3）敏感性分析。

敏感性分析是考察模型中关键参数的微小变化对求解结果的影响，通过敏感性分析，可以对弹性系数设定的合理性进行验证，进而提升模型模拟结果的可信度。本模型中关键参数主要包含四种弹性系数，鉴于篇幅有限，这里以碳税税率为40元/吨碳为例，分别对劳动力与资本之间的替代弹性、总中间需求和增加值束之间的替代弹性进行敏感性分析。

①对宏观经济指标的敏感性分析。将劳动力与资本之间的替代弹性、总中间需求和增加值束之间的替代弹性的取值分别在原数值的基础上增减10%，观察宏观经济指标的变化情况，具体计算结果如表6-20所示。

表6-20 不同碳税税率对宏观经济指标的影响分析

宏观经济指标变化率（%）	弹性系数类型及变动幅度					
	-10		0		10	
	σ_i^v	σ_i^p	σ_i^v	σ_i^p	σ_i^v	σ_i^p
GDP	-0.142	-0.141	-0.145	-0.145	-0.148	-0.149
居民收入	-0.339	-0.340	-0.344	-0.344	-0.350	-0.349
企业储蓄	-0.268	-0.270	-0.276	-0.276	-0.284	-0.283
政府收入	0.608	0.609	0.599	0.599	0.590	0.589
政府储蓄	0.376	0.373	0.367	0.367	0.356	0.359
进口总额	0.273	0.272	0.264	0.264	0.257	0.258
出口总额	-0.189	-0.190	-0.194	-0.194	-0.199	-0.198

分析表6-20中数据可知，劳动力与资本之间的替代弹性 σ_i^v 、总中间需求和增加值束之间的替代弹性 σ_i^p 对宏观经济变量的变化方向没有改变，对宏观经济变量的变化幅度略有影响。总的来看，随着 σ_i^v 的增大，GDP的损失也在增大，当 σ_i^v 的变动幅度±10%时，GDP的变动幅度约为0.006%，政府储蓄的变化幅度最大，约为0.02%，其余变化幅度均在0.016%左右。另外，总中间需求和增加值束之间的替代弹性 σ_i^p 变化幅度为±10%时，GDP和出口总额的变动幅度最小，约为0.008%，政府收入的变化幅度最大，约为0.02%，其余变化幅度均在0.014%左右。

②对部门产出与价格的敏感性分析。将劳动力与资本之间的替代弹性、总中间需求和增加值束之间的替代弹性的取值分别在原数值的基础上增减10%，观察各部门产出与价格的变化情况，具体计算结果如表6-21所示。

表 6-21　不同碳税税率对部门产出价格的影响分析

经济部门 (%)	弹性系数类型及变动幅度					
	-10		0		10	
	σ_i^v	σ_i^p	σ_i^v	σ_i^p	σ_i^v	σ_i^p
农　业	0.454	0.454	0.457	0.457	0.459	0.458
重工业	2.092	2.092	2.097	2.097	2.099	2.100
轻工业	0.691	0.692	0.695	0.695	0.699	0.699
交　通	3.580	3.579	3.583	3.583	3.587	3.588
建筑业	1.072	1.071	1.076	1.076	1.079	1.078
第三产业	0.386	0.385	0.390	0.390	0.395	0.394
煤　炭	5.726	5.725	5.730	5.730	5.734	5.733
石　油	3.037	3.040	3.040	3.040	3.044	3.040
天然气	2.927	2.926	2.930	2.930	2.934	2.935
火　电	4.945	4.944	4.950	4.950	4.955	4.956
低碳能源	1.495	1.496	1.498	1.498	1.502	1.493

从表 6-21 可以看出，劳动力与资本之间的替代弹性 σ_i^v 变化幅度为±10%时，各部门产出价格的变动幅度为 0.007%，其中火电行业产出价格的变动幅度最大，为 0.01%，农业产出价格的变动幅度最小，为 0.005%。另外，总中间需求和增加值束之间的替代弹性 σ_i^p 变化幅度为±10%时，各部门产出价格的变动幅度约为 0.008%，其中火电行业产出价格的变动幅度最大，为 0.012%，农业产出价格的变动幅度最小，为 0.004%。

通过对弹性系数的敏感性分析可知，与替代弹性的变化范围-10% ~ 10%相比，大多数指标并没有较大的变化，基本上变动范围为 0.01% ~ 0.02%。换句话说，替代弹性的变动对分析结果影响很小，这反映出前文设定的弹性系数是相对准确的，所构建的碳税 CGE 模型有很强的稳定性。

三　碳税政策模拟结果

通过建立一个包含 11 部门的静态 CGE 模型，以 2007 年的投入产出表为依据构建的社会核算矩阵为数据基础，利用 GAMS 软件，模拟分析了所设计的 5 种碳税税率对宏观社会经济变量以及部门经济变量、二氧化碳排放量及排放强度、能源消费的影响；通过对弹性系数的敏感性分析，验证了模型的可靠性和稳定性。通过上述分析，可以得出以下结论。

（1）随着碳税税率的不断提高，名义 GDP、居民收入、企业储蓄和出口总额等宏观社会经济变量不断下降，而政府收入和进口总额的上升幅度逐渐增大。

（2）由于征收碳税，化石燃料价格上升，导致企业生产成本一定程度提高，所有部门产出的价格都相应上升，其中能源消耗比较大的煤炭、石油、重工业、天然气、火电等部门价格上升幅度较大；而农业、轻工业、第三产业、低碳能源等部门的价格上升幅度比较小；建筑业、交通运输业价格上升幅度居中；在部门的产出方面，农业、轻工业、第三产业等部门有所提高，而重工业、交通运输业、建筑业、煤炭、天然气、石油、火电等部门都有不同程度的下降，尤其是煤炭、天然气、石油、火电、重工业等部门下降比例较大；低碳能源部门产出基本保持不变。通过对各部门产出及价格的变动分析可以看出碳税政策的经济结构调整效应。

（3）由于征收碳税，所有部门的二氧化碳排放量都有一定程度下降，其中化石能源需求量高的部门，如煤炭、天然气、电力、交通运输业、重工业、轻工业等部门，二氧化碳的排放量下降幅度相对较大，而农业、建筑业、石油以及不直接消耗化石燃料的部门二氧化碳的排放量下降幅度比较大。关于各部门二氧化碳的排放强度，煤炭、火电、重工业下降幅度比较大；而农业、轻工业、交通、建筑业、第三产业、石油与天然气等部门的下降幅度较小，或基本保持不变化。

（4）碳税征收的二氧化碳减排效应也比较明显，主要表现为化石能源需求量高的部门，二氧化碳排放量都有较大程度下降，且税率越高，减排效应越突出。但综合考虑二氧化碳减排强度发现，煤炭、火电等行业的二氧化碳排放强度呈上升趋势。由此得到的启示是，碳税设计需结合各行业的能源需求、产出水平、二氧化碳排放量等因素采取差别化原则，以实现真正的节能减排目的。此外，由于征收碳税，二氧化碳减排量逐渐增加，提高低碳能源与高碳能源之间的替代弹性，所有的宏观经济变量的变动幅度都有一定程度减小，如果降低替代弹性，所有宏观社会经济变量的下降幅度都有一定幅度的提高。可见，提高低碳能源与高碳能源之间的替代弹性，有利于缓解因征收碳税减少二氧化碳排放量而对社会经济造成的负面影响。

（5）碳税征收有助于减少能源消耗，这一点可以从征收碳税后各部门三大化石能源的需求量的变化得知。但由于各部门的能源消费结构不一，因此各部门对煤炭、石油、天然气的需求变化也不尽相同。建议政府部门提高低碳能源与高碳能源之间的替代弹性和能源的利用效率，这将有利于实现我国能源消费结构的调整，缓解征收碳税对我国经济社会造成的负面影响。

总之，碳税政策能减少二氧化碳排放，调整能源消费结构，但同时对经济社会发展产生一定的负面影响。因此，我国在实施碳税政策时不应盲目借鉴国外，应当依据国内经济的承受能力进行合理的税率选择，且考虑到各部门对不同税率的反应不一，因此，碳税设计可考虑差别化原则，这也是国际通行做法。在短期内，宜采取较低的税率，随着经济发展再酌情提升碳税税率。另外，西方国家的碳税政策执行多年，对碳税的冲击有较好的应对措施，而我国在相关配套措施方面还没有做好充分的准备，因此，也应采取较低的税率。

第四节　环境 CGE 模型的燃油税政策模拟

一　燃油税政策

根据我国现行税法，从 2009 年 1 月 1 日起，取消公路养路费、航道养护费、公路运输管理费、公路客货运附加费、水路运输管理费、水运客货运附加费 6 项收费，同时增加了成品油的消费税单位税额，汽油燃油税额由原来的每升 0.2 元提高到每升 1 元，柴油由每升 0.1 元提高到每升 0.8 元。燃油税改革实施以来，其效果如何引发各方关注。如饶呈祥（2009）基于税收 CGE 模型分析了燃油税改革对农业、采掘业、食品制造业、纺织业、其他制造业和运输邮电业的影响。徐晓亮（2010）基于 3E-CGE 模型分析了燃油税改革对我国未来宏观经济的影响，并着重分析了对能源、交通运输和汽车制造业的影响。于志亮和曹绍宇（2012）分析了燃油税改革对农机化和农民收入的影响。夏传文和刘亦文（2010）、李程和陈少英（2010）对我国燃油税改革的节能效应进行了研究，分析得出，燃油税改革能够起到节能减排的功能。赵庆波（2010）基于家庭数据分析了燃油税改革对消费者单方利益主体的福利影响。特别是，由于我国的燃油税主要是上调汽油和柴油的税额，而道路交通工具消耗的汽油和柴油量分别占全国总消费量的90%和50%左右，因此，围绕燃油税改革对货运企业、公交行业、物流业等影响的研究较多（陈鹏，2011；李媛媛，2011；李玉民，2011）。此外，也有针对个别地市的案例研究，如陈昊和林寅（2010）分析了燃油税改革在北京地区的实施效果。从现有文献的研究结果来看，学者们普遍认为燃油税改革在一定程度上有利于节能减排，但短期内对我国宏观经济运行也带来了一定的负面影响，不同行业所受到的影响不一，从长期发展来看，燃油税改革有利于促进我国整体经济的可持续发展。但还有一些学者指出，消费税和燃油税都能够促使汽车消费向小排量倾斜，能源利用效率提高，并造成一定的社会福利损失，但燃油税比消费税造成的福利损失会更大（肖俊极，2012）。冯相昭和蔡博峰（2012）对燃油税及机动车税费优惠政策等我国道路交通系统的碳减排政策进行了综合分析后强调，要使道路交通系统的温室气体减排效应显著提升，还需综合运用各种政策的组合而不是依靠某一种或一类政策。现有文献的不足之处主要表现为针对特定行业的分析较多，对经济系统的关联效应和传导机制的考虑不足。为此，本书以最近一次的中国投入产出表为基础数据，将42个行业部门按照能源需求的不同重新划分为11个部门，在此基础上构建燃油税CGE模型，依此来模拟分析燃油税改革对我国宏观经济、各部门的产出与价格、二氧化碳排放和能源需求的影响，以期能全面反映燃油税改革带来的经济影响（刘倩斐，2014）。

二 燃油税政策的模拟分析

本研究构建的燃油税CGE模型同前文的碳税环境CGE模型相似，模型本身也是包含6个模块，即生产模块、收入和需求模块、贸易模块、价格模块、均衡模块及碳排放模块。在碳排放模块中，以燃油税的税率作为变量输入，依据燃油税变动影响石油价格，进而影响各部门对石油的需求量，乃至影响整个宏观经济的传导机制，从而将这一改革纳入一般均衡框架，定量分析燃油税费改革对国内经济的影响。

（1）对宏观经济指标的影响。

表6-22对燃油税费改革方案实施前后的宏观经济指标进行比较，发现各项指标变化方向和幅度各不相同。燃油税费改革之后，投资总额、储蓄总额、政府收入、居民收入、政府储蓄等指标有一定程度上升，其中政府收入和政府储蓄上升幅度较大，达到2.230%和0.664%。然而，燃油税

费改革也对整体经济产生一定的消极影响，GDP、消费总额、企业储蓄、产出总额、进出口总额等指标都有相应的下降，其中企业储蓄和出口总额下降幅度较大，分别为-0.982%和-0.708%。

表 6-22 不同燃油税税率对宏观经济指标的影响

宏观经济指标变化率（%）	燃油税税率		宏观经济指标变化率（%）	燃油税税率	
	0.2 元/升	1.0 元/升		0.2 元/升	1.0 元/升
GDP	-0.357	-0.688	政府储蓄	0.649	1.313
投资总额	0.357	1.091	居民储蓄	0.214	0.575
储蓄总额	0.348	0.929	企业储蓄	-0.303	-1.285
消费总额	-0.547	-0.902	产出总额	-0.245	-0.674
政府收入	0.952	3.182	进口总额	-0.358	-0.569
居民收入	0.351	0.568	出口总额	-0.539	-1.247

究其原因，一方面，燃油税费改革后征收燃油税，它在一定程度上增加了政府的财政收入，因而政府的总收入会增加，本模型采用金汉森闭合，政府总消费支出是外生给定的固定数值，因此政府的储蓄又会随着政府收入增加而增加。另一方面，燃油税费改革取消养路费、公路收费等，居民可以少缴纳这些费用，在总收入不变的情况下可支配收入增加，而个人所得税率和储蓄率是外生给定的固定值，居民的储蓄总额会因此上升。社会总储蓄会随着社会总消费下降而上升，由社会储蓄和投资平衡可知，社会投资总额上升。

从进出口方面来看，由于征收燃油税，使得运输业的交通运输成本上升，随之增加了产品的总成本，产品的出口需求量下降。由于需求决定产出，产品的总产出量会随之下降，同时对进口的原材料需求量减少，进口总额下降，从结果来看，出口下降程度大于进口下降程度。总体来说，燃油税费方案的实施使整体国民生产总值下降，对政府和居民产生有利的影响，但会对企业部门以及进出口带来不利的影响。

（2）对部门影响的分析。

燃油税改革后，燃油税上涨，汽油购买价格上涨，导致汽油消耗的成本增加。由于不同部门的汽油投入量在总投入中占的比重不同，不同部门的各级生产函数、生产要素的替代弹性也不相同，会导致不同部门对汽油的需求量不同，因此，对部门的产出量、产出价格、二氧化碳排放量等因素产生不同的影响。表 6-23 分析了汽油燃油税税率为 0.2 元/升、1.0 元/升的情况下，不同生产部门的产出量及产出价格受到的影响，在上述结论的基础上，表 6-24、表 6-25 选取了石油和交通运输业这两个受燃油税影响较大的行业进行分析。表 6-26 和表 6-27 分别分析了在这两种税率下不同生产部门碳排放量的变化和对汽油需求量的变化。

①对部门产出及价格的影响。由表 6-23 中数据可知，不同部门受燃油税影响分化较大，基本上所有行业的产出价格都有一定程度提升，其中重工业、石油和交通运输业上涨幅度最大，燃油费改革后，交通运输业的价格由原来的 0.738% 上涨到 3.948%。燃油税变化对社会各行业的产出量影响较明显，其中交通运输业产出下降幅度最大，其次为重工业。究其原因，由于燃油税增加了石油的购买成本，一方面使总需求减少，由需求决定产出可知，交通运输业和石油行业的总产出减少；另一方面提升了交通运输业和石油行业的产出成本。

表 6-23　不同燃油税税率对部门产出与价格的影响

经济部门（%）	0.2 元/升		1.0 元/升	
	产出（XP）	价格（PX）	产出（XP）	价格（PX）
农　业	0.144	0.293	0.479	0.538
重工业	-1.471	1.125	-3.146	3.415
轻工业	-0.313	0.228	-1.647	0.711
交通运输业	-1.248	0.738	-3.473	3.948
建筑业	-0.143	0.283	-0.875	1.406
第三产业	0.124	0.162	0.397	0.599
煤　炭	-0.604	1.374	-1.246	3.730
石　油	-1.045	2.147	-3.029	4.775
天然气	0.218	2.225	1.247	2.873
火　电	0.214	1.995	1.532	3.648
低碳能源	0.012	0.430	0.054	0.977

分析表 6-23 可知，石油和交通运输业受到燃油税改革的冲击较大，为了更加深入地分析这种影响，我们将石油行业分为开采和加工两个部

门，交通运输业分为公路、水运、铁路和航空四个部门，分别计算了不同燃油税税率对这些细分部门的影响，计算结果如表 6-24、表 6-25 所示。

表 6-24 不同燃油税税率对部门产出的影响

税率＼部门	石油行业		交通运输业			
	开采	加工	公路	铁路	水运	航空
0.2 元/升	-0.177	-0.262	-0.591	0.244	1.591	0.302
1.0 元/升	-7.408	-9.758	-5.475	0.915	3.458	0.793

表 6-25 不同燃油税税率对部门价格的影响

税率＼部门	石油行业		交通运输业			
	开采	加工	公路	铁路	水运	航空
0.2 元/升	0.297	0.213	1.399	0.389	0.425	0.457
1.0 元/升	0.568	1.534	3.658	1.047	0.659	0.742

表 6-24 和表 6-25 反映了燃油税变化对石油业和交通运输业产出及价格的影响。由于改革后的燃油税是在加工环节征收，因此对于石油加工部门的影响要远远大于石油开采部门。由于公路运输的主要动力来源是汽油和柴油，因此，燃油税税率上升会大大增加公路运输成本。根据运输系统间的替代效应，结果会使一部分公路运输的运量转移到铁路、水运和航空，从而使前者产出量减少，而后者的产出量增加。另外，由于公路和铁路运输占国内运输的 90%，因此，总体来说，燃油税改革对公路、铁路的影响较大，产出量是此消彼长，对水运和航空影响较小。

②对各部门二氧化碳排放量的影响。表 6-26 反映了燃油税改革后各部门二氧化碳排放的变化情况，由此可见，由于燃油税税率上升，所有部门二氧化碳的排放量都有一定程度的下降，对汽油依赖性强的部门二氧化碳排放量的减少幅度较大，尤其交通运输业、石油、重工业属于下降幅度最明显的行业，建筑业、煤炭、火电、轻工业、天然气、农业、第三产业等行业对石油的消耗量不大，因此这些部门二氧化碳排放量的变化较小，低碳能源部门没有变化。

表 6-26 不同燃油税税率对部门二氧化碳排放量的影响

部门 \ 税率	0.2 元/升	1.0 元/升
农业（%）	-2.580	-4.553
重工业（%）	-3.481	-7.315
轻工业（%）	-2.630	-4.547
交通运输业（%）	-4.388	-10.479
建筑业（%）	-3.075	-5.738
第三产业（%）	-2.053	-3.479
煤炭（%）	-3.278	-5.006
石油（%）	-3.030	-8.935
天然气（%）	-2.439	-5.276
火电（%）	-4.475	-6.191
低碳能源（%）	0.000	0.000

③对各部门化石能源消耗量的影响。为了进一步了解燃油税改革对能源消费及结构调整的影响，本研究分别讨论了不同税率水平下各部门对煤炭、石油和天然气消耗量的变化情况（参见表 6-27、表 6-28、表 6-29）。

表 6-27 不同燃油税税率对部门煤炭消耗量的影响

部门 \ 税率	0.2 元/升	1.0 元/升
农业（%）	1.439	3.164
重工业（%）	3.940	6.732
轻工业（%）	-2.431	-4.645
交通运输业（%）	2.303	5.495
建筑业（%）	1.902	3.513
第三产业（%）	-1.408	-4.346
煤炭（%）	5.397	9.214
石油（%）	1.624	3.139
天然气（%）	-2.431	-5.457
火电（%）	4.203	8.955
低碳能源（%）	0.000	0.000

表 6-28 不同燃油税税率对部门汽油消耗量的影响

税率 部门	0.2 元/升	1.0 元/升
农业（%）	-1.304	-3.485
重工业（%）	-3.356	-7.089
轻工业（%）	-2.537	-5.649
交通运输业（%）	-3.838	-9.481
建筑业（%）	-2.203	-4.997
第三产业（%）	-1.851	-4.099
煤炭（%）	-2.935	-5.592
石油（%）	-2.030	-7.075
天然气（%）	-2.649	-6.831
火电（%）	-3.585	-5.865
低碳能源（%）	0.000	0.000

表 6-29 不同燃油税税率对部门天然气消耗量的影响

税率 部门	0.2 元/升	1.0 元/升
农业（%）	-1.592	-3.137
重工业（%）	-2.343	-6.164
轻工业（%）	-2.803	-4.479
交通运输业（%）	2.238	7.774
建筑业（%）	1.092	3.146
第三产业（%）	1.431	4.795
煤炭（%）	-3.439	-5.954
石油（%）	2.561	5.487
天然气（%）	2.983	6.493
火电（%）	-2.553	-4.239
低碳能源（%）	0.000	0.000

综合分析上述三个表格中的数据得出，燃油税的征收抬高了汽油的消耗成本，导致所有部门对石油的需求量下降，特别是，在本书所研究的11

个部门中，交通运输业、石油和重工业是受冲击最大的三个行业。另外，由于改革后的燃油税主要是在加工和消费环节征收，且交通运输业对汽油的依赖性很强，因此交通运输业成为燃油税改革受到负面影响最大的部门。从不同能源的需求变化来看，各部门对三大能源的需求均存在一定的投入替代效应，即伴随汽柴油税额的上浮，各部门在减少能源需求的同时将一部分石油需求转移至煤炭或天然气。这种节能效应及能源结构的调整幅度与各部门的能源消费结构及其能源需求价格密切相关，此外，也与模型本身采用的生产函数、要素替代系数等因素有关。

三 燃油税政策模拟结果

本书在环境 CGE 模型的基础上进行拓展，构建了燃油税 CGE 模型，对燃油税改革进行了政策模拟，同时又对受此政策冲击比较大的部门进行了着重分析，具体得出以下结论。

（1）从宏观经济来说，征收燃油税在一定程度上增加了政府的财政收入，对政府和居民产生有利的影响，但燃油税费方案的实施使整体国民生产总值下降，会对企业部门以及进出口带来不利的影响。从可持续发展的角度来看，实施燃油税还是利大于弊的。

（2）从社会各部门来说，燃油税改革使社会各行业的产出量下降较明显，其中交通运输业中的公路产出下降幅度最大，其次为重工业。由于目前石油是公路运输的主要能源，燃油税税率上升对公路影响较大，会大大增加公路运输成本，公路的产出量下降，根据替代效应，使一部分运量转移到铁路、水运和航空，从而使这些部门的产出量增加。改革后的燃油税是在加工环节征收，因此对于石油加工业的影响要远远大于石油开采业。

（3）从碳排放量来看，燃油税税率上升对碳减排有一定的效果，模拟结果显示所有部门二氧化碳的排放量都有一定程度的下降，对汽油依赖性强的部门二氧化碳的排放量下降比例较大。随着二氧化碳减排量提高，交通运输业、石油、重工业属于下降幅度最明显的行业，建筑业、煤炭、火电、轻工业、天然气、农业、第三产业等行业对石油的消耗量不大，因此对碳减排的贡献也较小。

（4）从能源消耗量来看，燃油税改革一定程度上改变了能源消耗结构。燃油税的征收抬高了汽油的消耗成本，导致所有部门对汽油的需求量降低，同时由于替代作用，煤炭和天然气的需求量有一定幅度的上浮。由于煤炭在我国能源需求中占主体地位，因此需求量上涨的幅度比天然气大，可以说征收燃油税对化石能源的消费结构有一定的改变。在研究的11个部门中，受冲击最大的是交通运输业、石油和重工业三个行业，交通运输业对汽油的依赖性很强，因此成为受到燃油税改革消极影响最大的部门。

主要参考文献

Cyert, R. and J. March:《企业行为理论》(第2版),李强译,中国人民大学出版社,2008。

David Roland-Holst and Dominique van der Mensbrugghe:《政策建模技术:CGE模型的理论与实现》,李善同、段志刚、胡枫译,清华大学出版社,2009。

蔡守秋:《欧盟环境政策法律研究》,武汉大学出版社,2002。

曹斌、林剑艺、崔胜辉:《可持续发展评价指标体系研究综述》,《环境科学与技术》2010年第3期。

曹立伟:《基于可计算一般均衡模型的城镇建设用地需求预测研究》,广西师范学院学位论文,2012。

曹荣:《碳税对经济—环境—能源系统的影响研究》,华北电力大学学位论文,2013。

查冬兰、周德群:《基于CGE模型的中国能源效率回弹效应研究》,《数量经济技术经济研究》2010年第12期。

车国骊、田爱民、李扬、赵只增、董宁:《美国环境管理体系研究》,《世界农业》2012年第2期。

陈昊、林寅:《燃油税实施效果评价——基于北京地区的调查报告》,《重庆工商大学学报》(社会科学版)2010年第4期。

陈浩:《环境管制与企业竞争力的演化经济学解释——对传统观点和修正学派的批判》,《生态经济》2006年第2期。

陈鹏、郗恩崇:《燃油税收革后道路货运企业经营策略再回顾》,《交通企业管理》2011年第6期。

陈雯、肖皓、祝树金、呙娟:《湖南水污染税的税制设计及征收效应的一般均衡分析》,《财经理论与实践》2012年第1期。

崔景华：《我国碳税制度要素设计研究》，《财经理论与实践》2011年第1期。

邓群、夏军、杨军、孙杨波：《水资源经济政策CGE模型及在北京市的应用》，《地理科学进展》2008年第3期。

邓祥征、吴锋、林英志、杨军：《基于动态环境CGE模型的乌梁素海流域氮磷分期调控策略》，《地理研究》2011年第4期。

董建伟：《环境管理体系在深圳航空的应用研究》，西南交通大学，2012。

杜万平：《美国的环境政策：黄金时代之后步履维艰》，《生态经济》2007年第12期。

杜伟：《云南省税收CGE模型的研究及应用》，云南财经大学学位论文，2012。

樊明太、郑玉歆、马纲：《中国CGE模型：基本结构及有关应用问题(上)》，《数量经济技术经济研究》1998年第12期。

樊明太、郑玉歆、马纲：《中国CGE模型：基本结构及有关应用问题(下)》，《数量经济技术经济研究》1999年第4期。

冯相昭、蔡博峰：《中国道路交通系统的碳减排政策综述》，《中国人口·资源与环境》2012年第8期。

冯运科：《企业环境技术创新影响机制及政策体系研究》，河南理工大学学位论文，2012。

傅京燕：《环境成本内部化与产业国际竞争力》，《中国工业经济》2002年第6期。

傅京燕：《环境规制与污染避难所效应——基于中国省级数据的经验分析》，《公共管理学报》2010年第3期。

傅京燕、张珊珊：《中美贸易与污染避难所假说的实证研究》，《中国人口·资源与环境》2011年第2期。

关丽：《美国的环境公民诉讼制度》，《世界环境》2008年第1期。

郭正权：《基于CGE模型的我国低碳经济发展政策模拟分析》，中国矿业大学（北京）学位论文，2011。

国家环保总局环境规划院：《2008～2020中国环境经济形势分析与预测》，中国环境科学出版社，2008。

贺菊煌、沈可挺、徐高龄：《碳税与二氧化碳减排的CGE模型》，《数量经济与技术经济》2002年第10期。

侯超亮:《焦作万方铝业股份有限公司生产物流环境管理体系研究》,河南理工大学学位论文,2014。

侯伟丽、方浪:《环境管制对中国污染密集型行业企业竞争力影响的实证研究》,《中国人口·资源与环境》2012年第7期。

侯文蕙:《20世纪90年代的美国环境保护运动和环境保护主义》,《世界历史》2000年第6期。

胡锦涛:《坚定不移沿着中国特色社会主义道路前进 为全面建成小康社会而奋斗》,在中国共产党第十八次全国代表大会上的报告,2012。

胡美琴、李元旭:《企业生命周期与企业家管理周期匹配下的动态竞争力模型》,《当代财经》2006年第1期。

胡宗义、刘亦文:《低碳经济的动态CGE研究》,《科学学研究》2010年第10期。

黄卫来:《CGE模型理论、方法及其在产业政策分析中的应用研究》,华中理工大学学位论文,1998。

减传琴:《环境规制工具的比较与选择——基于对税费规制与可交易许可证规制的分析》,《云南社会科学》2009年第6期。

金碚:《竞争力经济学》,广东经济出版社,2003。

金碚:《资源环境管制与工业竞争力关系的理论研究》,《中国工业经济》2009年第3期。

金凤:《基于CGE模型求解碳税征收与CO_2减排问题》,《电脑知识与技术》2010年第6期。

鞠超:《低碳经济背景下我国石油资源税费改革研究》,中国石油大学(华东)学位论文,2011。

邝杨:《欧盟的环境合作政策》,《欧洲研究》1998年第4期。

李程、陈少英:《我国燃油税的节能减排功能探析》,《改革与战略》2010年第10期。

李创:《国内外环境管制问题研究综述》,《资源开发与市场》2011年第9期。

李创:《环境政策CGE模型研究综述》,《工业技术经济》2012年第11期。

李创:《基于CGE模型的碳税政策模拟分析》,《工业技术经济》2014

年第1期。

李创：《中国纺织产业国际竞争力》，中国轻工业出版社，2007。

李创、刘倩斐：《我国燃油税改革效应模拟分析》，《资源开发与市场》2014年第12期。

李钢、马岩、姚磊磊：《中国工业环境管制强度与提升路线——基于中国工业环境保护成本与效益的实证研究》，《中国工业经济》2012年第3期。

李娜、石敏俊、袁永娜：《低碳经济政策对区域发展格局演进的影响——基于动态多区域CGE模型的模拟分析》，《地理学报》2010年第65（12）期。

李善同、翟凡：《一个中国经济的可计算一般均衡模型》，《数量经济技术经济研究》1997年第3期。

李彤、杨俊、陈树衡：《可计算一般均衡模型的遗传算法研究》，《系统工程理论与实践》2000年第6期。

李项峰：《环境规制的范式及其政治经济学分析》，《暨南学报》（哲学社会科学版）2007年第2期。

李欣：《环境政策研究》，财政部财政科学研究所学位论文，2012。

李岩岩、赵湘莲：《我国开征碳税的税率问题研究——以石化塑胶行业为例》，《财经论丛》2011年第1期。

李永发：《国家竞争力模型比较研究》，《市场论坛》2004年第6期。

李永刚：《中国开征碳税的无险性分析——兼议碳税设计》，《中央财经大学学报》2012年第2期。

李玉民：《燃油税实施对我国物流业影响的系统动力学分析》，《重庆交通大学学报》（自然科学版）2011年第4期。

李媛媛、杨晓玉：《燃油税改革对我国公交车行业的影响及对策分析》，《商业经济》2011年第8期。

李云雁：《企业应对环境管制的战略与技术创新行为》，浙江工商大学学位论文，2010。

李章存、贾新武：《铝与生态环境》，《轻金属》2006年第1期。

林汉川、夏敏仁、何杰、管鸿禧：《中小企业发展中所面临的问题——北京、辽宁、江苏、浙江、湖北、广东、云南问卷调查报告》，《中国社会科学》2003年第2期。

林季红、刘莹：《内生的环境规制："污染天堂假说"在中国的再检验》，《中国人口·资源与环境》2013年第1期。

刘长庚：《中日生态环境保护的比较及带给我们的启示》，《资源与人居环境》2009年第14期。

刘巧玲、王奇、李鹏：《我国污染密集型产业及其区域分布变化趋势》，《生态经济》2012年第1期。

刘小敏、付加锋：《基于CGE模型的2020年中国碳排放强度目标分析》，《资源科学》2011年第4期。

刘玉桐、金燕、张翼燕：《GAMS系统及其工程应用》，《新技术新工艺》1998年第4期。

麻黎明：《我国中小企业环境战略研究——基于结构方程的方法》，东南大学学位论文，2013。

马超、景跃军：《从经济发展看日本战后的环境政策演变》，《现代日本经济》2005年第3期。

马丁·沃尔夫：《全球化为什么可行》，余江译，中信出版社，2008。

马国霞、於方、齐霞、王金南：《基于绿色投入产出表的环境污染治理成本及影响模拟》，《地理研究》2014年第12期。

马浩：《竞争优势》，北京大学出版社，2010。

马士国：《环境规制工具的选择与实施：一个述评》，《世界经济文汇》2008年第3期。

马相东、王跃生：《"环境库兹涅茨曲线"拐点到来了吗》，《人民日报》2012年10月18日。

马中东、陈莹：《环境规制、企业环境战略与企业竞争力分析》，《科技管理研究》2010年第7期。

迈克尔·波特：《竞争论》（第三版），高登第、李明轩译，中信出版社，2012。

迈克尔·波特：《竞争战略》，李明轩、邱如美译，华夏出版社，1997。

茅于轼：《美国政府的环境保护政策》，《美国研究》1990年第2期。

彭海珍：《环境管制对企业国际竞争力影响的内在机制研究》，上海交通大学学位论文，2004。

彭海珍、任荣明：《环境保护私人供给的经济学分析——基于一个俱乐部物品模型》，《中国工业经济》2004年第5期。

彭守约、孙向明、陈汉光：《环境保护法资料选编》，武汉大学出版社，1985。

秦长海、甘泓、张小娟、贾玲：《水资源定价方法与实践研究Ⅱ：海河流域水价探析》，《水利学报》2012 年第 4 期。

秦颖、武春友、孔令玉：《企业环境战略理论产生与发展的脉络研究》，《中国软科学》2004 年第 11 期。

曲如晓：《环境保护与国际竞争力关系的新视角》，《中国工业经济》2001 年第 9 期。

饶呈祥：《我国成品油税费改革之经济影响的行业分析》，《现代财经》2009 年第 10 期。

芮明杰、袁安照：《公司战略与第五代创新》，《经济与管理》1998 年第 5 期。

萨日娜：《关于环境政策对自然资源利用影响的中日比较研究》，青岛大学学位论文，2006。

尚学兴：《20 世纪 90 年代以来美国环保政策研究》，河南师范大学学位论文，2010。

沈丹英：《1997—1999 国际金融危机传播的空间计量经济学分析》，华东师范大学学位论文，2007。

沈惠平：《日本环境政策分析》，《管理科学》2003 年第 3 期。

石淑华：《日本的环境管制体系及其启示》，《徐州师范大学学报》（哲学社会版）2007 年第 5 期。

史璐：《政府管制经济学》，知识产权出版社，2012。

宋姣姣：《环境管制对企业竞争力的影响机制及政策体系研究》，河南理工大学学位论文，2011。

宋姣姣、王丽萍：《环境政策工具的演化规律及其对我国的启示》，《湖北社会科学》2011 年第 5 期。

苏明、付志华、许文等：《碳税的中国路径》，《环境经济》2009 年第 9 期。

苏晓红：《环境管制政策的比较分析》，《生态环境》2005 年第 4 期。

孙磊：《防灾减灾背景下我国环境警察制度建构思考》，《中国环境资源法学研究会 2012 年年会论文集》，2012。

谭显东：《电力可计算一般均衡模型的构建及应用研究》，华北电力大学学位论文，2008。

汤天滋：《中日环境政策及环境管理制度比较研究》，《现代日本经济》2007年第6期。

唐纳德·沃斯特：《自然的经济体系——生态思想史》，侯文蕙译，商务印书馆，1999。

滕海键：《试论20世纪60—70年代的美国环境保护运动》，《内蒙古大学学报》（人文社会科学版）2006年第4期。

田春秀、李丽、平胡涛：《国外环境保护管理体制（四）》，《中国环境报》2004年3月2日。

汪鹏、成贝贝、赵黛青：《基于两区域动态CGE模型的广东碳减排政策综合评估》，《生态经济》2013年第2期。

王兵、吴延瑞、颜鹏飞：《中国区域环境效率与环境全要素生产率增长》，《经济研究》2010年第5期。

王德发：《能源税征收的劳动替代效应实证研究——基于上海市2002年大气污染的CGE模型的试算》，《财经研究》2006年第2期。

王虹：《论环境规制对企业国际竞争力的影响及传导机制》，《现代财经》2008年第5期。

王璟珉：《公地的悲剧》，社会科学文献出版社，2013。

王侃：《国外中小企业的环境污染及管理》，《中国环境管理》1988年第6期。

王克稳：《论我国环境管制制度的革新》，《政治与法律》2006年第6期。

王磊：《基于CGE模型的中国森林生态税研究》，北京林业大学学位论文，2010。

王丽萍：《对华纺织品贸易保护措施的影响机制研究》，《生态经济：学术版》2008年第1期。

王丽萍：《发达国家环境技术创新的政策体系分析》，《现代经济探讨》2013年第4期。

王丽萍：《环境政策的类型与特点分析》，《资源开发与市场》2013年第5期。

王丽萍：《我国环境管制政策的演进特点及中外政策对比研究》，《现代经济探讨》2014年第10期。

王淑贞：《欧盟环境外交研究》，山东师范大学学位论文，2009。

王韬洋：《“环境正义”——当代环境伦理发展的现实趋势》，《浙江学刊》2002年第5期。

魏涛远、格罗姆斯洛德：《征收碳税对中国经济与温室气体排放的影响》，《世界经济与政治》2002年第8期。

魏巍贤：《基于CGE模型的中国能源环境政策分析》，《统计研究》2009年第7期。

吴锋、邓祥征、林英志：《基于环境CGE模型的鄱阳湖流域氮磷排放调控方案及影响模拟》，《地球信息科学》2010年第1期。

吴荻、武春友：《建国以来中国环境政策的演进分析》，《大连理工大学学报》（社会科学版）2006年第4期。

席涛：《美国的成本—收益分析管制体制对中国的启示》，《经济理论与经济管理》2004年第6期。

夏传文、刘亦文：《CGE模型在节能政策领域的应用设想》，《湖南师范大学自然科学学报》2009年第4期。

夏传文、刘亦文：《燃油税改革对我国节能减排影响的动态CGE研究》，《经济问题》2010年第2期。

夏光、周新、高彤：《中日环境政策比较研究》，中国环境科学出版社，2000。

夏军、黄浩：《海河流域水污染及水资源短缺对经济发展的影响》，《资源科学》2006年第2期。

肖红、郭丽娟：《中国环境保护对产业国际竞争力的影响分析》，《国际贸易问题》2006年第12期。

肖俊极、孙洁：《消费税和燃油税的有效性比较分析》，《经济学（季刊）》2012年第4期。

徐国泉、刘则渊、姜照华：《中国碳排放的因素分解模型及实证分析：1995—2004》，《中国人口·资源与环境》2006年第6期。

徐士英、邱加化：《欧盟环境政策与竞争法的关系探析及启示》，《法商研究》2001年第5期。

徐晓亮：《基于CGE模型的燃油税费改革影响研究》，《南京财经大学学报》2010年第3期。

许正良、刘娜：《基于持续发展的企业社会责任与企业战略目标管理融合研究》,《中国工业经济》2008 年第 9 期。

宣晓伟:《用 CGE 模型分析征收硫税对中国经济的影响》,北京大学学位论文,2003。

闫珺:《基于 CGE 模型的中国铁路基础设施投资波及效应研究》,北京交通大学学位论文,2013。

严冬、周建中:《水价改革及其相关因素的一般均衡分析》,《水利学报》2010 年第 10 期。

杨宏伟、宛悦、增井利彦:《可计算一般均衡模型的建立及其在评价空气污染健康效应对国民经济影响中的应用》,《环境与健康杂志》2005 年第 3 期。

杨岚、毛显强、刘琴、刘昭阳:《基于 CGE 模型的能源税政策影响分析》,《中国人口·资源与环境》2009 年第 2 期。

杨姝影:《国际碳税研究》,化学工业出版社,2011。

杨雪艳:《企业社会责任理论文献综述》,《管理观察》2009 年第 11 期。

姚昕、刘希颖:《基于增长视角的中国最优碳税研究》,《经济研究》2010 年第 11 期。

尹月香:《地方政府生态治理的困境与对策研究——以三江源治理为例》,南昌大学学位论文,2010。

于志亮、曹绍宇:《谈燃油税改革对农机化和农民收入的影响》,《农机使用与维修》2012 年第 2 期。

俞皓:《地方政府环保职责配置研究——以天津市为例》,南开大学学位论文,2009。

袁桂萍:《企业环境成本核算模式的构建》,《财会通讯》(理财版)2007 年第 6 期。

袁鹏、程施:《中国工业环境管制的机会成本分析》,《当代经济科学》2011 年第 3 期。

曾凡银、冯宗宪:《基于环境的我国国际竞争力》,《经济学家》2001 年第 7 期。

翟羽伸、李玉琴:《日本的环境政策》,《化工环保》1995 年第 50 期。

张慧:《试析影响美国环保政策制定的因素》,《国际论坛》2002 年第 5 期。

张嫚：《环境规制与企业行为间的关联机制研究》，《财经问题研究》2005 年第 4 期。

张松磊：《基于 CGE 模型的煤价—电价波动影响研究》，华北电力大学学位论文，2010。

张晓盈、钟锦文：《碳税的内涵、效应与中国碳税总体框架研究》，《复旦学报》（社会科学版）2011 年第 4 期。

赵红：《美国环境管制政策分析及启示》，《管理现代化》2005 年第 5 期。

赵宏斌：《论产业竞争力——一个研究综述》，《当代财经》2004 年第 6 期。

赵庆波：《基于家庭数据的燃油税制改革福利分析》，《商业时代》2010 年第 36 期。

赵涛、秘翠翠：《碳税 CGE 模型对我国经济影响分析》，《科学技术与工程》2011 年第 36 期。

赵细康：《环境保护与产业国际竞争力》，中国社会科学出版社，2003。

赵永：《CES 生产函数的贝叶斯估计》，《统计与决策》2011 年第 7 期。

赵永：《CGE 模型框架下微观—宏观相结合的水价研究方法探讨》，《水利经济》2010 年第 28（5）期。

郑亚南：《自愿性环境管理理论与实践研究》，武汉理工大学学位论文，2004。

郑玉歆、樊明太：《中国 CGE 模型及政策分析》，社会科学文献出版社，1999。

周建军：《中国税制改革的递归动态 CGE 模型研究》，华中科技大学学位论文，2004。

周建军、王韬：《CGE 模型的方程类型选择及其构建》，《决策借鉴》2002 年第 5 期。

周剑、何建坤：《北欧国家碳税政策的研究及启示》，《环境保护》2008 年第 22 期。

朱聪斌：《ISO14000 环境管理体系标准及其实施的意义》，《污染防治技术》2003 年第 1 期。

Anggito, A., "Impact of Free Trade on Industrial Pollution: Do Pollution Havens Exist?" *ASEAN Economic Bulletin*, 1996.

Arora, S., "Towards a Theoretical Model of Voluntary over Compliance," *Journal of Economics Behavior Organization*, 1995.

Arrow, K. J., H. B. Chenery, B. S. Minhas, R. M. Solow, "Capital-Labor Substitution and Economic Efficiency," *The Review of Economics and Statistics*, 1961.

Babiker, M. H., L. L. Viguier, J. M. Reilly et al., "The Welfare Costs of Hybrid Carbon Policies in the European Union," Report No. 74, MIT Joint Program on the Science and Policy of Global Change, 2001.

Bansal, P. and K. Roth, "Why Companies Go Green: A Model of Ecological Responsiveness," *Academy of Management Journal*, 2002.

Bergman, L., "General Equilibrium Costs and Benefits of Environmental Policies: Some Preliminary Results Based on Swedish Data," Fourth CGE Modeling Conference, Waterloo, Ontario, Canada, 1993.

Berry, M. A. and D. A. Rondinelli, "Proactive Corporate Environmental Management: A New Industrial Revolution," *Academy of Management Executive*, 1998.

Blitzer, C. R. et al., "Growth and Welfare Losses from Carbon Emissions Restrictions: A General Equilibrium Analysis for Egypt," The World Bank Policy Research Working Papers, 1992.

Busse, M., "Trade, Environmental Regulations and the World Trade Organization: New Empirical Evidence," *Journal of World Trade*, 2004.

Carroll, A. B., "A Three-Dimensional Conceptual Model of Corporate Social Performance," *Academy of Management Review*, 1979.

Cho, D. S., "A Dynamic Approach to International Competitiveness: The Case of Korea," *Journal of Far Eastern Business*, Issue 1, 1994.

Cole, M. A. and R. J. Elliott, "Endogenous Pollution Havens: Does FDI Influence Environmental Regulations?" *Scandinavian Journal of Economics*, 2006.

Conrad, K. and M. Schroder, "Choosing Environmental Policy Instruments Using General Equilibrium Models," *Journal of Policy Modeling*, 1993.

Daly, H. , "Debate: Does Free Trade Harm the Environment," *Scientific American*, 1993.

Delmas, M. A. , "The Diffusion of Environmental Management Standards in Europe and in the United States," *Policy Sciences*, 2002.

Dessus, S. and D. O' Connor, "Climate Policy without Tears: CGE - based Ancillary Benefits Estimates for Chile," *Environmental and Resource Economics*, 2003.

Domazlicky, B. R. and W. L. Weber, "Does Environmental Protection Lead to Slower Productivity Growth in the Chemical Industry," *Environmental and Resource Economics*, 2004.

Dua, A. and D. C. Esty, "Sustaining the Asia Pacific Miracle," Washington DC: Institute for International Economy, 1997.

Dufournaud, M. C. , J. Harrington, P. Rogers, "Leontief's Environmental Repercussions and the Economic Structure Revisited: A General Equilibrium forMulation," *Geographical Analysis*, 1988.

Esty, D. C. and D. Geradin, "Market Access, Competitiveness, and Harmonization: Environmental Protection in Regional Trade Agreements," *The Harvard Environmental Law Review*, 1997.

Farmer, K. and K. W. Steininger, "Beducing CO_2 Emossions under Fiscal Bettenchment: A Multi - Cobort CGE Model for Austria," *Enviornmental and Rsource Ecnomics*, 1999.

Feng, et al. , "Assessing the Impacts of South - to - North Water Transfer Project with Decision Support Systems," *Decision Support Systems*, 2007, 42 (4).

Freeman, R. E. , "Strategic Management: A Stakeholder Approach," Boston: Pitman, 1984.

Gottinger, W. , "Greenhouse Gas Economics and Computable General Equilibrium," *Journal of Policy Modeling*, 1998.

Goulder, I. , "Effect of Carbon Taxes in an Economy with Prior Tax Distortions: An International General Equilibrium Analysis," *Journal of Environmental Ecnomics and Management*, 1995.

Gray, W. & R. Shadbegian, "Pollution Abatement Expenditure and Plantlevel Productivity: Production Function Approach," *Ecological Economies*, 2005.

Gruver, G. and L. Zeager, "Distributional Implications of Taxing Pollution Emissions: A Stylized CGE Analysis, " The Fifth International CGE Modeling Conference Paper, Waterloo, Ontario, Canada, 1994.

Hart, O., "Corporate Governance: Some Theory and Implications," *The Economic Journal*, 1995.

Hatano, et al., "Water Resource Allocation in the Yellow River Basin: China Applying a CGE Model," Input-Output Meeting on Sustainability, Trade & Productivity, Sendai, Japan, July, 26-28, 2006.

Haufler, V., "A Public Role for the Private Sector: Industry Self-Regulation in a Global Economy," Washington DC: Carnegie Endowment for International Peace, 2013.

Holmstrom, B. and P. Milgrom, "Aggregation and Linearity in the Provision of International Incentives," *Econometrica*, 1987.

Horridge, M., J. Madden, and G. Wittwer, "Using a Highly Disaggregated Multiregional Single-Country Model to Analyse the Impacts of the 2002-03 Drought on Australia," *Journal of Policy Modeling*, 2005, 27 (3).

Jorgenson, D. W. et al., "Intertemporal General Equilibrium Modeling of U. S. Environmental Regulation," *Journal of Policy Modeling*, 1990.

King, A. and Lenox M., "Does it Really Pay to be Green? An Empirical Study of Firm Environmental and Financial Performance," *Journal of Industrial Ecology*, 2001.

Klassen, R. D. and C. P. McLaughlin, "The Impact of Environmental Management on Firm Performance," *Management Science*, 1996.

Levinson, A. and M. S. Taylor, "Unmasking the Pollution Haven Effect," *International Economic Review*, 2008.

List, J. and C. Catherine, "Intellectual Property Rights, Environmental Regulations, and Foreign Direct Investment," *Land Economics*, 2003.

Logsdon, J. M., "Organizational Responses to Environmental Issues: Oil Refining Companies and Air Pollution," In L. E. Preston (Ed.), *Research in Corporate Social Performance and Policy*, JAI Press, Greenwich, CT, 1985,

7, 47-71.

Maxwell, "Voluntary Environmental Investment and Regulatory Flexibility," Working Paper, Department of Business Economics and Public Policy, Kelly School of Business, Indian University, 1998.

Moon, H. C., A. M. Rugman, and A. Verbeke, "A Generalized Double Diamond Approach to the Global Competitiveness of Korea ad Singapore," *International Business Review*, 1998, (7).

Nestor, D. V. and C. A. Pasurka, CGE Model of Pollution Abatement Processes for Assessing the Economic Effects of Environmental Policy, *Economic Modeling*, 1995.

Oliver, C., "Strategic Responses to Institutional Processes," *The Academy of Management Review*, 1991, 16 (1).

Orlitzky, M., F. L. Schmidt, S. L. Rynes, "Corporate Social and Financial Performance: A Meta-analysis," *Organization Studies*, 2003.

O'Ryan, R., C. J. Miguel, S. Miller et al., "Computable General Equilibrium Model Analysis of Economy Wide Cross Effects of Social and Environmental Policies in Chile," *Ecological Economics*, 2005.

Palmer, J. K., "Environmental Regulation and Innovation: A Panel Data Study," *Reviews of Economics and Statistics*, 1997.

Porter, M. E. and Van der Linde, "Toward a New Conception of the Economy-competiveness Relationship," *Journal of Economic Perspectives*, 1995.

Prahalad, C. K. and G. Hamle, "The Core Competence of the Corporation," *Harvard Business Review*, 1990.

Royd, Boyd and Noel D. Uri, "The Cost of Improving the Quality of the Environment," *Journal of Policy Modeling*, 1991.

Rugman, A. M. & R. D'Cruz, "The Double Diamond Model of International Competitiveness: The Canadian Experience," *Management International Review*, Issue 2, 1993.

Sharma, S., "Managerial Interpretations and Organizational Context as Predictors of Corporate Choice of Environmental Strategy," *Academy of Management Journal*, 2000.

Sheldon, Oliver, *The Social Responsibility of Management*, *The Philosophy of Management*, London, Sir Isaac Pitman and Sons Ltd. , 1924.

Siegel, E. B. and T. G. Johnson, "Measuring the Economic Impacts of Reducing Environmentally Damaging Production Activities," *The Review of Regional Studies*, 1993.

Simpson, R. D. and R. L. Bradford, "Taxing Variable Cost: Environmental Regulation as Industrial Policy," *Journal of Environmental Economics and Management*, 1996.

Spatareanu, M. , "Searching for Pollution Havens: The Impact of Environmental Regulations on Foreign Direct Investment," *Journal of Environment & Development*, 2007.

Tobey, J. A. , "The Effects of Domestic Environmental Policies and Patterns of World Trade: An Empirical Test," *Kyklos*, 1990.

Valluru, S. R. K. and E. W. F. Peterson, "The Impact of Environmental Regulations on World Grain Trade," *Agribusiness*, 1997.

Wernerfelt, B. , "A Resource-based View of the Firm," *Strategic Management Journal*, 1984, 5 (2) .

West, P. and P. Senez, "Environmental Assessment of the NAFTA: The Mexican Environmental Regulation Position," *Report Prepared for the Province of British Columbia*, 1992.

Xie, J. and S. Saltzman, "Environmental Policy Analysis: An Environmental Computable General Equilibrium Approach for Developing Countries," *Journal of Policy Modeling*, 1996.

附　　录

表 1　2014 年全球雾霾城市名单（节选前 100 名的中国城市）

全球排名（雾霾由重到轻）	城　市	年均 PM10 指数（ug/m^3）	年均 PM2.5 指数（ug/m^3）
36	兰州	155	71
61	乌鲁木齐	133	61
71	西安	126	58
73	西宁	124	57
77	北京	121	56
80	延安	120	55
82	济南	117	54
85	济宁	116	53
90	合肥	115	53
93	南京	114	52
97	渭南	112	51
98	开封	111	51
99	郑州	111	51

数据来源：世界卫生组织网站。

表2 2013年我国42个工业行业废气排放及处理情况

行业名称	工业废气排放量（亿立方米）	工业废气治理设施处理能力（万立方米/时）	工业废气治理设施本年运行费用（万元）	工业二氧化硫排放量（吨）	工业氮氧化物排放量（吨）	工业烟（粉）尘排放量（吨）	运行成本（元/10^3立方米）
总　计	669361	1435110	14977779	16892309	14649394	10225341	22.38
农、林、牧、渔服务业	36	96	573	2799	795	2326	15.92
煤炭开采和洗选业	2363	7441	43400	126231	45723	381935	18.37
石油和天然气开采业	1114	492	23203	20861	24022	7813	20.83
黑色金属矿采选业	3127	2367	21195	23101	6872	114870	6.78
有色金属矿采选业	332	973	7446	13769	3879	15010	22.43
非金属矿采选业	770	1358	12913	36310	11904	47487	16.77
开采辅助活动	70	47	1058	3251	1294	1115	15.11
其他采矿业	31	69	1045	479	335	2218	33.71
农副食品加工业	5069	18100	75475	236163	89359	195125	14.89
食品制造业	2498	7388	42258	149470	51496	55129	16.92
酒、饮料和精制茶制造业	2032	6190	39472	130716	39216	67822	19.43
烟草制品业	554	2553	11750	11180	3758	5065	21.21
纺织业	2875	12965	96373	254902	72576	89944	33.52
纺织服装、服饰业	196	1076	7692	16628	4696	7578	39.24
皮革、毛皮、羽毛及其制品和制鞋业	327	1310	7300	25959	6230	11070	22.32
木材加工及木、竹、藤、棕、草制品业	2811	8419	26202	42329	14462	144134	9.32
家具制造业	620	3237	2597	3013	1001	3989	4.19
造纸及纸制品业	6721	17666	163132	448897	193051	148984	24.27

续表

行业名称	工业废气排放量（亿立方米）	工业废气治理设施处理能力（万立方米/时）	工业废气治理设施本年运行费用（万元）	工业二氧化硫排放量（吨）	工业氮氧化物排放量（吨）	工业烟（粉）尘排放量（吨）	运行成本（元/10^3立方米）
印刷和记录媒介复制业	246	953	4468	4235	1219	2346	18.16
文教、工美、体育和娱乐用品制造业	202	1044	2730	2027	827	1764	13.51
石油加工、炼焦和核燃料加工业	21345	30908	569080	792776	384952	407792	26.66
化学原料和化学制品制造业	31536	65392	771324	1281973	546815	599535	24.46
医药制造业	1741	4952	49983	105834	29431	41914	28.71
化学纤维制造业	2234	3535	37422	85924	49935	20589	16.75
橡胶和塑料制品业	3762	9527	62057	84979	27773	36642	16.50
非金属矿物制品业	120337	227320	1198822	1960373	2716232	2587713	9.96
黑色金属冶炼及压延加工业	173002	352675	3240295	2351201	997396	1935148	18.73
有色金属冶炼及压延加工业	32636	58247	852754	1223227	263617	360302	26.13
金属制品业	5479	15000	99717	80533	23085	79523	18.20
通用设备制造业	1259	5080	18663	21392	7814	33950	14.82
专用设备制造业	1272	6958	22112	16197	8755	17621	17.38
汽车制造业	4896	11324	76017	12310	6563	22313	15.53
铁路、船舶、航空航天和其他运输设备制造业	1585	8128	33344	15398	10253	21636	21.04
电气机械和器材制造业	2424	6805	45290	11264	4377	6558	18.68
计算机、通信和其他电子设备制造业	6438	14830	97913	7110	5074	4629	15.21

续表

行业名称	工业废气排放量（亿立方米）	工业废气治理设施处理能力（万立方米/时）	工业废气治理设施本年运行费用（万元）	工业二氧化硫排放量（吨）	工业氮氧化物排放量（吨）	工业烟（粉）尘排放量（吨）	运行成本（元/10^3立方米）
仪器仪表制造业	129	640	2272	636	334	685	17.61
其他制造业	693	2341	7640	60693	12171	23413	11.02
废弃资源综合利用业	340	1029	5757	5384	1489	3980	16.93
金属制品、机械和设备修理业	215	962	2390	890	354	6828	11.12
电力、热力生产和供应业	225447	513707	7190118	7206252	8969204	2702839	31.89
燃气生产和供应业	596	2010	4527	15632	11052	5995	7.60
水的生产和供应业	–	–	–	11	2	9	–

数据来源：根据国家统计局资料整理。

表3　2013年我国42个工业行业废水排放及处理情况

行业名称	汇总工业企业数（个）	工业废水治理设施本年运行费用（万元）	工业废水处理量（万吨）	工业废水排放量（万吨）	化学需氧量排放量（吨）	氨氮排放量（吨）	运行成本（元/吨）
总　计	147657	6286649	4924811	1914250	2852944	224769	1.28
农、林、牧、渔服务业	144	869	818	896	18162	579	1.06
煤炭开采和洗选业	6462	167694	177379	142867	123678	4108	0.95
石油和天然气开采业	249	307312	105077	11029	12561	855	2.92
黑色金属矿采选业	4457	149411	255934	24894	10574	389	0.58
有色金属矿采选业	3301	130444	186496	52907	44610	2243	0.70
非金属矿采选业	983	19153	11153	6090	6369	276	1.72

续表

行业名称	汇总工业企业数（个）	工业废水治理设施本年运行费用（万元）	工业废水处理量（万吨）	工业废水排放量（万吨）	化学需氧量排放量（吨）	氨氮排放量（吨）	运行成本（元/吨）
开采辅助活动	58	2568	785	650	677	50	3.27
其他采矿业	39	469	313	258	132	4	1.50
农副食品加工业	11442	168489	116727	139061	471292	19042	1.44
食品制造业	3826	109360	52208	60375	111038	9569	2.09
酒、饮料和精制茶制造业	4049	115798	66049	72675	200551	9476	1.75
烟草制品业	156	8562	3112	2362	2345	149	2.75
纺织业	8719	451798	202896	214574	254180	17919	2.23
纺织服装、服饰业	1599	24467	17129	17023	17465	1413	1.43
皮革、毛皮、羽毛及其制品和制鞋业	2133	52442	20885	24465	54823	4386	2.51
木材加工及木、竹、藤、棕、草制品业	2644	8262	2992	4862	15129	383	2.76
家具制造业	502	1974	526	827	698	66	3.75
造纸及纸制品业	4856	578580	400696	285452	533014	17779	1.44
印刷和记录媒介复制业	773	6351	1102	1509	2600	120	5.76
文教、工美、体育和娱乐用品制造业	670	5227	1573	1956	1790	151	3.32
石油加工、炼焦和核燃料加工业	1280	429454	76047	76903	73659	13889	5.65
化学原料和化学制品制造业	12217	930537	409677	265573	321985	76420	2.27
医药制造业	3332	178214	47396	53959	97238	7459	3.76
化学纤维制造业	496	82126	35018	37906	157202	3093	2.35
橡胶和塑料制品业	2687	24678	16544	12624	14806	1144	1.49

续表

行业名称	汇总工业企业数（个）	工业废水治理设施本年运行费用（万元）	工业废水处理量（万吨）	工业废水排放量（万吨）	化学需氧量排放量（吨）	氨氮排放量（吨）	运行成本（元/吨）
非金属矿物制品业	32532	100085	82626	29033	33227	1731	1.21
黑色金属冶炼及压延加工业	4202	1111983	2186335	94762	68256	5711	0.51
有色金属冶炼及压延加工业	4166	172529	98189	27601	28271	12837	1.76
金属制品业	8994	229771	56602	34752	34661	2653	4.06
通用设备制造业	3236	29045	8589	9638	10727	625	3.38
专用设备制造业	1640	15132	6311	8396	7037	640	2.40
汽车制造业	1966	66050	15303	16862	16680	1233	4.32
铁路、船舶、航空航天和其他运输设备制造业	984	22221	9358	13188	16948	1422	2.37
电气机械和器材制造业	1948	47439	9302	10471	8356	753	5.10
计算机、通信和其他电子设备制造业	2665	246444	53437	49927	35041	3139	4.61
仪器仪表制造业	380	4664	1586	1984	1475	99	2.94
其他制造业	1296	31218	4739	5483	6262	355	6.59
废弃资源综合利用业	494	10214	2457	2249	3296	177	4.16
金属制品、机械和设备修理业	195	3155	1318	1263	1183	67	2.39
电力、热力生产和供应业	5830	236036	178859	95934	33752	2192	1.32
燃气生产和供应业	50	6381	1258	999	1183	173	5.07
水的生产和供应业	5	45	5	14	9	—	9.00

数据来源：根据国家统计局资料整理。

表4　典型污染密集型行业各类指标的原始数据

电力、热力的生产和供应业	1999年	2000年	2001年	2002年	2003年	2004年	2005年
主营业务收入（亿元）	4434	5523	6308	7393	9629	12013	16190
行业职工从业人数（万人）	219.00	218.00	219	220	178.3	183.88	195.01
劳动效率（万元/人）	20.246	25.335	28.805	33.603	54.003	65.328	83.023
技术开发经费内部支出（万元）	1538029	2782418	318510	254569	227540	398848	401989
全行业开发内部支出（万元）	56723706	82371866	9779449	11640700	14677738	20020466	25433232
研发资金投入率（%）	0.027	0.034	0.033	0.022	0.016	0.020	0.016
全行业主营业务收入（亿元）	41405.57	50120.30	58480.45	66977.14	99710.07	126283.62	169237.9
产品市场占有率（%）	0.107	0.110	0.108	0.110	0.097	0.095	0.096
工业成本费用利润率（%）	6.88	8.17	8.21	7.32	6.77	5.40	6.30
流动资产周转率（%）	1.58	1.52	1.71	1.91	2.17	2.40	2.99
行业工业总产值（亿元）	2979.24	3463.08	3906.31	4554.59	5322.2	12462.39	14163.49
行业工业总资产（亿元）	12458.79	14534.8	16391.02	17957.95	20739.63	30431.03	31625.77
资产管理能力（%）	0.239	0.238	0.238	0.254	0.257	0.410	0.448
环境管制强度（ERI）	4.153	4.385	5.839	5.504	6.951	4.652	5.029
黑色金属冶炼及延压加工业	1999年	2000年	2001年	2002年	2003年	2004年	2005年
主营业务收入（亿元）	3169.80	3862.36	4471.53	5071.7	8834.09	13181.55	17740.47
行业职工从业人数（万人）	242.00	222.00	204	189	209.38	201.72	224.78

续表

黑色金属冶炼及延压加工业	1999 年	2000 年	2001 年	2002 年	2003 年	2004 年	2005 年
劳动效率（万元/人）	13.098	17.398	21.919	26.834	42.192	65.346	78.924
技术开发经费内部支出（万元）	4645871	6137140	753567	1033157	1538044	2261250	2904555
全行业开发内部支出（万元）	56723706	82371866	9779449	11640700	14677738	20020466	25433232
研发资金投入率（%）	0.082	0.075	0.077	0.089	0.105	0.113	0.114
全行业主营业务收入（亿元）	41405.57	50120.30	58480.45	66977.14	99710.07	126283.62	169237.9
产品市场占有率（%）	0.077	0.077	0.076	0.076	0.089	0.104	0.105
工业成本费用利润率（%）	0.940	3.690	4.120	5.420	7.040	7.970	5.810
流动资产周转率（次/年）	1.240	1.470	1.550	1.760	2.220	2.540	2.700
行业工业总产值（亿元）	3166.36	3689.57	4501.74	5048.45	8509.96	13716.19	17484.31
行业工业总资产（亿元）	7561.55	8004.9	8781.46	8439.63	11044.92	13647.42	16848.45
资产管理能力（%）	0.419	0.461	0.513	0.598	0.770	1.005	1.038
环境管制强度（ERI）	3.068	3.319	3.007	3.624	3.250	2.943	2.822

造纸及纸制品业	1999 年	2000 年	2001 年	2002 年	2003 年	2004 年	2005 年
主营业务收入（亿元）	523.75	642.84	840.86	972.04	1337.56	1568.32	2162.9
行业职工从业人数（万人）	75.00	66.00	61.00	58.00	51.22	62.70	56.44
劳动效率（万元/人）	6.983	9.740	13.785	16.759	26.114	25.013	38.322
技术开发经费内部支出（万元）	661472	1014426	114795	146087	172924	239964	297758
全行业开发内部支出（万元）	56723706	82371866	9779449	11640700	14677738	20020466	25433232

续表

造纸及纸制品业	1999 年	2000 年	2001 年	2002 年	2003 年	2004 年	2005 年
研发资金投入率（%）	0.012	0.012	0.012	0.013	0.012	0.012	0.012
全行业主营业务收入（亿元）	41405.57	50120.30	58480.45	66977.14	99710.07	126283.62	169237.9
产品市场占有率（%）	0.013	0.013	0.014	0.015	0.013	0.012	0.013
工业成本费用利润率（%）	3.660	5.160	3.900	6.420	5.830	5.670	5.470
流动资产周转率（%）	1.150	1.230	1.250	1.420	1.750	1.790	2.050
行业工业总产值（亿元）	559.33	660.64	885.08	1008.79	1352.41	1735.04	2204.08
行业工业总资产（亿元）	1225.98	1389.36	1880.16	1957.16	2232.1	2612.7	3108.89
资产管理能力（%）	0.456	0.475	0.471	0.515	0.606	0.664	0.709
环境管制强度（ERI）	5.660	8.060	10.513	11.497	12.589	13.890	14.501
化学原料及化学制品制造业	**1999 年**	**2000 年**	**2001 年**	**2002 年**	**2003 年**	**2004 年**	**2005 年**
主营业务收入（亿元）	2714.79	3278.20	3702.15	4189.13	5514.16	7129.57	9465.27
行业职工从业人数（万人）	282.00	254.00	230.00	217.00	180.45	171.44	184.40
劳动效率（万元/人）	9.627	12.906	16.096	19.305	30.558	41.586	51.330
技术开发经费内部支出（万元）	4465005	6542808	694770	838299	1086569	1550307	1963355
全行业开发内部支出（万元）	56723706	82371866	9779449	11640700	14677738	20020466	25433232
研发资金投入率（%）	0.079	0.079	0.071	0.072	0.074	0.077	0.077
全行业主营业务收入（亿元）	41405.57	50120.30	58480.45	66977.14	99710.07	126283.62	169237.9
产品市场占有率（%）	0.066	0.065	0.063	0.063	0.055	0.056	0.056

续表

化学原料及化学制品制造业	1999 年	2000 年	2001 年	2002 年	2003 年	2004 年	2005 年
工业成本费用利润率（%）	1.31	3.17	1.89	3.61	5.87	9.34	7.50
流动资产周转率（%）	1.33	1.48	1.55	1.70	1.98	2.33	2.46
行业工业总产值（亿元）	2906.16	3429.64	3773.49	4193.86	5519.75	7463.27	9444.61
行业工业总资产（亿元）	5860.74	6137.48	6596.67	6995.72	7576.14	8261.47	10238.97
资产管理能力（%）	0.496	0.559	0.572	0.599	0.729	0.903	0.922
环境管制强度（ERI）	2.480	2.995	3.454	3.622	4.055	4.328	3.875
非金属矿物制品业	1999 年	2000 年	2001 年	2002 年	2003 年	2004 年	2005 年
主营业务收入（亿元）	1180.29	1260.37	1480.46	1609.11	2447.98	3006.38	3808.22
行业职工从业人数（万人）	263.00	240.00	219	207	151.69	145.62	158.46
劳动效率（万元/人）	4.488	5.252	6.760	7.773	16.138	20.645	24.033
技术开发经费内部支出（万元）	1524737	2157565	263445	260857	315077	355799	513207
全行业开发内部支出（万元）	56723706	82371866	9779449	11640700	14677738	20020466	25433232
研发资金投入率（%）	0.027	0.026	0.027	0.022	0.021	0.018	0.020
全行业主营业务收入（亿元）	41405.57	50120.30	58480.45	66977.14	99710.07	126283.62	169237.9
产品市场占有率（%）	0.029	0.025	0.025	0.024	0.025	0.024	0.023
工业成本费用利润率（%）	0.790	3.370	3.340	3.230	7.590	7.920	5.300
流动资产周转率（%）	1.020	1.080	1.120	1.190	1.470	1.570	1.700
行业工业总产值（亿元）	1267.03	1326.72	1558.4	1674.64	2522.38	3122.85	3896.92

续表

非金属矿物制品业	1999 年	2000 年	2001 年	2002 年	2003 年	2004 年	2005 年
行业工业总资产（亿元）	3164.61	3121.56	3465.47	3581.64	4406.92	5109.77	5801.69
资产管理能力（%）	0.400	0.425	0.450	0.468	0.572	0.611	0.672
环境管制强度（ERI）	9.836	12.247	5.483	13.844	13.961	15.381	13.076

电力、热力的生产和供应业	2006 年	2007 年	2008 年	2009 年	2010 年	2011 年
主营业务收入（亿元）	19303	22545	25995	29244	35316	41288.75
行业职工从业人数（万人）	204.39	206.03	204.31	225.17	223.58	212.26
劳动效率（万元/人）	94.440	109.428	127.233	129.877	157.959	194.520
技术开发经费内部支出（万元）	463978	611681	879940	293924	319459	428121
全行业开发内部支出（万元）	31758025	41237301	50406721	32102300	40153965	59938055
研发资金投入率（%）	0.014	0.015	0.017	0.009	0.008	0.007
全行业主营业务收入（亿元）	210877.1	264015.8	318812.5	335751.14	439013.72	554055.83
产品市场占有率（%）	0.092	0.085	0.082	0.087	0.080	0.075
工业成本费用利润率（%）	7.99	8.09	1.54	3.25	4.45	3.77
流动资产周转率（%）	3.55	3.99	4.05	4.56	4.26	4.42
行业工业总产值（亿元）	16687.62	21330.03	24497.54	28662.33	35096.82	41306.28
行业工业总资产（亿元）	36968.37	42130.74	48004.86	53940.61	59784.58	65283.1
资产管理能力（%）	0.451	0.506	0.510	0.531	0.587	0.633
环境管制强度（ERI）	4.537	4.397	4.152	3.312	4.332	5.779

续表

黑色金属冶炼及延压加工业	2006 年	2007 年	2008 年	2009 年	2010 年	2011 年
主营业务收入（亿元）	21473.41	29125.52	38200.24	36555.59	45298.6	54831.92
行业职工从业人数（万人）	236.6	243.34	249.9	262.34	282.11	279.03
劳动效率（万元/人）	90.758	119.691	152.862	139.344	160.571	196.509
技术开发经费内部支出（万元）	3547168	4961275	6439918	3054462	4021200	5126475
全行业开发内部支出（万元）	31758025	41237301	50406721	32102300	40153965	59938055
研发资金投入率（%）	0.072	0.120	0.128	0.095	0.100	0.086
全行业主营业务收入（亿元）	210877.1	264015.8	318812.5	335751.14	439013.72	554055.83
产品市场占有率（%）	0.102	0.110	0.120	0.109	0.103	0.099
工业成本费用利润率（%）	6.25	6.92	3.58	3.14	3.86	3.19
流动资产周转率（%）	2.72	2.92	2.97	2.48	2.65	2.75
行业工业总产值（亿元）	20879.3	27602.31	37192.7	35104.48	42624.47	52499.82
行业工业总资产（亿元）	20913.44	26356.38	31676.85	37149.35	41209.4	46849.16
资产管理能力（%）	0.998	1.047	1.174	0.945	1.034	1.121
环境管制强度（ERI）	2.745	2.715	2.457	2.611	3.147	5.139
造纸及纸制品业	2006 年	2007 年	2008 年	2009 年	2010 年	2011 年
主营业务收入（亿元）	2654.04	3300.53	3771.45	3883.5	5098.87	6245.33
行业职工从业人数（万人）	59.89	61.98	65.30	66.65	67.81	77.51
劳动效率（万元/人）	44.315	53.252	57.756	58.267	75.193	80.575

续表

造纸及纸制品业	2006 年	2007 年	2008 年	2009 年	2010 年	2011 年
技术开发经费内部支出（万元）	458984	515922	560410	319798	366697	558877
全行业开发内部支出（万元）	31758025	41237301	50406721	32102300	40153965	59938055
研发资金投入率（%）	0.014	0.013	0.011	0.010	0.009	0.009
全行业主营业务收入（亿元）	210877.1	264015.8	318812.5	335751.14	439013.72	554055.83
产品市场占有率（%）	0.013	0.013	0.012	0.012	0.012	0.011
工业成本费用利润率（%）	6.14	7.91	6.54	7.44	8.33	6.93
流动资产周转率（%）	2.12	2.21	2.06	1.96	1.99	1.96
行业工业总产值（亿元）	2649.8	3368.05	4006.08	4028.77	5196.94	6389.04
行业工业总资产（亿元）	3609.44	4211.7	5062.31	5386.12	6494.72	7857.92
资产管理能力（%）	0.734	0.800	0.791	0.748	0.800	0.813
环境管制强度（ERI）	14.835	15.858	16.267	16.751	16.966	15.715
化学原料及化学制品制造业	2006 年	2007 年	2008 年	2009 年	2010 年	2011 年
主营业务收入（亿元）	11544.75	14613.8	17619.34	18345.37	24698.28	33185.63
行业职工从业人数（万人）	190.44	197.73	211.68	219.25	242.91	262.29
劳动效率（万元/人）	60.621	73.908	83.236	83.673	101.677	126.523
技术开发经费内部支出（万元）	2277589	3050487	3557014	1968434	2475264	4699215
全行业开发内部支出（万元）	31758025	41237301	50406721	32102300	40153965	59938055
研发资金投入率（%）	0.072	0.074	0.071	0.061	0.062	0.078

续表

化学原料及化学制品制造业	2006 年	2007 年	2008 年	2009 年	2010 年	2011 年
全行业主营业务收入（亿元）	210877.1	264015.8	318812.5	335751.14	439013.72	554055.83
产品市场占有率（%）	0.055	0.055	0.055	0.055	0.056	0.060
工业成本费用利润率（%）	6.410	8.540	5.590	5.990	8.350	7.850
流动资产周转率（%）	2.510	2.550	2.530	2.320	2.420	2.570
行业工业总产值（亿元）	11407.21	14514.65	17792.91	18396.88	24682.86	33463.64
行业工业总资产（亿元）	12304.65	14617.21	17421.66	20061.67	25180.32	30213.69
资产管理能力（%）	0.927	0.993	1.021	0.917	0.980	1.108
环境管制强度（ERI）	4.004	3.683	3.327	3.365	3.334	3.680
非金属矿物制品业	2006 年	2007 年	2008 年	2009 年	2010 年	2011 年
主营业务收入（亿元）	4745.21	6130.39	7867.53	8779.14	11569.16	16366.73
行业职工从业人数（万人）	162.1	173.82	182.97	189.87	210.82	266.93
劳动效率（万元/人）	29.273	35.269	42.999	46.238	54.877	61.315
技术开发经费内部支出（万元）	578129	709677	1072081	589794	813327	1397206
全行业开发内部支出（万元）	31758025	41237301	50406721	32102300	40153965	59938055
研发资金投入率（%）	0.018	0.017	0.021	0.018	0.020	0.023
全行业主营业务收入（亿元）	210877.1	264015.8	318812.5	335751.14	439013.72	554055.83
产品市场占有率（%）	0.023	0.023	0.025	0.026	0.026	0.030
工业成本费用利润率（%）	6.330	8.770	8.730	10.390	12.390	12.080

续表

非金属矿物制品业	2006 年	2007 年	2008 年	2009 年	2010 年	2011 年
流动资产周转率（%）	1. 930	2. 150	2. 180	2. 050	2. 130	2. 340
行业工业总产值（亿元）	4820. 77	6276. 58	7995. 35	9103. 67	11909. 42	16868. 39
行业工业总资产（亿元）	6671. 98	7695. 18	9505. 59	10932. 99	13575. 12	16915. 77
资产管理能力（%）	0. 723	0. 816	0. 841	0. 833	0. 877	0. 997
环境管制强度（ERI）	10. 169	11. 210	8. 342	6. 858	9. 075	15. 318

图书在版编目(CIP)数据

环境管理下的企业可持续发展研究/李创,王丽萍著. —北京:社会科学文献出版社，2015.12

ISBN 978-7-5097-8281-1

Ⅰ.①环… Ⅱ.①李…②王… Ⅲ.①企业环境管理-研究-中国 Ⅳ.①X322.2

中国版本图书馆CIP数据核字(2015)第268947号

环境管理下的企业可持续发展研究

著　　者 / 李　创　王丽萍

出 版 人 / 谢寿光
项目统筹 / 高明秀
责任编辑 / 沈　艺　许玉燕　何晋东

出　　版 / 社会科学文献出版社·当代世界出版分社(010)59367004
地址：北京市北三环中路甲29号院华龙大厦　邮编：100029
网址：www.ssap.com.cn
发　　行 / 市场营销中心（010）59367081　59367090
读者服务中心（010）59367028
印　　装 / 北京季蜂印刷有限公司

规　　格 / 开　本：787mm×1092mm　1/16
印　张：15.75　字　数：291千字
版　　次 / 2015年12月第1版　2015年12月第1次印刷
书　　号 / ISBN 978-7-5097-8281-1
定　　价 / 79.00元